化工过程分析与综合

主　编　晋　梅
副主编　邹琳玲　卢文新
参　编　安　良　吴宇琼
　　　　余国贤　王晋黄

华中科技大学出版社
中国·武汉

内 容 提 要

在我国《工程教育专业认证标准》中,"化工过程分析与综合(合成)"是化学工程与工艺专业基础课程之一,是化学工程与工艺专业本科生的专业必修课程。

本书共六章,主要内容包括:化工过程系统模拟与分析的基本概念,建立化工单元过程与过程系统数学模型的方法,过程系统模拟的基本思路和方法,过程系统换热网络综合的思路和方法,分离序列综合的思路和方法,能量系统综合与集成、质量综合与集成以及水综合与集成的基础知识和基本方法。同时,在各章节的内容中,还通过实际工程应用案例将理论知识和工程实际应用进行有机结合。

本书可作为高等学校化学工程与工艺专业高年级本科生教材及化工类研究生参考用书,同时,对从事化工、生物和环境等领域科研工作的研究人员也有一定参考价值。

图书在版编目(CIP)数据

化工过程分析与综合/晋梅主编.—武汉:华中科技大学出版社,2018.7(2025.1 重印)
ISBN 978-7-5680-3998-7

Ⅰ.①化…　Ⅱ.①晋…　Ⅲ.①化工过程-分析-高等学校-教材　Ⅳ.①TQ02

中国版本图书馆 CIP 数据核字(2018)第 165139 号

化工过程分析与综合
Huagong Guocheng Fenxi Yu Zonghe

晋　梅　主编

策划编辑:王新华
责任编辑:熊　彦
封面设计:潘　群
责任校对:曾　婷
责任监印:周治超
出版发行:华中科技大学出版社(中国·武汉)　　电话:(027)81321913
　　　　　武汉市东湖新技术开发区华工科技园　　邮编:430223
录　　排:华中科技大学惠友文印中心
印　　刷:武汉邮科印务有限公司
开　　本:787mm×1092mm　1/16
印　　张:13.75
字　　数:355 千字
版　　次:2025 年 1 月第 1 版第 2 次印刷
定　　价:32.00 元

前　　言

　　"化工过程分析与综合(合成)"与"化工热力学""化工原理"和"化学反应工程"一起构成了化学工程与工艺专业基础课程体系,是化工专业本科生的专业必修课程。

　　本课程是在过程系统工程学的基础上建立起来的,将系统工程学的理论和方法结合化学工程、数值计算和经济技术分析基本方法,在对化工过程进行系统模拟和评价的过程中,培养学生应用化工过程系统模型的建立、求解、优化等基本理论解决化工过程模拟、优化及计算等方面实际问题的工程实践能力。

　　本书共六章,主要内容包括:化工过程系统模拟与分析的基本概念,建立化工单元过程与过程系统数学模型的方法,过程系统模拟的基本思路和方法,过程系统换热网络综合的思路和方法,分离序列综合的思路和方法,能量系统综合与集成、质量综合与集成以及水综合与集成的基础知识和基本方法。同时,在各章节的内容中,还通过实际工程应用案例将理论知识和工程实际应用进行有机结合。

　　本书由江汉大学晋梅任主编,江汉大学邹琳玲、中国五环工程有限公司卢文新高级工程师任副主编,江汉大学安良、吴宇琼、余国贤、王晋黄等参与编写。江汉大学路平教授审阅了全书,并提出了宝贵的意见和建议,在此深表感激。在编写过程中,得到了华中科技大学出版社的热情帮助,以及高等学校"专业综合改革试点"项目、湖北省普通高等学校战略性新兴(支柱)产业人才培养计划项目和江汉大学研究生教材建设项目的大力支持,再次致以诚挚的谢意!同时,向书中所引用文献资料的中外作者表示衷心的感谢!

　　由于作者水平有限,书中难免有不妥和疏漏之处,敬请广大读者批评指正。

编　者

目　　录

第一章 绪 论

本章学习要点

(1)了解过程系统工程的发展过程;
(2)掌握过程系统工程的几个基本概念;
(3)掌握过程系统数学模型的几种类型;
(4)了解课程的特点和过程系统工程的研究方法。

1.1 过程系统工程的发展

化学工程学科是以化学、物理和数学为基础,研究物料在工业规模下发生物理或化学状态变化的工业过程,以及这类过程所用装置的设计和操作的一门科学技术。20世纪20年代所提出的"单元操作"概念奠定了化学工程学科的基础。

20世纪40年代,以运筹学、系统分析和现代控制理论为基础、以计算机为工具,形成了系统工程学科,即研究系统组织、协调、控制与管理的工程技术学科。

20世纪50年代,以石油化工为代表的过程工业得到了蓬勃发展,一方面,实现了工业过程的综合化、大型化、复杂化、精细化,另一方面,对工业过程提出了更高的要求:整个生产过程需要安全、可靠,且对环境污染最小的环境要求和优化的操作条件。

20世纪60年代,在系统工程、运筹学、化学工程、过程控制以及计算机等学科基础上,将系统工程思想和方法用于过程系统研究,形成过程系统工程学科。这一时期是过程系统工程产生和发展的理论建立时期,明确了过程系统工程学科范畴为过程系统分析、过程系统综合和过程系统控制。

20世纪70年代,随着计算机应用的普及和石油危机的挑战,过程系统工程从理论研究逐步走向实践应用。在这一时期,相继开发了化工流程通用模拟系统:PRO/Ⅱ、HYSYS和Aspen Plus,并将这些模拟软件用于分析、设计和控制日益大型化、综合化和复杂化的化工过程系统,进一步促进过程系统工程学科的发展。

20世纪80年代之后,过程系统工程在化工、石油化工、能源等过程工业中得到了广泛应用,并有利地促进了相关工业生产技术的发展,实现了重大技术突破。

随着20世纪90年代以来,社会对环境问题的日益关注促使节能减排和清洁生产成为可持续发展的前提条件,同时,伴随着近年来大规模供应链和生态工业园大系统的出现等等,都对过程系统工程的研究范围和研究内容提出了新的挑战,尤其是作为目前研究热点的"过程系统的综合"。

化学工程是一类典型的过程系统,因此,关于化工系统工程的研究是较早和较为深入的。其中"化工过程分析与综合"是化工系统工程中重要的研究内容。

1.2　基本概念

1.2.1　过程系统

过程系统是对原料进行物理的或化学的加工处理的系统,由一些具有特定功能的单元过程按照一定的方式相互联结组成,功能在于实现工业生产过程中物质和能量的相互转换。过程系统中的单元操作过程(单元过程)主要用于物质和能量的转换、输送和储存,单元过程间通过物料流、能量流和信息流相互联结构成一定的关系。

随着科学技术的发展,过程系统的研究对象已经从传统意义上的化工生产工艺过程逐步朝着两极化延伸:一方面,朝着微观尺度,如分子、原子方向的微型过程系统;另一方面,朝着超大规模系统以及整个企业或工业生态系统等巨型过程系统,如化学工业园区。

1.2.2　过程系统分析

过程系统分析是对一给定系统结构及其中各个单元或子系统的过程系统进行分析,即建立过程系统中各单元或子系统的数学模型,并按照给定的系统结构进行整个过程系统的数学模拟,预测整个系统在不同条件下的特性和行为,借以发现过程系统的薄弱环节并改进。过程系统分析的主要工具是过程系统模拟。

简单来讲,过程系统分析是指在过程系统结构及其中各个单元或子系统特性确定的前提下,借助计算机和系统的数学模型,通过数学模拟的方法,对系统的特性进行评价的方法。

1.2.3　过程系统综合

过程系统综合是指按照规定的系统特性,寻求所需要的系统结构(及其各个子系统的性能),并使系统按照规定的目标进行优化组合。对于给定过程系统的输入参数及输出参数来说,通过过程系统综合,可获得满足输入、输出参数的过程系统。

过程系统综合包括两种决策:一是各种系统结构替换方案的选择,其中系统结构受到相互作用的单元之间的拓扑和特性规定限制;二是组成过程系统中各个单元替换方案的设计。在设计新建装置时,过程系统综合多用于从若干备选方案中选择最优化的工艺流程。

过程系统综合是过程系统工程学的核心内容,其主要研究方向有:①反应路径综合;②反应网络综合;③换热网络综合;④分离序列综合;⑤公用工程系统综合;⑥控制系统综合;⑦全流程系统综合。在过程系统综合中,常用的方法主要有分解法、直观推断法、调优法、数学规划法和人工智能法。

1.2.4　过程系统优化

最优化问题是针对一个问题,从众多解决方案中寻求“最优”的解决方案。其主要内容包括最优化模型的建立与求解。对于过程系统来讲,最优化问题主要涉及过程系统的参数优化和过程系统的结构优化。

参数优化是指在已确定的系统流程中,对其中的操作参数,如温度、压力、流量等,进行优选,以满足某些指标,如经济性指标、技术性指标、能耗指标和环境指标等,达到整个过程系统最优。换句话说,对于一给定的工艺流程来讲,若当流程内部的每一个环节、每一个单元都在最佳状态下操作或运行,则整个流程的总体性能将达到最优。因此,参数优化的主要内容是针对流程中每一个环节、每一个单元的操作条件最优。

结构优化是指通过改变过程系统中设备类型或各单元间的联结,以达到过程系统最优。针对已知原料条件和最终产品要求,结构优化的主要内容是如何找到一个最佳的工艺流程来完成任务,因此,在结构优化中会涉及不同工艺路线、不同制造加工方案的选择,是高一级层面上的优化。

过程系统优化是过程系统工程最核心的内容,贯穿于过程系统设计、操作、控制和管理的各个环节。对过程系统进行优化,也就是通过最优化方案获得最优决策,实现过程系统优化设计、优化操作、优化控制和优化管理。

1.3　过程模拟的一般方法

1.3.1　物理模拟和数学模拟

如果化工系统 A 是比较复杂的系统,可能会由于过程较为复杂,而无法预知效果如何。若存在一个比较简单的系统 B,其操作特性与复杂系统 A 相同,但比系统 A 容易进行试验(实验)或求解,在这种情况下,就可以用简单系统 B 来代替复杂系统 A。换而言之,用一个更为方便、经济而性能相似的系统 B 模仿系统 A 的性能,这种方法称为模拟,也称为仿真,系统 B 称为系统 A 的模型。

如果系统 B 与系统 A 不仅性能相似,物理化学过程本质也一样,即具有相同的描述系统的数学方程,但两者的规模尺寸大小不同,这种模拟称为"物理模拟",又叫"相似模拟"。

如果系统 B 和系统 A 只是描述方程相同,而系统 A 是真实的化工过程,系统 B 是计算机所建立的数学描述方程,这种模拟称为"类似模拟"。如果模拟系统 B 所建立的数学描述方程能够准确描述系统 A,则为了方便计算,只要在计算机上对系统 B 进行数学模型计算就可得到实验研究系统 A 的结果,这种方法称为"数学模拟"。

1.3.2　数学模型化的步骤

建立数学模型的目的是要找到尽可能简单的数学描述方法,且该数学描述还可以精确描述所研究过程的特性。在精度足够的前提下,数学描述方程应尽可能简单。

由于过程系统由若干个单元过程组成,因此要想对一个化工过程系统建立数学模型,往往将过程系统模型的建立分解为各个基本单元过程模型的建立。单元过程数学模型建立步骤如图 1-1 所示。

1.3.3　数学模型的类型

数学模型是对过程系统及其各单元过程或流程进行模拟的基础,对模拟结果的可靠性和准确程度具有关键性作用。按照不同分类,可建立不同类型的数学模型。

1.按数学描述的本质分类

按照所建立数学模型的本质来看,数学模型分为机理模型与经验模型。

机理模型:通过分析化工过程的物理化学本质和机理,利用化学工程学的基本理论,如质量守恒定律、能量守恒定律及化学反应动力学等基本规律所建立的描述过程特性的数学方程

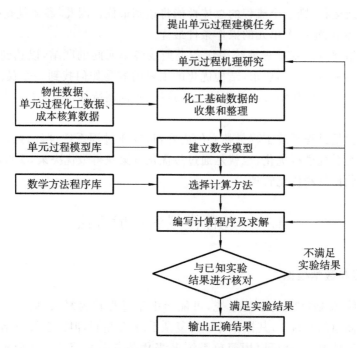

图 1-1　单元过程数学模型建立步骤

式及相应的边界条件,称为机理模型。虽然这种模型具有非常明确的物理意义,但是模型方程往往比较复杂。

经验模型:又称"黑箱模型",直接以小型试验、中间试验或生产装置的实测数据为依据,仅着眼于变量和自变量之间的输入-输出关系,而不考虑过程本质建立起来的模型。相对于机理模型而言,经验模型的适用范围受到输入、输出数据覆盖范围的限制。然而,对于不能用机理模型描述的实验过程本身来讲,由大量实验数据回归而来的经验模型是十分必要的。

2.按与时间的关系分类

按照研究对象的本质来看,数学模型分为稳态模型与动态模型。

稳态模型:过程研究对象的参数不随时间变化而变化建立起来的模型为稳态模型。稳态模型建立的方程常为代数方程组,是目前应用最广泛的一种模型。例如,物料及能量平衡模型。

动态模型:考虑过程研究对象的参数随时间变化的关系,采用时间作为主要自变量建立起来的模型为动态模型。动态模型所建立的方程组常为常微分方程组。例如,反应过程在外部干扰作用下的不稳定过程、开停车过程或某些间歇操作过程。

3.按过程属性分类

按照研究对象属性的不同,数学模型可分为确定模型和随机模型。

确定模型:每个变量对于任意一组给定的条件取一个确定的值或一系列确定值的模型为确定模型。即输入-输出关系存在确定关系则为确定模型。

随机模型:用来描述一些不确定性随机过程的模型为随机模型。在随机模型中,其过程服从统计概率规律,且描述这一过程的输入-输出关系变量或参数取值是无法确切知道的。例如,含有气泡的聚式流化床中气泡的生成运动及颗粒运动,聚合反应中高分子聚合物的生成等,均为典型的随机模型。相比于确定模型,随机模型更难以处理。

4.按过程研究对象的数学描述方法分类

按照过程研究对象数学描述方法的不同,数学模型分为集中参数模型和分布参数模型。

集中参数模型:在过程参数随空间位置不同而变化被忽略的情况下,过程系统的各参数都被看作在整个系统中是均一的模型,为集中参数模型。因此,在该模型中,各参数数值与空间位置无关。集中参数模型的数学方程组常为代数方程组或常微分方程组,例如,理想混合反应器等。

分布参数模型:研究过程参数在整个系统空间从一个点到另一个点上性能的变化,即过程参数为空间位置函数的模型为分布参数模型。分布参数模型所建立的数学方程组常为常微分方程组或偏微分方程组。例如,对于平推流反应器,在稳态时为常微分方程,在动态时为偏微分方程。

值得注意的是:对于同样一个过程研究对象,根据研究目的的不同,有可能建立的模型方程各不相同。例如,对于一块塔板,若只研究板效率,则视为集中参数模型;若要研究点效率,则就要采用分布参数模型了。

1.4 本课程的特点

"化工过程分析与综合"是过程系统工程的主要研究内容。20 世纪 70 年代,化工过程分析与合成(综合)课程在我国少数重点大学开始开设。进入 21 世纪后,为了适应新世纪化工类专业人才培养的需求,教育部将该课程与化工热力学、化工原理和化学反应工程一并列入《高等教育面向 21 世纪"化学工程与工艺"专业人才培养方案》中的核心课程。

本课程注重基本概念、原理、方法和策略的论述,将理论和应用紧密结合。本课程重点是研究解决过程系统问题的方法,以便使学生掌握系统知识和提升其综合能力。

本课程采用的研究方法是系统的方法论,即把研究对象体系看作一个整体,研究构成系统各个部分的组织、结构和协调关系,以使整体达到全局最优,而不是局部优化。

本课程具有很强的实用性,通过学习,所掌握的基本原理、方法和策略可应用于过程系统的设计、操作和管理的实践。

本 章 小 结

1.基本概念

(1)过程系统:对原料进行物理的或化学的加工处理的系统,由一些具有特定功能的单元过程按照一定的方式相互联结组成。

(2)过程系统分析:对于系统结构及其中各个单元或子系统均已给定的过程系统进行分析。采用的主要方法是通过建立各单元或子系统的数学模型,并按照给定的系统结构进行整个过程系统的数学模拟。通过分析结果可预测整个系统在不同条件下的特性和行为;过程系统分析的目的是发现系统的薄弱环节并改进。

(3)过程系统优化:在过程系统优化中涉及两大类的优化问题——参数优化和结构优化。参数优化是在已确定的系统流程中,对其中的操作参数,如温度、压力、流量等,进行优选,以满足所设立的目标函数;结构优化是通过改变过程系统中设备类型或各单元间的联结结构,以达到过程系统最优。

2.数学模型的类型

按照过程系统研究对象的不同,数学模型有四种分类:①机理模型与经验模型;②稳态模型与动态模型;③确定模型与随机模型;④集中参数模型与分布参数模型。

3.过程系统研究方法和重点

本课程采用的研究方法是系统的方法论,重点是研究解决过程系统问题的方法。

参 考 文 献

[1] 王基铭.过程系统工程辞典[M].2版.北京:中国石化出版社,2011.

[2] 杨友麒,成思危.现代过程系统工程[M].北京:化学工业出版社,2003.

[3] 姚平经.过程系统工程[M].上海:华东理工大学出版社,2009.

[4] 都健.化工过程分析与综合[M].大连:大连理工大学出版社,2009.

[5] 杨友麒,项曙光.化工过程模拟与优化[M].北京:化学工业出版社,2006.

第二章 单元过程的模拟

📚 **本章学习要点**

(1)掌握自由度的概念和本质,单元过程、装置和过程系统的自由度分析;

(2)了解单元过程稳态模拟过程及应用;

(3)了解单元过程稳态模拟与动态模拟之间的区别。

化工过程是将指定的原料经过一系列物质和能量转换步骤,最终转变为规定要求的一种或几种化学产品的过程。通常一个化工过程由若干个单元过程组成,每个单元过程均有明确的物质和/或能量转换任务,而且单元过程也是化工过程的基本加工步骤。

单元过程的模拟既包括过程系统中基本单元模块的模拟,也包括独立单元(过程)模块的模拟。而过程系统模拟则是对由若干个不同单元过程构成的过程系统进行模拟。

2.1 自 由 度

自由度是描述系统状态所需的变量数与建立这些变量之间关系的独立方程数之差,如果用 n 和 m 分别表述变量数和独立方程数,则自由度的表达式为

$$d = n(变量数) - m(独立方程数) \qquad (2\text{-}1)$$

2.1.1 独立流股的自由度

根据 Duhem 定理(杜赫姆定理):对于一个已知每个组分初始质量的封闭体系而言,不论该体系有多少相、多少组分或多少化学反应,体系的平衡状态完全取决于两个独立变量,温度 T 和压力 p。

从 Duhem 定理可知:要想确定一个独立流股,则需要知道流股中所包含的组分数 C 和两个独立变量:流股的温度 T 和压力 p,即规定了流股中 C 个组分的摩尔流量、流股的温度 T 和压力 p,则该独立流股就可以被确定下来。换句话说,一个独立流股具有的自由度为$(C+2)$。

2.1.2 自由度的实质

一个化工过程系统中,若有 n 个变量,所建立的数学模型中涉及 m 个独立方程(彼此独立且不相互矛盾),一般会出现下面三种情况。

(1)$n > m$,则系统的自由度为 $n-m$。在这种情况下,要想使系统模型具有唯一解,则必须提前给这多出来的 $n-m$ 个变量赋值。需要提前赋值的 $n-m$ 个变量:一方面在变量的选取上具有一定的自由;另一方面,在变量取值上不受方程的约束,仅来源于过程系统中其他方面的考虑,具有一定的自由。上述两方面的自由,是自由度概念的实质。

(2)$n = m$,过程系统中不存在多余变量,系统有唯一定解。

(3)$n < m$,过程系统中变量数少于独立方程数,系统无解。

2.1.3　自由度分析的目的

在对过程系统建立数学模型并对模型进行求解时,根据过程系统的变量数和所建立的独立方程组数,进行自由度分析,从而确定设计变量或决策变量的数目。而后,根据任务的需要和实际情况,选取设计变量,使过程系统建立的数学模型具有唯一定解。

因此,自由度分析的目的是在系统模型进行求解之前,需要确定提前给多少个变量赋值,才能使系统有唯一定解。

2.1.4　设计变量与状态变量

1. 设计变量

在 n 个变量中如何选取其中 d 个变量,具有一定的自由,若是对这 d 个变量赋以不同的数值,模型方程得到的解也不相同。因此,改变 d 个变量的取值,正是控制系统设计方案的一种手段。因此,这些变量称为"设计变量",也称为"决策变量"。

2. 状态变量

在设计变量被选定和赋值之后,系统模型由 m 个独立方程组成。当 m 个变量通过 m 个方程求解出来之后,就确定了系统的一个状态。因此,m 个彼此独立的方程也称为"状态方程",所求解出来的 m 个变量称为"状态变量"。

2.1.5　设计变量确定的原则

从数学求解的角度来看,若要使模型方程有解,需要确定哪些变量作为设计变量是可以"自由"选择和"自由"确定赋值的。然而,对于化学工业生产过程系统而言,设计变量选择上的自由是有"一定限度"的自由,需要遵循一定的原则。

原则1:针对不同工程实际问题进行不同处理。对于模拟型问题,首先选择输入流股变量和设备变量;对于设计型问题,首先选择设计规定方程中各设计规定变量,再选择输入流股变量和设备变量。

原则2:模块中需求解出的模块参数不能选择为设计变量。

原则3:应选择受限制较多的变量。

原则4:所选择的设计变量,当其获得赋值后,可使系统模型方程的求解最方便和容易。

2.2　过程系统自由度分析

过程系统由单元过程和过程装置组成,因此,过程系统自由度分析以单元过程自由度分析和过程装置自由度分析为基础。

2.2.1　单元过程自由度分析

单元过程自由度分析的基本步骤如下。

步骤1:写出单元过程所有输入、输出流股的独立变量数、各设备参数等的变量数总和 n。

步骤2:写出单元过程的独立方程数 m。

步骤3:求解自由度 $d=n-m$。

变量 n 类型主要有输入流股变量、输出流股变量、设备参数和寄存变量等。

独立方程 m 类型主要有物料衡算方程、热量衡算方程、相平衡方程、温度与压力平衡方程、化学反应方程式、内在关系式等。

下面以混合器、闪蒸器和换热器为例介绍典型单元过程自由度分析。

（1）混合器。

混合器的作用是将两个独立流股混合成一个独立流股，其示意图如图 2-1 所示。

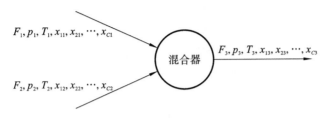

图 2-1　混合器示意图

独立变量数：总共涉及 3 股独立流股，根据 Dehum 定律，每个流股的独立变量数为 $C+2$。因此，混合器的独立变量数：$n=3(C+2)$。

独立方程数：混合器所涉及的独立方程有物料衡算方程、热量衡算方程、压力平衡方程，其中：

物料衡算方程：　　　　$F_1 x_{i1} + F_2 x_{i2} = F_3 x_{i3} \quad i=1,2,3,\cdots,C$　　　　C 个

热量衡算方程：　　　　$F_1 H_1 + F_2 H_2 = F_3 H_3$　　　　1 个

压力平衡方程：　　　　$p_3 = \min\{p_1, p_2\}$　　　　1 个

式中，F 为流股的摩尔流量；x 为摩尔分数；H 为流股的比摩尔焓；p 为压力。

因此，混合器的独立方程数：$m=C+2$。

由混合器的独立变量数和独立方程数，可得混合器自由度为 $d=n-m=2(C+2)$，恰好等于两个独立流股自由度之和。

综上所述，对混合器而言，当确定了两股输入独立流股变量之后，其出口流股变量就可通过所建立的混合器数学模型进行计算。

类似的，若 S 股物流通过混合器合并为一股物流，则该混合器自由度为 $S(C+2)$。

（2）闪蒸器。

在工业生产过程中，常见的闪蒸器有绝热闪蒸和一般闪蒸两种类型。在闪蒸器单元操作过程中，闪蒸塔塔顶气相和塔底液相达到相平衡。图 2-2 为一独立流股通过减压阀后进入闪蒸器单元示意图。

图 2-2 中所示闪蒸器的自由度分析如下。

独立变量数：图 2-2 所示闪蒸器单元示意图中除了三个独立流股之外，还存在一个设备参数：闪蒸器加热量 Q，因此，$n=3(C+2)+1$。

独立方程数：闪蒸过程中所涉及的独立方程有物料衡算方程、热量衡算方程、温度平衡方程、压力平衡方程、相平衡方程。

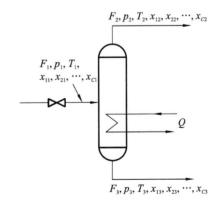

图 2-2　闪蒸器单元示意图

物料衡算方程：　　　　$F_1 x_{i1} = F_2 x_{i2} + F_3 x_{i3} \quad i=1,2,\cdots,C$　　　　C 个

热量衡算方程：　　　　$F_1 H_1 + Q = F_2 H_2 + F_3 H_3$　　　　1 个

温度平衡方程：　　　　　　　$T_1=T_2=T_3$　　　　　　　　　　1个

压力平衡方程：　　　　　　　$p_2=p_3$　　　　　　　　　　　　1个

相平衡方程：　　$x_{i2}=k_ix_{i3}$　$i=1,2,3,\cdots,C$　　　　C个

因此，闪蒸器的独立方程数为 $m=2C+3$。

由图 2-2 所示闪蒸器涉及的独立变量数和独立方程数，可得自由度为

$$d=n-m=3(C+2)+1-(2C+3)=C+4$$

在闪蒸器中，除了应给定一个独立流股($C+2$)外，还需要给定两个设计变量才能进行闪蒸器的模型计算。按照确定设计变量的原则，两个设计变量一般选择闪蒸温度 T_2 和闪蒸压力 p_2。当然，设计变量也可以选择其他变量。

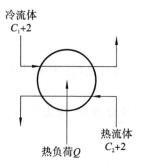

图 2-3　换热器单元示意图

（3）无相变换热器。

换热器示意图如图 2-3 所示，其中，冷物流组分数为 C_1，热物流组分数为 C_2，换热器热负荷为 Q。

独立变量数：从图 2-3 可知，换热器有两股热物流和两股冷物流，设备参数为热负荷 Q，因此，$n=2(C_1+2)+2(C_2+2)+1$。

独立方程数：换热器所涉及的独立方程类型有物料衡算方程、热量衡算方程、压力变化方程。对于冷物流而言，对应 C_1 个组分有 C_1 个物料衡算方程，1个热量衡算方程和1个压力变化方程；热物流所建立的方程和冷物流所建立的方程类似，因此，$m=(C_1+2)+(C_2+2)$。

因此，图 2-3 所示换热器的自由度为

$$d=n-m=2(C_1+2)+2(C_2+2)+1-[(C_1+2)+(C_2+2)]$$
$$=(C_1+2)+(C_2+2)+1=C_1+C_2+5$$

在换热器中，当给定了冷物流和热物流的进料流股(C_1+2)和流股(C_2+2)，且给定了换热器的热负荷之后，冷热物流出口流股的变量就可以确定下来。

从单元过程自由度分析过程中，可获得单元过程自由度分析的通用公式：

$$d^e=\sum(C_i+2)+(s-1)+e+r+g \tag{2-2}$$

式(2-2)中：d^e 表示单元过程的自由度；$\sum(C_i+2)$ 为输入流股数独立变量数总和；s 为通过单元过程时出现分支的输出流股数；e 为与物料流无关的能量流和压力变化引起的自由度；r 为反应单元的独立反应数；g 为几何自由度，若单元过程的设备是给定的，一般来讲，几何变量 $g=0$。

表 2-1 为常见化工过程中单元过程的自由度分析一览表。

表 2-1　常见单元过程的自由度分析一览表

示意图	单元过程名称	独立变量数 n	独立方程数 m	自由度 d^e
F→○→L_1,L_2	分配器	$3C+6$	$2C+3$	$C+3$
F_1,F_2→○→F_3	混合器	$3C+6$	$C+2$	$2C+4$

续表

示意图	单元过程名称	独立变量数 n	独立方程数 m	自由度 d^e
	泵	$2C+5$	$C+2$	$C+3$
	加热器	$2C+5$	$C+2$	$C+3$
	冷却器	$2C+5$	$C+2$	$C+3$
	分相器	$3C+6$	$2C+3$	$C+3$
	全凝器:凝液为一相	$2C+5$	$C+1$	$C+4$
	全凝器:凝液为两相	$3C+7$	$2C+3$	$C+4$
	全蒸发器	$2C+5$	$C+1$	$C+4$
	分凝器	$3C+7$	$2C+3$	$C+4$
	再沸器	$3C+7$	$2C+3$	$C+4$
	简单平衡级	$4C+8$	$2C+3$	$2C+5$
	带有传热的平衡级	$4C+9$	$2C+3$	$2C+6$
	进料级	$5C+10$	$2C+3$	$3C+7$
	有侧线出料的平衡级	$5C+10$	$3C+4$	$2C+6$

2.2.2　过程装置自由度分析

一个装置可由若干个单元过程组成,是各个单元过程根据单元间物流联结而成的整体。因此,过程装置的自由度 d^u 应满足自由度分析通式(2-3)。

$$d^u = \sum d^e + r - c \qquad (2\text{-}3)$$

式中:d^u 表示过程装置的自由度;$\sum d^e$ 为过程装置中所含有的各单元过程的自由度之和;r 为单元过程重复使用的变量数;c 为过程装置中各单元之间联结所产生的约束关系式数。

对于 r,若在过程装置中有一单元过程以串联形式被重复使用,则应该增加一个变量数以区别于这种单元过程与其他种单元过程相联结的情况,$r=1$;以此类推,若有两种单元过程以串联形式被重复使用,则 $r=2$。

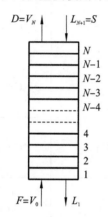

图 2-4　简单吸收塔示意图

对于 c,由于过程装置中相互联结的单元过程之间必有一股或几股物流是从一个单元流出进入另一个单元,因此,会存在这两个单元过程之间的约束关系式。如,若 N 为联结单元间的单向物流数,则每一个联结两个单元之间的单向物流将产生$(C+2)$个等式,从而 $c=N(C+2)$。

常见简单吸收塔如图 2-4 所示,由 N 个绝热操作的简单平衡级串联构成,其自由度分析如下。

(1)一个绝热操作的简单平衡级自由度 $d^e=(2C+5)$,则 N 个绝热操作的简单平衡级自由度 $\sum d^e = N(2C+5)$;

(2)简单吸收塔中简单平衡级串联在一起,也就意味着简单平衡级以串联的形式被重复使用 N 次,因此,$r=1$;

(3)简单吸收塔每一个简单平衡级有 2 个双向物流数,N 级简单平衡级间存在 $N-1$ 个单元间联结,每一个联结两个单元之间的单向物流将产生$(C+2)$个等式,因此,$c=2(N-1)(C+2)$。

综上所述,图 2-4 所示简单吸收塔的自由度为

$$d^u = \sum d^e + r - c = N(2C+5) + 1 - 2(N-1)(C+2) = 2C + N + 5$$

2.2.3　过程系统自由度分析

过程系统是由单元过程和过程装置组成,因而,可在单元过程和过程装置自由度分析的基础上,进行过程系统自由度分析。过程系统自由度分析通式如下:

$$d^s = \sum d^u (\sum d^e) - \sum c \qquad (2\text{-}4)$$

式中:d^s 表示过程系统的自由度;$d^u(d^e)$ 表示过程装置(单元过程)的自由度;$\sum d^u(\sum d^e)$ 为过程系统中过程装置(单元过程)的自由度加和;$\sum c$ 为过程装置(单元过程)之间各个联结流股的变量之和,每增加一个联结流股,则相应增加$(C+2)$个联结方程,即 $c=C+2$。

[例 2-1]　一化工过程系统的工艺流程框图如图 2-5 所示。该化工过程由 7 个单元过程组成,图中箭头上方为进出各单元设备的流股变量数,试对该化工过程进行自由度分析。

解　各单元过程自由度分析按照式(2-2):$d^e = \sum (C_i + 2) + (s-1) + e + r + g$ 进行计

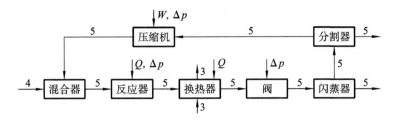

图 2-5　化工过程系统的工艺流程框图

算,所得计算结果如表 2-2 所示。

表 2-2　化工过程流程图中单元过程自由度一览表

单元过程	$\sum(C_i+2)$	$(s-1)$	e	r	d^e	e 说明	r 说明
混合器	9	0	0	0	9		
反应器	5	0	2	1	8	$Q,\Delta p$	进行 1 个反应
换热器	8	0	1	0	9	Q	
阀	5	0	1	0	6	Δp	
闪蒸器	5	1	0	0	6		
分割器	5	1	0	0	6		
压缩机	5	0	2	0	7	$W,\Delta p$	
合计	42	2	6	1	51		

$\sum d^u(\sum d^e)$:从表 2-2 中数据可知 $\sum d^e=51$。

$\sum c$:从图 2-5 可知,单元过程之间的联结流股数为 7,每个流股的变量数为 5,则 $\sum c=5\times7=35$。

因此,$d^s=\sum d^e-\sum c=51-35=16$。

2.3　单元过程的稳态模拟

化工单元过程的稳态模拟核心是构建单元过程模型,而对于化工过程而言,一般在建立单元过程模型时选择该单元过程的机理模型或经验模型。

从 1.3.3 中数学模型分类可知,机理模型是建立在对化工单元过程有较深入认识和了解的基础上,具有适用性好、使用范围宽的优点,且随着计算机应用水平和数学水平的提高,复杂机理模型的求解难度逐步降低。相比于机理模型而言,虽然经验模型形式简单、求解方便,但经验模型适用性较差,且需要大量实验数据进行经验模型方程的回归。因此,在过程系统稳态模拟过程中,只有在建立机理模型有难度或者模型求解困难的情况下,才考虑采用经验模型。

2.3.1　单元过程稳态模拟步骤

一般单元过程机理模型建立和模拟的思路如下。

(1)确定机理模型建立的假设条件。

实际生产过程中,由于质量传递、热量传递和动量传递的物理过程以及反应器内化学反应过程的存在,所建立的机理模型较为复杂且常常难以求解。因此,在建立模型的过程中,需要根据研究目标,确定影响单元过程的主要因素,提出相应的假定条件,忽略次要因素,对复杂的实际问题做出合理简化。

(2)机理模型建立。

单元过程机理模型建立过程是将单元过程质量衡算、能量衡算和化学反应具体化的过程,建立的模型方程通常包含传质速率方程、传热速率方程、相平衡方程和反应动力学方程等。根据机理模型的假设条件,对所建立的模型进行适当简化,做到合理、简洁和可用。

(3)机理模型的求解。

大多数化工过程的机理模型为非线性模型,求解具有一定难度。因此,常采用计算机模拟或通过一定数学方法将非线性模型转变为线性模型进行计算机求解。

2.3.2　单元过程稳态模拟实例

目前,过程系统稳态模拟软件主要有 Aspen Plus、PRO/Ⅱ 和 HYSYS 等。

下面采用 Aspen Plus 软件,以常压操作连续筛板精馏塔设计为例,讲述单元过程在机理模型基础上的稳态模拟应用。

设计条件如下。

进料组分:水 63.2%、甲醇 38.6%(质量分数)。处理量:水-甲醇混合液 55 t/h。进料热状态:饱和液相进料。进料压力:120 kPa。操作压力:110 kPa。单板压力降:≤0.7 kPa。塔顶馏出液:甲醇量大于 99.5%(质量分数)。塔底釜液:水量大于 99.5%(质量分数)。回流比:自选。热源:低压饱和水蒸气。机理模型:DSTWU 简捷精馏计算模型。

设计任务:(1)确定理论塔板数;(2)确定合适的回流比。

稳态模拟步骤如下。

(1)新建模拟文件。

任务:启动 Aspen Plus,建立新的模拟文件。

①启动 Aspen Plus:按照以下路径打开程序。

开始菜单→所有程序→Aspen Tech→Process Modeling V7.2→Aspen Plus→Aspen Plus User Interface。

②创建新的模拟文件:启动 Aspen Plus 后弹出如图 2-6 所示窗口,在这里可以选择创建新的模拟文件或者打开已有模拟文件。本例中选择 Template(采用模板创建模拟文件),点击"OK",得到图 2-7 所示窗口。

在图 2-7 所示窗口中,提供了一些常用的模板可供选择,模板设定了单位制、物性方法和输出报告等信息的缺省项,可根据实际问题选择不同的模板。本例中选择的 General with Metric Units(公制单位)。在右下角下拉窗口中可选择运行模式(Run Type),本例中选择 Flowsheet,点击确定按钮,建立新的模拟文件。

(2)定义模拟流程。

任务:创建精馏塔模型、绘制流股、模型和流股命名。

①创建精馏塔模型:创建新的模拟文件后,可以开始建立流程图,其界面如图 2-8 所示。在界面下方可选择不同的单元操作和流股类型(物流、热流、功流)。

在单元模块库中点击 Columns 标签,选择塔设备,如图 2-9 所示;点击 DSTWU 模型的下拉箭头,弹出等效的模块,如图 2-10 所示,任选其一;在空白流程图上单击,即可绘出一个精馏塔模型,如图 2-11 所示。

图 2-6　新建模拟文件 1

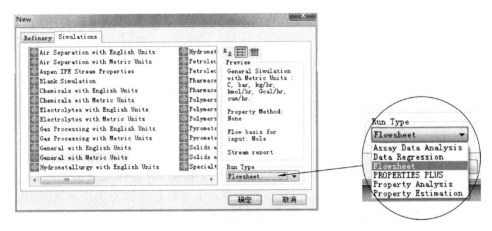

图 2-7　新建模拟文件 2

图 2-8　Aspen 模拟主界面

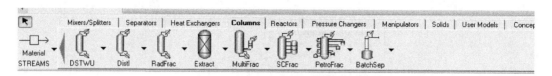

图 2-9   Columns 标签

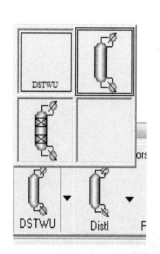

图 2-10   DSTWU 模型

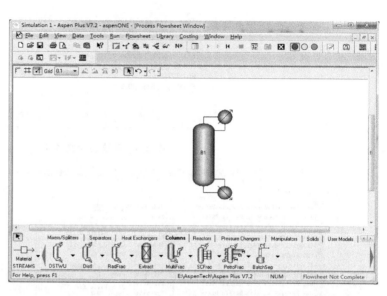

图 2-11   放置精馏塔模型

②绘制流股:单击左下角流股单元 STREAMS 下拉箭头,选择流股类型,在这里选择 Material 类型(物流),选择后得到图 2-12;在箭头提示下可以根据需要来绘制流股,其中红色箭头表示必须定义的流股,蓝色箭头表示可选定义的流股,不同的模型根据设计任务绘制。本例一股进料、塔顶和塔底两股出料,如图 2-13 所示。

③模型和流股命名:单击鼠标右键选择要改名的流股或模型,在弹出的菜单中选择 Rename Stream 或 Rename Block,在对话框中输入改后的名称,即可改变名称。在这里将入料改为 FEED;塔顶产品改为 D;塔底产品改为 L;改变名称后的流程图如图 2-14 所示。

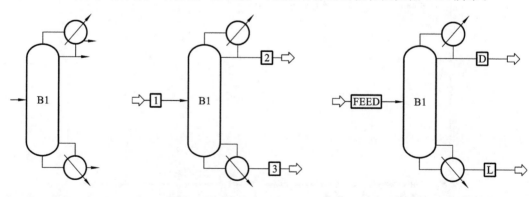

图 2-12   绘制流股 1   图 2-13   绘制流股 2   图 2-14   模型及流股命名

(3)模拟设置。

建立流程图后,点击快捷工具条中的 N➡按钮,进入全局设定页面,如图 2-15 所示,可进

行模拟命名,设置输入、输出数据的单位制,进行全局设置等。本例中采用默认设置,不做
修改。

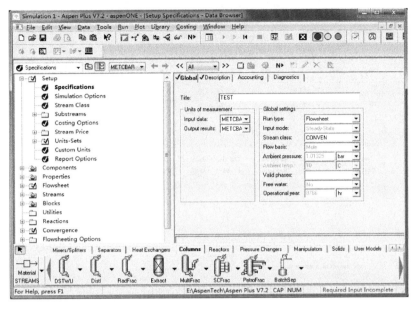

图 2-15　全局设定页面

定义组分:定义物料的化学成分。单击 N➡按钮进入组分输入页面,如图 2-16 所示:

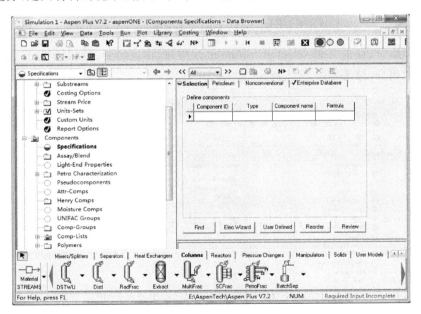

图 2-16　组分输入页面

定义流程中所涉及的化学组分方法有两种:①在 Component ID 或 Component name 中直接输入组分的英文名称。其中,Component ID 是该组分的代号,用户可以进行定义和修改;②使用 Aspen Plus 提供的 Find 工具,进入组分查找页,在对话框中输入组分的英文名称或分子式,也可以输入其部分字符串,查找 Aspen Plus 提供的组分。查找结果出现在图 2-17 所示列表中:

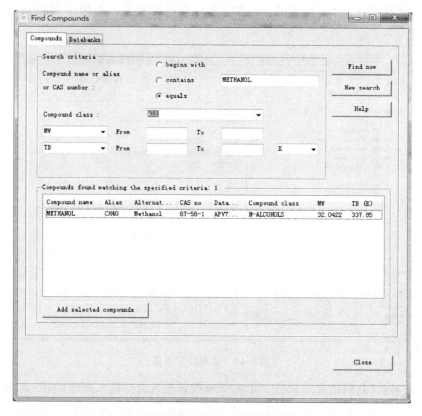

图 2-17　Find 工具列表

　　选择所需组分,点击 Add selected compounds 按钮,将该组分添加到组分列表中。用同样方法输入其他组分,结果如图 2-18 所示。

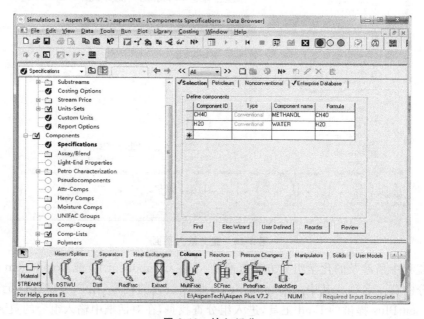

图 2-18　输入组分

（4）确定物性计算方法。

单击 N➡按钮,进入物性方法选择页面。根据不同物系选择不同物性计算方法,物性计算方法在 Base method 栏下拉框中选择。对于本体系,选择 NRTL-RK 方法,如图 2-19 所示,Process type 选择 ALL,Base method 选择 NRTL-RK,其他设置选择系统默认值。

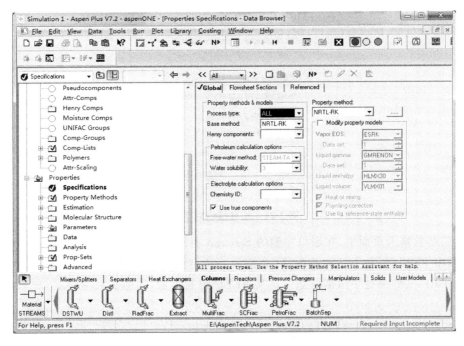

图 2-19　选择物性计算方法

单击 N➡按钮,进入图 2-20 所示界面,查看二元交互作用参数。

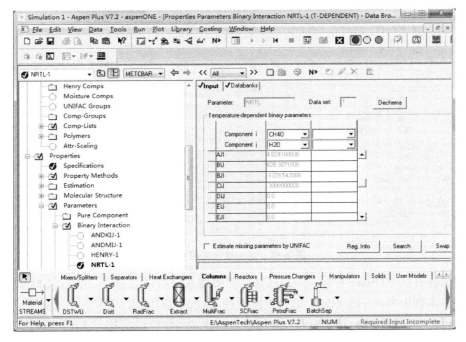

图 2-20　查看二元交互作用参数

（5）定义流股参数。

定义完组分后，单击 N➡按钮，在弹出的如图 2-21 所示对话框中选中 Go to Next required input step 选项，点击 OK，进入流股参数输入页面。

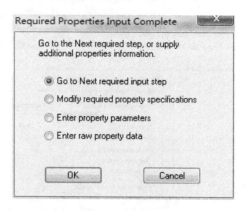

图 2-21　信息提示对话框

在流股参数输入页面中，在窗口左侧的 Streams 目录下，可看到前面在流程图中定义的三股物料，其中 FEED 流股为已知流股，D、L 流股为待定流股。故仅定义 FEED 流股的状态参数，此时 FEED 文件夹处于激活状态。定义 FEED 流股参数，如图 2-22 所示。

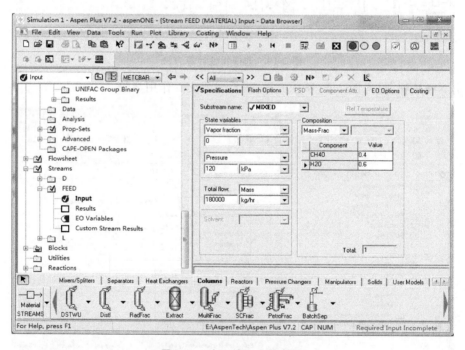

图 2-22　定义输入流股参数

①定义进料状态（State variables）：在这里需要输入进料物流温度、压力、气相分数三者中的两个。在本例中为在 120 kPa 下饱和液体进料，输入参数如下。

Pressure：120 kPa；Vapor fraction：0。

②定义进料流量（Total Flow）：可以定义摩尔流量、质量流量和标准体积流量中的一种。本例定义质量流量，输入 180000 kg/hr（标准单位为 kg/h）。

③定义每个组分流量或分数：本例中定义进料各组分的质量分数，输入参数如下。

Mass-frac：CH_4O：0.4；H_2O：0.6。

（6）定义单元模型。

定义完流股参数后，单击 N➡ 按钮，进入模块定义页面。在此流程中只有一个 B1 模块。由于是设计型计算，要求计算理论塔板数等，因此，需要定义回流比。定义精馏塔 B1 模块，如图 2-23 所示。

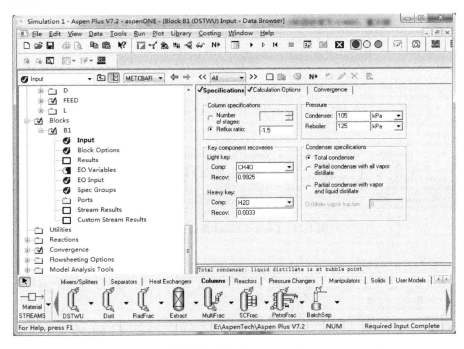

图 2-23 定义精馏塔模块

①定义回流比：在 Column specifications 中选择 Reflux ratio 来定义回流比。如输入值为正值则为实际回流比；如输入值小于一1，该值为实际回流比与最小回流比的比值。本例中取回流比为最小回流比的 1.5 倍，故输入一1.5。

②定义轻、重关键组分回收率（Key component recoveries）：DSTWU 模块要求定义塔顶组分的回收率。计算得到两种组分的回收率：轻关键组分的回收率为 0.9925；重关键组分的回收率为 0.0033。

③定义再沸器和冷凝器的压力（Pressure）：冷凝器 105 kPa；再沸器 125 kPa。

④定义冷凝器类型（Condenser specifications）：本例中选择 Total condenser（全凝器）。

（7）模拟计算与结果查看。

点击 N➡ 按钮，若数据未输入完毕自动转到待输入数据的窗口；若数据输入完毕，则进行计算。也可点击 ▶ 按钮直接进行计算，同时进入"Control Panel"页面显示运行信息，如图 2-24 所示。

计算结束后，可点击 ☑ 按钮查看计算结果，点击左侧窗口中 Results Summary 目录下的 Streams 可查看计算所得物流信息，如图 2-25 所示。点击左侧窗口中 Blocks→B1→Results，可查看塔的设计参数：包括最小回流比、实际回流比、最小理论塔板数、冷凝器和再沸器的热负荷等，如图 2-26 所示。

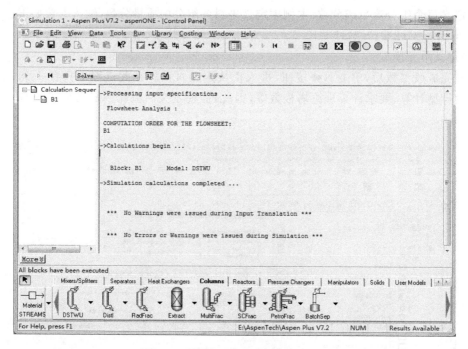

图 2-24　Control Panel 页面运行信息

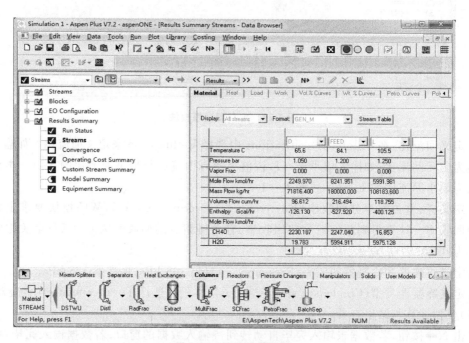

图 2-25　流股计算结果

　　至此,精馏塔的基本稳态模拟计算就结束了,模拟计算结束后,可点击 SAVE 按钮来保存文件,可保存为 *.apw、*.bkp 和 *.apwz 三种文件格式,其中 *.apw 格式包含输入规定、模拟结果和收敛信息,*.bkp 格式包含输入规定和模拟结果,*.apwz 格式包含模拟过程中的所有信息。

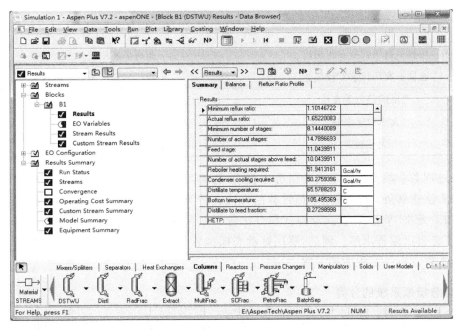

图 2-26 精馏塔计算结果

2.4 单元过程的动态模拟

客观来讲,化工生产装置运行均处于一种动态过程中,且化工过程的动态变化是必然且经常发生的,引起波动的因素主要有以下几类。

(1)计划内变更,如原料批次变化,计划内高负荷生产或减负荷操作,设备定期切换操作等。

(2)事物本身的不稳定性,例如,同一批次原料性质上的差异和波动,冷却水温度随季节变化,催化剂活性随着生产时间延长而下降等。

(3)意外事故、设备故障以及人为误操作等。

(4)装置开停工操作等。

因此,在化工过程中,往往需要借助于动态模拟以满足设计上、培训上以及生产运行上的操作。动态模拟技术是通过研究系统参数随时间的变化规律,得到有关过程的正确设计方案或操作步骤,广泛应用于对各种过程系统的行为分析、预测与决策。

2.4.1 动态模拟与稳态模拟的区别

相对于稳态模拟而言,动态模拟是用来预测当过程系统中出现某个干扰时,各工艺参数随时间变化将会发生何种变化。在动态模拟中引入了"时间"作为参变量。稳态模拟和动态模拟的比较如表 2-3 所示。

表 2-3 稳态模拟和动态模拟的比较

稳 态 模 拟	动 态 模 拟
仅有代数方程	微分方程和代数方程同时存在

续表

稳 态 模 拟	动 态 模 拟
物料平衡用代数方程描述	物料平衡用微分方程描述
能量平衡用代数方程描述	能量平衡用微分方程描述
严格的热力学方法	严格的热力学方法
无水力学限制	有水力学限制
无控制器	有控制器

动态过程数学模型通常是由常微分方程或/和偏微分方程组成,除了个别简单动态过程可以用解析方法求解外,通常采用数值计算的方法在计算机上进行求解。常用数值求解方法有欧拉法、四阶龙格-库塔法、显式及隐式积分法等。通常这些求解方法都已编入相应动态模拟软件中,不必自己编程求解。因此,要用好动态模拟软件,必须要对基本数值解法和微分方程求解的基本概念有一定程度的了解。

2.4.2　动态模拟系统的分类

化工过程动态模拟系统主要分为两类:设计型动态模拟系统和培训型动态仿真系统。这两种系统在应用对象、系统功能和系统结构等方面有着明显的不同。

设计型动态模拟系统是以模拟装置的控制动态特性来研究控制方案,用生产工况变化进行装置的柔性设计以及用模拟紧急事故排放来研究排放系统的设计,用模拟放热反应器的动态特性来研究反应器合理控制方案及计算出反应器床层的最高温度及位置等。在动态模拟系统中,需要建立严格的机理模型,要求物性计算必须采用准确的热力学模型计算,数学模型的计算耗时较多。

培训型动态仿真系统是为了"仿真"一个装置的开、停车动态过程,或是事故处理的动态过程,要求操作界面与工厂所用 DCS 控制界面完全一致、动态模型响应速度也应与生产现场一样快,以达到培训操作人员的目的。在培训型动态仿真系统中,其准确度的要求没有设计型动态模拟系统高,只要"逼真"即可。因此,采用的数学模型和物性参数计算公式可以进行相应简化处理。

以上两类化工过程系统动态模拟系统的比较如表 2-4 所示。

表 2-4　两类化工过程系统动态模拟系统的比较

比较项目	设计型动态模拟系统	培训型动态仿真系统
数学模型	严格机理模型	简化机理模型
物性计算	有完整的物性数据库,严格计算	利用回归的简化物性参数计算公式
人-机界面	与稳态过程模拟类似	与 DCS 控制界面一样
计算速度	不要求实时性	要求实时性
应用模式	通用软件	按用户要求订制专用软件

相比于稳态模拟而言,动态模拟发展晚了近 20 年。20 世纪 70 年代部分高校开始发表早期的动态模拟系统,如 DYNSYS、DYFLD、DYSCD 等。20 世纪 80 年代以来,众多动态模拟软件纷纷推出,如美国普渡大学的 BOSS、英国剑桥大学的 QUASLIN、美国维斯康星大学的 POLYRED、德国 BASF 公司的 CHEMSIM、Linde 公司的 OPTSIM 等,然而商业化、通用化较

好的动态模拟软件还是出自专业化的化工过程模拟公司,如美国 Aspen Tech 公司的 SPEEDUP。20 世纪 90 年代中期,加拿大 Hyprotech 公司在稳态模拟软件 HYSIM 的基础上推出了动态模拟软件 HYSYS。另外,Aspen Tech 公司综合了稳态模拟软件 Aspen Plus 和动态模拟软件 SPEEDUP 的特点,在 1997 年推出了同时具有稳态模拟和动态模拟功能的软件 DYNAMICS。仿真培训系统的开发主要依靠一些成熟的商品化系统开发平台,如 ABB Cimcon 公司的 GEPURS,Honeywell 公司的 Shadow Plant,Aspen Tech 公司的 OTISS 以及 SIMSCI 公司的 Dynsim。

本 章 小 结

(1)自由度分析:目的是在系统模型进行求解之前,需要通过自由度确定提前给多少个变量赋值,才能使系统有唯一的定解。

(2)单元过程自由度分析通式:$d^e = \sum (C_i + 2) + (s-1) + e + r + g$;过程装置自由度分析通式:$d^u = \sum d^e + r - c$,过程系统的自由度分析通式:$d^s = \sum d^u (\sum d^e) - \sum c$。

(3)单元过程机理模型建立和求解思路:确定机理模型建立的假设条件—机理模型建立—机理模型的求解。

(4)化工过程动态模拟系统主要有两类,分别是设计型动态模拟系统和培训型动态仿真系统。这两种系统不但应用对象要求不同,而且系统功能和结构也不相同。

习　　题

2-1　假定一绝热平衡闪蒸器,如图 2-27 所示。试确定:

(1)变量总数 n;

(2)写出所有的独立方程式和求独立方程数 m;

(3)自由度 d;

(4)为解决典型的绝热闪蒸问题,应将哪些变量作为设计变量?

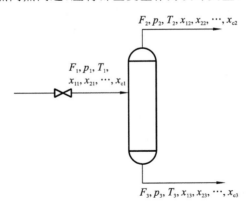

$$F_2, p_2, T_2, x_{12}, x_{22}, \cdots, x_{c2}$$

$$F_1, p_1, T_1, x_{11}, x_{21}, \cdots, x_{c1}$$

$$F_3, p_3, T_3, x_{13}, x_{23}, \cdots, x_{c3}$$

图 2-27　绝热平衡闪蒸器

2-2　图 2-28 为常规精馏塔示意图,试按照装置自由度分析思路确定该装置的自由度 d。

2-3　一高压反应流程,流程说明为:含有少量组分 B 的原料气 A 与循环流(组成:A、B、C)混合后进入反应器。在反应器中进行 A→C 的反应,并产生压力降 Δp。反应器出口流股经换热器冷却、减压阀减压后进入闪蒸器。主要产品 C 从闪蒸器底部流出,未反应的 A 及少量

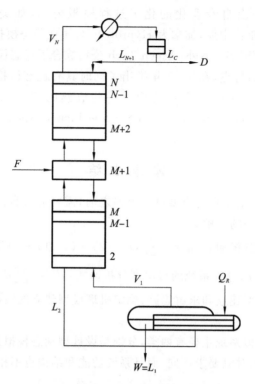

图 2-28　精馏塔示意图

的 B 和 C 从闪蒸器气相出口排出后至分割器,部分排放,大部分循环到压缩机,进行压缩后返回使用。请根据流程说明绘制流程图,并按照过程系统自由度分析的方法对该系统进行自由度 d 的确定。

参 考 文 献

[1] 杨友麒,项曙光.化工过程模拟与优化[M].北京:化学工业出版社,2006.

[2] 王基铭.过程系统工程辞典[M].2 版.北京:中国石化出版社,2011.

[3] 成思危.过程系统工程辞典[M].北京:中国石化出版社,2001.

[4] 姚平经.过程系统工程[M].上海:华东理工大学出版社,2009.

[5] 都健.化工过程分析与综合[M].大连:大连理工大学出版社,2009.

[6] 鄢烈祥.化工过程分析与综合[M].北京:化学工业出版社,2010.

[7] 刘家祺.分离过程[M].北京:化学工业出版社,2002.

[8] Westerberg A W, Hutchison H P, Motard R L, et al. Process Flowsheeting[M]. New York:Cambridge University Press,2011.

第三章　过程系统的模拟

![books] **本章学习要点**

（1）了解过程系统模拟的三类问题；

（2）掌握过程系统结构表达方式；

（3）掌握序贯模块法中不相干子系统的识别、系统分隔和断裂；掌握断裂流股变量的收敛方法；

（4）掌握联立方程法中不相干子系统的识别、方程组分隔和断裂；

（5）了解过程系统稳态模拟中序贯模块法、联立方程法和联立模块法的优缺点；

（6）掌握化工过程模拟软件模拟的一般步骤；

（7）了解常用化工过程模拟软件；

（8）了解 Aspen Plus 软件在化工过程模拟中的应用。

过程系统是对原料进行物理的或化学的加工处理的系统，由一些具有特定功能的单元过程按照一定方式相互联结组成，其功能在于实现工业生产过程中物质和能量之间相互转换。在过程系统中，单元过程主要进行物质和能量的转换、输送和储存，单元间通过物料流、能量流和信息流进行相互联结而构成一特定的、满足一定工业生产需求的过程系统，即单元过程与单元过程间联结关系一起构成了过程系统的结构。因此，过程系统又可以定义为

过程系统＝｛单元过程｝＋｛单元间联结关系｝

当一化工过程系统由各具有特定功能的单元过程按照一定方式联结时，就确定了过程系统的功能。值得注意的是：可用不同单元过程和系统结构来构造达到同一功能的多个过程系统，然而对于这些不同的过程系统而言，各自的利润、投资和环保等又各不相同。

3.1　过程系统模拟的基础知识

对一给定系统结构的过程系统，首先建立整个过程系统的数学模型，而后，采用计算机对所建立的数学模型进行求解，以获得在给定条件下过程系统的特性和行为，称为过程系统模拟，如图 3-1 所示。

图 3-1　过程系统模拟示意图

过程系统模拟就是对于已知的过程系统，给定相应输入参数，如输入流股的信息流、能量流和资金流，求解输出参数（输出流股的信息流、能量流和资金流）的过程。该输出参数包含三部分内容：一是过程系统的物料和能量衡算；二是确定设备的尺寸和费用；三是对过程系统进行技术经济评价。

3.1.1　过程系统模拟问题的类型

（1）模拟型问题。

过程系统模拟型问题,又称为操作型问题。该类问题的任务是对某过程系统做出工况特性分析,即通过给定过程系统的输入数据(如进料组成、流量等)以及表达系统特性的数据(如各单元设备参数、单元设备间结构参数等),对过程系统进行模拟计算,获得系统输出数据(如产品组成、流量等),如图3-1所示。

模拟型问题主要是根据工业生产装置实际系统工况特性的因果关系在计算机上获得所需要的信息。从所获得的输出数据中:一方面,可对实际生产情况进行诊断性分析,指导工艺操作和工艺改造;另一方面,对实际生产情况在不同操作条件下运行的工况结果进行预测,指导实际工业生产操作和对过程的改造。

(2)设计型问题。

与模拟型问题不同,设计型问题是首先给定部分输入流股参数(如进料组成、流量等)、设备参数和系统输出变量中的某些数据(如规定产品组成中某种组分所必须达到的数值),寻求能够满足这类规定要求的某些设备参数数值。

这里所说的设计型问题,通常只是指对过程系统结构已知的化工过程系统进行一般意义上的设计计算,即计算出能满足设计者所规定要求的某些参数或变量(设备参数、描述物料性质的变量等)所应具有的数值。而该计算值,在模拟型问题中是作为已知条件进行数据输入的。

设计型问题是在模拟型问题的基础上,通过实现设定影响设计指标的调节变量,用"控制模块"将设计指标及计算输出数值进行关联:首先比较计算输出与设计指标之间的差距,给出调节变量的变化值,使过程系统模型按照新的输入变量进行重新计算。在这一过程中,有可能通过反复的迭代计算,才能使输出值达到设计要求值,如图3-2所示。

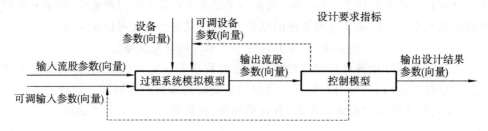

图3-2 过程系统设计型问题与控制模块

在实际工程项目设计中,往往通过文献调研、对现有工艺流程进行论证后,确定多个初步工艺流程方案。而后,对所提出的多个工艺流程方案分别进行模拟计算,在满足设计要求的前提下:一方面可以选择一个比较适宜的工艺方案作为最终方案,从而作为工程项目基础设计的依据;另一方面可以通过对若干个流程方案进行比较,选择最优工艺流程方案。

(3)优化型问题。

由于实际生产和发展规划的要求,工业生产日益朝着工艺流程系统性能最佳、产量最大、能耗最小、对环境造成污染最小等方面发展。因此,对于给定结构的工艺流程系统而言,如何确定过程中某些主要操作条件以获得所期望的目标,就是优化型问题。

优化型问题是应用优化的模型或方法,求解过程系统的数学模型,确定关于某一目标函数最优的决策变量的解,以实现过程系统最佳工况,如图3-3所示。换句话说,优化型问题是通过不断调整有关可调的输入流股参数与设备参数,使目标函数在规定的约束条件下达到最佳。其中,调整相关输入流股参数和设备参数是通过优化程序实现的。对于目标函数,当优化目标涉及经济评价时,则必须提供经济模拟模型。

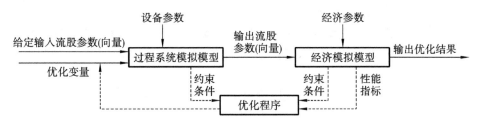

图 3-3　过程系统优化型问题

相比于模拟型问题和设计型问题而言,优化型问题更加复杂,解决起来也更加困难。究其原因,主要是由于:第一,需要优化的决策变量常常比设计调节变量个数要多;第二,多变量最优化问题本身就比较复杂,再加上化工过程模型往往是非线性数学模型,因而难以寻求到最优解;第三,最优化程序计算出来的可调节参数数值需要进行多次迭代计算,因此,要得到一个最优解需要耗费大量时间。

过程系统优化型问题的实质是通过不断调整决策变量(如输入流股变量和设备变量),在经济评价目标函数最优下求解各决策变量的值。

3.1.2　过程模拟软件的基本结构

无论是解决化工过程模拟型问题、设计型问题还是优化型问题,都需要一套能够达到上述目的的计算机程序或软件系统,即过程模拟系统软件。为此,提出如图 3-4 所示的过程模拟软件基本思路。

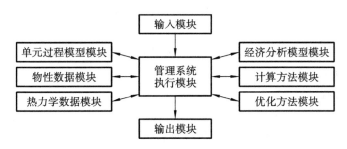

图 3-4　过程模拟软件的基本思路

(1)输入模块:提供模拟计算中所需要的所有信息,包括过程系统的结构信息、流股信息等。输入方式有批处理、一次输入形式或用户人机对话形式。

(2)单元过程模型模块:过程系统模拟的重要组成部分,根据输入流股及单元结构信息,通过过程速率或平衡级的计算,对各单元过程进行物料流及能量流衡算,获得输出流信息。

(3)物性数据模块:输入模块中所涉及的各种物流物性,如密度、黏度等。

(4)热力学数据模块:输入模块中涉及的各种物流热力学性质,包括焓、熵和吉布斯(Gibbs)自由能等的热力学性质。

(5)计算方法模块:主要为系统模拟提供数学计算方法,尤其是化工过程中众多非线性方程的求解方法,主要计算方法有直接迭代法、松弛法、维格斯坦法、牛顿法、拟牛顿法、最小二乘法等。

(6)优化方法模块:主要为系统模拟提供优化计算方法。其中,无约束最优化方法有一维搜索(黄金分割法、消去法、抛物线法)、变量轮换法等;有约束最优化方法有拉格朗日(Lagrange)乘子法、罚函数法、约化梯度法等。

(7)经济分析模型模块:主要通过该模块将生产操作费用、设备投资费用与市场行情进行联系。技术经济分析涉及原料、反应、工艺流程、设备、操作控制、产品、环境污染和资源利用等方面。

(8)输出模块:单元(过程)模块或流股输出中间结果或最终结果,以用户所需要的输出方式和所需要的结果进行输出。

(9)管理系统执行模块:过程系统模拟的核心模块,控制整个过程系统的计算顺序及整个模拟过程。

另外,在过程系统模拟软件各个模块中涉及以下必不可少的数据库。

(1)经济分析数据库:涉及描述流程系统性能的、评价流程经济性的经济分析模型。

(2)单元过程模型库:单元(过程)模块中的数学模型不仅包括组成该流程系统的各个单元模型,如精馏塔、吸收塔、闪蒸器等,还包括对系统结构给予明确表述的数学模型,如混合器、分流器等,单元过程模型是过程系统模型的基础。

(3)物性数据库和热力学数据库:化工过程中物料存在的状态不同,组成也会发生相应的变化,因此,物性数据库中物性数据是最基础的物性参数,如分子量、沸点、临界温度、临界压力、临界体积、偏心因子等。模拟计算用到的物性参数往往在特定温度和特定压力下,因此,热力学数据库就可以很方便的解决这一问题。

(4)计算方法库和优化方法库:针对不同模型特点而建立起来的有效的数学求解方法。

3.2　过程系统的数学模型

过程系统模型是过程系统某种关系的数学表达,由描述过程系统的数学方程及其限制条件所组成,常包括以下几类方程。

(1)单元模型方程。

过程系统是由若干个单元操作过程组成,因此,各种单元操作模型是过程系统模型的基础,是必不可少的。单元过程模型方程常包括物料衡算方程、能量衡算方程、设备约束方程和其他方程等。通常,单元模型方程常常连同求解方法一起被编成子程序,称为"单元模块",单元模型方程隐藏在该模块中,并不表现出来。

(2)流程联结方程。

过程系统是由各种单元过程有机连接而成的,因此,过程系统模型中必须有表述流程结构的部分。单元模型方程和流程联结方程一起,构成了过程系统的基本模型。流程联结方程表明各单元过程间的物流关系,通过流程联结方程,就可以将流程结构确定下来。由于流程结构可以采取数学方程形式以外的形式表达,因此,流程联结方程有可能出现在过程系统模型的方程组中,也有可能不出现。

(3)设计规定方程。

由单元模型方程与流程联结方程构成的基本模型,只能用来解决模拟型问题。若是扩展到设计型问题,则模型中还应加上表述设计要求的方程。较为简单的设计要求方程有:某些变量同代表其设计规定值的另一些变量相等的等式关系,由于该类设计方程的简单性,因此无须以方程形式具体写出。较为复杂的设计方程有:设计要求等于设计规定值,是几个变量的综合体现,如某两个温度之间的温度差等,则需要写出具体的设计方程。设计规定方程只在设计型问题中才需要出现。

(4)优化方程。

若是需要处理优化型问题,则整个过程系统模型中还需要增加优化方程。优化方程包括目标函数和约束条件。

(5)物性方程。

在单元模型中,必然会涉及物料的物性数据,因此,物性关联方程也包含在过程系统模型中,有可能以不同的表达方式参与计算。

(6)费用方程。

若是对过程系统进行相关的经济分析、费用核算等情况,则需要加上费用方程。

由上可知,若是对一个完整的过程系统提出多方面的任务要求,则过程系统模型的构成也就比较复杂。用于解决模拟问题的模型是过程系统模型中最基本的一种,仅表达过程系统的工况特定关系,因此,也称为"工况模型",这类过程系统的数学模型是由单元过程的数学模型(第二章节内容)和过程系统结构的数学模型构成的。

3.3 过程系统结构的数学模型

过程系统结构的数学模型主要描述过程系统单元间的联结关系。过程系统结构的表达形式多种多样,除了常规的流入(输入)、流出(输出)等简单的联结方程之外,还可以通过图的形式和矩阵的形式等进行表达。

既然过程系统结构的表达方式多种多样,一般而言,建立过程系统结构的数学模型常常分为两步:第一步,将工艺流程图转化为有向图;第二步,基于有向图基础上的矩阵表达。

3.3.1 流程图

流程图,即常见的工艺流程图,用来表述过程系统结构最普遍的一种图形。如图 3-5 所示,为一由循环压缩机、合成塔、冷却器和分离器所组成的氨合成系统工艺流程简图,图中,分别用"1,2,3,…,7"标号表示各股物流的流线。另外,为了能体现设备形象化的概念,各化工单元设备的图形符号尽可能与其操作特点相吻合,且尽量和现场的实际情况相一致。

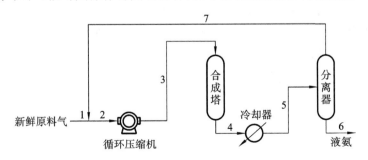

图 3-5 氨合成系统流程简图

3.3.2 信息流图

作为一个"信息转换器",每个单元模块都可以根据输入信息提供相应的输出信息。因此,对于每个单元模块,都可采用相应的简化图形符号表示,而单元过程间的联结关系,则可以用流线"→"表示,这也意味着,信息流图由节点集合和线段构成,其中节点集合表示过程系统中的单元过程,线段表示为联结(连接)单元过程的流线。

按照该思路,图 3-5 可转化为信息流图 3-6。在图 3-6 中,信息流图中的节点表示过程系统中的单元过程:结构单元①为混合器(虚拟单元),②为循环压缩机,③为合成塔,④为冷却器,⑤为分离器;有向线 1~7 为过程系统各单元结构之间的联结线,表示单元过程间的物料流和能量流。需要注意的是,图 3-5 和图 3-6 的结构单元和物流联结线编号应具有一致性。图 3-6 表明由单元模块组成的系统模型内部以及同外界之间信息流传送情况,称为信息流图。在信息流图中,作为节点的结构单元可以是一个单元过程设备,也可以是一个虚拟单元过程,如图 3-6 中的混合器①。

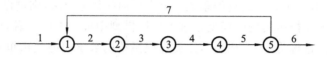

图 3-6 氨合成系统的信息流图

一旦将工艺流程图转化为信息流图后就可以借鉴数学上"图论"的概念对过程系统的结构进行研究。

根据"图论"中图的定义,图是由节点和连接节点的弧(直线、直线或边)所组成,当弧具有方向时,则图就为有向图,因此,信息流图又称为"有向图"。"有向"概念的实质是节点与节点之间所存在的某种联系,在过程系统中,该联系为物流信息传送的方向。

"图论"中所涉及的一些基本概念如下。

网络:图或有向图。

图:由节点和联结线组成的图形。

有限图:节点和联结线都有限的图。

节点集:所有的节点组成的集合,如设备单元组成的节点集。

联结线集:所有的联结线组成的集合,如有向线组成的联结线集。

有向图:图中的联结线有方向性,并用箭头指出其方向。

有向线:有方向的联结线。

通路:两节点间的有向线组成的有序群,就称为两节点间的一条通路。

n 步通路:通路中所含有的有向线数目为 n 时,称为 n 步通路。

简单通路:对任一节点不经过两次的通路。

循环通路:起止于同一节点的通路。

简单循环通路:对任一节点不经过两次的循环通路。

回路:不考虑起止节点的循环通路。

简单回路:对任一节点不经过两次的循环回路。

循环图:从任一节点至另外一个节点有一简单通路存在的图,从概念上看,循环图的实质是该图中至少含有一个简单回路。

非循环图:不含简单回路的图。

最大回路:图中的其他回路,或者含于该回路内,或者与该回路没有共同节点,即为最大回路。

3.3.3　矩阵表示

用信息流图表示过程系统流程结构,具有形象和直观的特点,表达作用十分明显。通常,在编写专用化工过程模拟系统的主程序部分时,常需要参照信息流图所表示的工艺流程结构来确定各单元(过程)模块的调用顺序。然而,计算机不能直接把信息流图显示的所有信息与单元过程的数学模型进行连接以完成过程系统模拟任务。针对这一问题,将过程系统结构表达为矩阵形式就显得非常重要。目前,多数通用或专用过程模拟软件均采用矩阵形式表达过程系统的流程结构。

矩阵形式表达过程系统流程结构方法的实质就是在计算机程序中,将过程系统流程结构通过矩阵的方式表达为二维数组进行存储和处理。常用表达过程系统结构的矩阵形式主要有过程矩阵、邻接矩阵和关联矩阵。值得注意的是:在进行矩阵表达前,应对单元过程设备和各流股编号。

(1)过程矩阵 R_P。

在过程矩阵中,矩阵行号与信息流图中节点序号或流程中单元设备序号对应,各行矩阵元素为各单元设备相关物料的流股号,并规定:流入该节点的流股取正值,流出流股取负值。

以图 3-6 为例,单元设备序号和相关物流号之间的关系表示如表 3-1 所示。

表 3-1　单元设备序号和相关物流号之间的关系

单元设备序号	相关物流号		
①	1	7	−2
②	2	−3	
③	3	−4	
④	4	−5	
⑤	5	−6	−7

相应的,图 3-6 可用过程矩阵表示为

$$R_P = \begin{bmatrix} 1 & 7 & -2 \\ 2 & -3 & 0 \\ 3 & -4 & 0 \\ 4 & -5 & 0 \\ 5 & -6 & -7 \end{bmatrix}$$

从过程矩阵表达中可以看出,过程矩阵表达的是系统单元过程和流股之间的关系,即由流股将相关单元过程设备关联起来以表达过程系统的结构。

(2)邻接矩阵 R_A。

一个由 n 个单元过程或节点组成的系统,其邻接矩阵可表示为 $n \times n$ 方阵,邻接矩阵中行和列的序号均与单元过程编号或节点编号对应。在邻接矩阵中,行序号表示为流出流股的节点序号,列序号表示为流入流股的节点序号。

邻接矩阵中各元素由单元过程或节点间的流入、流出关系确定。邻接矩阵可表示为 $R_A = [A_{ij}]$,其中元素 A_{ij} 为

$$A_{ij} = \begin{cases} 1, & \text{从节点 } i \text{ 到节点 } j \text{ 有线连接} \\ 0, & \text{从节点 } i \text{ 到节点 } j \text{ 没有线连接} \end{cases}$$

从邻接矩阵的元素表达中可以看出邻接矩阵中仅有两种元素:1 和 0。

以图 3-6 为例,流入节点和流出节点之间的关系如表 3-2 所示。

表 3-2　流入节点和流出节点之间的关系

流出节点 i	流入节点 j				
	①	②	③	④	⑤
①	0	1	0	0	0
②	0	0	1	0	0
③	0	0	0	1	0
④	0	0	0	0	1
⑤	1	0	0	0	0

图 3-6 过程系统的邻接矩阵表示为

$$\boldsymbol{R}_A = \begin{bmatrix} 0 & 1 & 0 & 0 & 0 \\ 0 & 0 & 1 & 0 & 0 \\ 0 & 0 & 0 & 1 & 0 \\ 0 & 0 & 0 & 0 & 1 \\ 1 & 0 & 0 & 0 & 0 \end{bmatrix}$$

邻接矩阵中行元素和列元素均为单元过程或节点编号,表达了过程系统中各单元过程之间的联结关系。在邻接矩阵中,有些行元素或列元素全部为 0,具有一定的特殊意义。

空的列,即列元素全部为 0,表示过程系统中没有输入的单元过程或节点,也就意味着该节点为整个过程系统的起始单元过程或节点;

空的行,即行元素全部为 0,表示过程系统中没有输出的单元过程或节点,也就意味着该节点为整个过程系统的最终单元或节点。

另外,从所表达的矩阵可以看出,该矩阵中多数元素为"0",少数为"1"。

[**例 3-1**]　将图 3-7 所示的某过程系统结构信息流图表达为邻接矩阵,并说明邻接矩阵中行元素和列元素的意义。

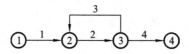

图 3-7　某过程系统结构信息流图

解　从图 3-7 可得如表 3-3 所示流入节点和流出节点之间的关系。

表 3-3　图 3-7 流入节点和流出节点的关系

流出节点 i	流入节点 j			
	①	②	③	④
①	0	1	0	0
②	0	0	1	0
③	0	1	0	1
④	0	0	0	0

图 3-7 对应的邻接矩阵为

$$\boldsymbol{R}_{\mathrm{A}} = \begin{bmatrix} 0 & 1 & 0 & 0 \\ 0 & 0 & 1 & 0 \\ 0 & 1 & 0 & 1 \\ 0 & 0 & 0 & 0 \end{bmatrix}$$

从邻接矩阵中可以看到：节点①的列元素全部为 0，意味着单元设备或节点①为过程系统的起始单元或设备节点；节点④的行元素全部为 0，意味着单元设备或节点④为过程系统的终了单元或设备节点。

邻接矩阵中元素仅为 1 和 0 两种的矩阵称为布尔矩阵，其计算规则按照布尔矩阵运算规则进行，如式(3-1)和式(3-2)所示：

$$x + y = \max(x, y) \tag{3-1}$$
$$x \times y = \min(x, y) \tag{3-2}$$

(3)关联矩阵 $\boldsymbol{R}_{\mathrm{I}}$。

关联矩阵的行序号与信息流图中的单元过程或节点对应，列序号与信息流图中的流股编号对应，关联矩阵可表示为 $\boldsymbol{R}_{\mathrm{I}} = [S_{ij}]$，元素 S_{ij} 表示为

$$S_{ij} = \begin{cases} -1, & \text{边(流股)} j \text{为节点(设备单元)} i \text{的输出流股} \\ 1, & \text{边(流股)} j \text{为节点(设备单元)} i \text{的输入流股} \\ 0, & \text{边(流股)} j \text{与节点(设备单元)} i \text{无关联} \end{cases}$$

以图 3-6 为例，节点和流股之间的关系可表达为如表 3-4 所示。

表 3-4　节点和流股之间的关系

节点 (单元设备) i	边(流股) j						
	1	2	3	4	5	6	7
①	1	−1	0	0	0	0	1
②	0	1	−1	0	0	0	0
③	0	0	1	−1	0	0	0
④	0	0	0	1	−1	0	0
⑤	0	0	0	0	1	−1	−1

对应的，图 3-6 过程系统的关联矩阵为

$$\boldsymbol{R}_{\mathrm{I}} = \begin{bmatrix} 1 & -1 & 0 & 0 & 0 & 0 & 1 \\ 0 & 1 & -1 & 0 & 0 & 0 & 0 \\ 0 & 0 & 1 & -1 & 0 & 0 & 0 \\ 0 & 0 & 0 & 1 & -1 & 0 & 0 \\ 0 & 0 & 0 & 0 & 1 & -1 & -1 \end{bmatrix}$$

从关联矩阵中可看出：关联矩阵表达了过程系统中各节点与各流股之间的关系。

另外，关联矩阵还具有以下性质。

性质 1：关联矩阵为 n 个设备节点和 m 个流股所形成的 n 行 m 列矩阵；

性质 2：由于关联矩阵是设备节点和流股之间的关系体现，因此，作为上个单元设备的输出流股和下个单元设备的输入流股，则在关联矩阵中均出现两次；

性质 3：对于无系统外输入和无系统输出的过程系统而言，矩阵的列元素之和应为 0。

（4）小结。

上述三种不同的矩阵表达方式均可以表示过程系统结构，分别适用于系统模型的不同求解方法。当过程系统结构采用过程矩阵形式表示时，通过以下步骤在计算机程序中进行单元过程的计算。

步骤 1：在程序中为每股物流设置存储单元以存储相应的物流变量。

步骤 2：在计算机程序的指令下，对过程矩阵进行逐行搜索。首先识别出有哪一行，其中该行单元的输入流股（正号流股）的各项流股变量已经取得相应存储的流股变量，随即调用该行的单元（过程）模块进行计算，得到相应的输出流股变量（负号流股），送往该行相应的流股存储单元中备用。

步骤 3：模拟运算可按照过程系统中逐个单元过程进行下去，直至所有单元计算完毕。

过程系统单元过程模型建立之后，当给定系统一组决策变量或设计变量，结合过程系统的结构模型，就可得到全部物流的状态变量数值。根据描述过程系统数学模型的不同，求解方法主要有三种：①序贯模块法；②联立方程法；③联立模块法。

3.4　序贯模块法

序贯模块法是开发最早、应用最广的过程系统模拟方法。序贯模块法的基本思路是：在建立描述各个不同单元（过程）数学模型的基础上，根据过程系统流程的结构模型确定单元模块的计算顺序，依次对各单元（过程）模块进行计算，以完成模拟计算过程。

3.4.1　序贯模块法的基本问题

（1）简单流程的序贯模块法。

在各种单元（过程）模块基础上，按照过程系统结构逐个从前面单元过程（单元）向后面单元传送，过程系统模拟计算顺序与过程系统结构的单元顺序是完全一致的。这种情况下，在模拟过程中一般不会遇到任何困难就能得到相应的模拟结果。在实际的化工过程中，碰到该类问题的情况较少。

（2）含循环回路流程的序贯模块法。

实际化工过程中，往往都含有一些再循环过程。含循环回路复杂流程的特点：在含循环单元组中，由于循环流股的存在，位于前面的单元要受到从后面单元传递过来的流股的影响。为了求解方便，当工艺流程中含有几个循环单元组时，必须预先将循环单元过程组识别出来，再通过对单元过程进行排序获得过程系统单元序贯求解的顺序。

在识别过程系统循环单元过程组时，首先，将整个工艺流程分成各自只含有一个循环单元组的几部分或几块，即对流程进行分块（分隔或分割）；而后，在流程分块的基础上，通过对循环回路中单元进行排序以获得单元序贯求解的顺序，即单元过程的排序。

在循环单元组中对单元过程排序发现，由于输入流股是后面单元模块的输出流股，则会导致在后面单元模块尚未进行计算、无法得到相应输出数据时，就无法对前面单元模块着手计算。这也意味着，原则上要对处于循环单元组中各单元模块同时求解计算。而实际上，真正同时去求解几个单元模块的工作量巨大且不现实，因此需要寻求另外的解决方案。

图 3-8（a）中流股 1 表示进料物流，流股 3 为单元 B 返回单元 A 物流，流股 2 和流股 3 形成单元 A 和单元 B 之间的一个循环回路。若是要对单元 A 进行求解，就首先必须使传递给单

元 A 的流股 3 为已知数据。为此,考虑:先为流股 3 设定一个初始值,使单元 A 可进行计算;而后,通过单元 A 的计算,获得流股 2 数据;随后,对单元 B 进行计算,得到流股 3 和流股 4 的计算值。为了表示区别,流股 3 的计算值用 3′ 表示。若计算得到的流股 3′ 数值与初始设定流股 3 的数值一致,则可获得所有物流的最终数据和该循环回路的序贯模块顺序;若两者数值不一致,则通过迭代计算,直至满足要求(收敛精度要求)。

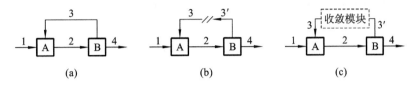

图 3-8 含有一个循环回路的切割与收敛模块

从概念上看,上面计算过程相当于在流股 3 处,通过设定该物流的初始值,将循环回路打开,而后按照单元模块的计算顺序进行循环回路的序贯计算,即对循环回路进行切割或断裂,如图 3-8(b)所示。因此,流股的切割或断裂是序贯模块法中一个非常重要的手段,把原需要同时求解的循环单元组中各个单元转化为按照一定的序贯顺序进行求解,并通过迭代收敛的途径获得循环回路所有的物流数据。

进行流股切割后,当迭代未收敛时,可根据所切割物流数据的计算值,通过数学方法生成新一轮估计值,在计算机程序中,可通过"收敛模块"实现,如图 3-8(c)所示。

(3)设计型问题的序贯模块法。

在以预测系统运行工况为目的的模拟运算中,若已知过程系统的进料物流和各单元参数,则可采用序贯模块法。但是,对于设计型问题来讲,要预测系统中某些单元设备参数的取值才能使过程系统实现所设计的工况。在采用序贯模块法时,会导致模拟运算难以运行。

图 3-9(a)所示为一个由单元 A 和单元 B 组成的简单工艺流程,其中单元 A 为分流器,分流率(设备参数)为可调节参数 α,单元 B 为换热器。进入单元 A 的流股 1 是加热介质,被按分流率 α 给出的比例分成两股:流股 2 和流股 3,流股 3 进入单元 B 对另一股进入单元 B 的流股 5 进行加热,使之温度升高,流股 3 和流股 5 作为进料物流,其物流变量均已知。若当单元 A 分流率 α 发生变化时,则加热流股 3 的流量将发生改变,则会导致单元 B 出口流股 6 的温度 t_6 也发生变化。

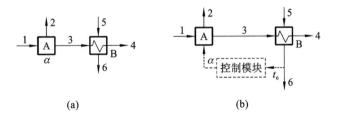

图 3-9 设计型问题与控制模块

在设计型问题中,往往要求对单元 A 的分流率 α 进行设计以满足 t_6 达到设计规定数值 $t_{6,\text{des}}$,即满足设计规定方程:$t_6 = t_{6,\text{des}}$ 或 $t_6 - t_{6,\text{des}} = 0$。若采用序贯模块法求解单元 A 的分流率 α,则需要对该流程反复进行序贯模块法求解,每一次都需要人为给定分流率 α 的输入值,直至计算得到的 t_6 与设计要求 $t_{6,\text{des}}$ 在预定误差范围内,此时分流率 α 即为所要求的解。

实际上,在计算过程中逐次改变单元 A 的分流率 α,由计算机自动执行进行逐轮迭代计算,主要是通过在模拟计算程序中增设执行该算法的"控制模块",如图 3-9(b)所示。控制模块从流股 6 信息中提取出温度 t_6 的信息,据此生成新的分流率(α 值),提供给单元 A 模块,用于开始新一轮的计算,直至 t_6 的数值达到设计规定 $t_{6,des}$ 要求。在"控制模块"中所采用的数学算法即为方程组的求解方法。

模拟计算中引入"控制模块"使序贯模块法能够用来解决设计型问题,进一步扩展了序贯模块法的应用范围,同时也增加了序贯模块法的实用价值。

(4)优化型问题的序贯模块法。

对于优化型问题,序贯模块法的处理相对来说更加复杂。在整个模拟计算中,除了常规的单元过程模型,还需要增加经济成本模拟模型,并通过最优化算法程序对操作参数或设计参数进行调节,在反复迭代计算中满足过程系统优化型问题的要求。

综上所述,序贯模块法的模拟计算通常有如下步骤。

步骤 1:将整个过程系统分割成若干个相互之间不存在循环流的独立子系统。所谓的独立子系统是指必须同时求解的若干单元子系统或者可单独求解的单元本身所构成的子系统。

步骤 2:确定各个子系统的计算顺序。

步骤 3:对包含循环流的子系统确定断裂流股。

步骤 4:确定循环流子系统内部各单元的计算顺序。

步骤 1 和步骤 2 为过程系统的分隔(分割),即从系统中识别出所有相互独立的子系统,排出各子系统的计算顺序。后两步为流股的切断(断裂),得到整个过程系统各单元和各流股的计算顺序。过程系统的分隔(分割)和断裂称为过程系统的分解。

通过过程系统分解,可以确定过程系统内所有单元和流股的计算顺序,从而可以采用序贯模块法求解系统模型。

3.4.2　过程系统的分隔

过程系统分隔的主要目的是将流程中所含有的循环单元组识别出来。从有向图角度来看,就是将过程系统中所包含的一个或多个最大回路识别出来,并获得一个序贯求解各个子系统的计算顺序,即一个"大"的序贯计算顺序。

常用于过程系统分隔的方法主要有单元串搜索法、邻接矩阵法和可及矩阵法。

(1)单元串搜索法。

单元串搜索法是由 Sargent 和 Westerberg 在 1964 年提出的。其主要思路:任意选定化工过程中的一个单元,作为搜索起点。从该单元开始,沿着该单元任一输出流股向前搜索,在遇到下一个单元之后,又沿着该单元的任一输出流股,继续向前搜索,直至所有单元都搜索完毕。

在单元串搜索法中,具体步骤如下。

步骤 1:从有系统输入流或由序号小的单元开始,沿着输出流股搜索下去,搜索过的单元形成一单元串。

步骤 2:当发现某一个单元在单元串中出现两次时,则将单元串中重复出现的单元之间的所有单元合并为一拟节点,将该拟节点按照单个虚拟单元处理。

步骤 3:若该单元有几个输出流股的话,按照输出流股的序号从小到大依次搜索下去,搜索顺序同上所述。

步骤 4:当系统中所有单元及流股都搜索过之后,则搜索工作结束,得到各单元组的计算顺序。

在单元串搜索法中需要注意的是：尽管具体步骤是从系统输入流股的单元开始,其实,不论从哪个单元开始搜索,得到的结果都是相同的。这一结论也说明了过程系统的分隔和排序具有唯一性。另外,单元串搜索法在用过程矩阵表述过程系统的结构时,很容易在计算机上编程实现。

以图3-10为例,说明过程系统分隔中单元串搜索法的应用,其步骤如下。

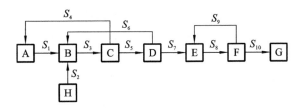

图3-10　某过程系统信息流图

①从单元A开始搜索,沿S_1流股方向进行搜索,得到单元串：A→B→C。

②单元C有两个输出流股,按照输出流股序号大小,继续沿流股S_4方向进行搜索：A→B→C→A。

③单元A重复出现两次,则合并组成"拟节点",得到图3-11,其中拟节点(ABC)包括循环回路：A→B→C→A。

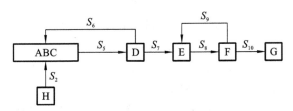

图3-11　含有拟节点(ABC)的信息流图

④从"拟节点"(ABC)开始搜索,沿流股S_5方向进行搜索得到单元串：(ABC)→ D →(ABC),合并(ABCD),如图3-12所示,形成新的拟节点(ABCD),该拟节点包含两个循环回路：A→B→C→A 和 B→C→D→B。

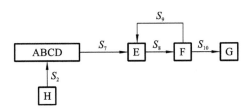

图3-12　含有拟节点(ABCD)的信息流图

⑤从拟节点(ABCD)开始搜索,沿输出流股大小顺序,得到(ABCD)→E→F→E单元串,合并E→F→E,形成新的拟节点(EF),得到图3-13,拟节点(EF)包含一个循环回路：E→F→E。

⑥从拟节点(EF)开始搜索,沿S_{10}流股方向进行搜索,(ABCD)→(EF)→G,至此,从单元A开始的搜索完成。

⑦从单元H开始搜索,H→(ABCD)→(EF)→G。至此,整个系统中所有单元全部搜索完

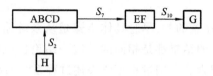

图 3-13　含有拟节点(ABCD)和(EF)的信息流图

成,过程系统流程计算顺序为

$$H\rightarrow(ABCD)\rightarrow(EF)\rightarrow G$$

其中包含三个循环回路:A→B→C→A、B→C→D→B 和 E→F→E。

(2)邻接矩阵法。

R.L.Norman 在 1965 年提出邻接矩阵在确定循环回路中的理论:若 A 为一有向图的邻接矩阵时,矩阵 A 的 n 次幂矩阵中(i,j)主对角线上元素为 1 时,表明从节点 i 经过 n 步通路可以到达节点 j;矩阵 A 的 n 次幂矩阵中(i,j)主对角线上元素为 0 时,表明从节点 i 经过 n 步通路不能到达节点 j。

在这一理论基础上,采用邻接矩阵进行过程系统分隔具体步骤如下。

步骤 1:从现有过程系统流程结构中获得相应邻接矩阵。

步骤 2:去除"一步循环回路(自身回路)"的单元,一步循环回路指一个单元经其输出流股又直接返回到该单元的回路,即在邻接矩阵上,主对角线元素值全部为 1 的单元。

步骤 3:利用"邻接矩阵行元素和列元素为零"的物理意义,除去过程系统中没有输入和输出流股的单元:邻接矩阵中列元素全部为 0 意味着该单元为过程系统的起始单元或节点,则该单元或节点应排在过程系统计算顺序表中最前面;邻接矩阵中行元素全部为 0 意味着该单元为系统的终了单元或节点,则该单元或节点应排在过程系统计算顺序表中最后面。

步骤 4:在剩余的单元或节点中,按照 Norman 所提出的理论,依次确定"2 步回路""3 步回路"以至"n 步回路",获得相应的"拟节点"直至整个过程系统中没有剩余的单元或节点。

该方法在过程系统分隔中采用了邻接矩阵的表达和矩阵计算中的布尔运算法,容易在计算机上实现。但若是对大规模过程系统而言,由于占用的储存单元较多,并不是十分适用。

以图 3-10 为例,说明过程系统分隔中邻接矩阵法的应用。

①过程系统结构的邻接矩阵表达为 $\boldsymbol{R}_{3-10}$:

$$
\boldsymbol{R}_{3-10}=
\begin{array}{c}
\ \\ A\\ B\\ C\\ D\\ E\\ F\\ G\\ H
\end{array}
\begin{array}{c}
A\ B\ C\ D\ E\ F\ G\ H\\
\left[\begin{array}{cccccccc}
0 & 1 & 0 & 0 & 0 & 0 & 0 & 0\\
0 & 0 & 1 & 0 & 0 & 0 & 0 & 0\\
1 & 0 & 0 & 1 & 0 & 0 & 0 & 0\\
0 & 1 & 0 & 0 & 1 & 0 & 0 & 0\\
0 & 0 & 0 & 0 & 0 & 1 & 0 & 0\\
0 & 0 & 0 & 0 & 1 & 0 & 1 & 0\\
0 & 0 & 0 & 0 & 0 & 0 & 0 & 0\\
0 & 1 & 0 & 0 & 0 & 0 & 0 & 0
\end{array}\right]
\end{array}
\Rightarrow \boldsymbol{R}_{3-10}=
\left[\begin{array}{cccccccc}
0 & 1 & 0 & 0 & 0 & 0 & 0 & 0\\
0 & 0 & 1 & 0 & 0 & 0 & 0 & 0\\
1 & 0 & 0 & 1 & 0 & 0 & 0 & 0\\
0 & 1 & 0 & 0 & 1 & 0 & 0 & 0\\
0 & 0 & 0 & 0 & 0 & 1 & 0 & 0\\
0 & 0 & 0 & 0 & 1 & 0 & 1 & 0\\
0 & 0 & 0 & 0 & 0 & 0 & 0 & 0\\
0 & 1 & 0 & 0 & 0 & 0 & 0 & 0
\end{array}\right]
$$

②除掉"一步循环回路":从过程系统结构的邻接矩阵中可以看出,图 3-10 中不包含一步循环回路。

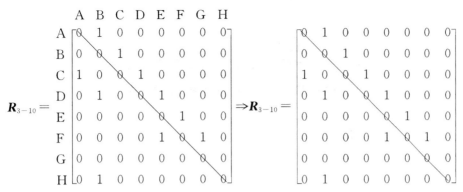

③除掉没有输入和输出的流股：单元 G 的行元素全部为 0，单元 H 的列元素全部为 0，因此，除掉单元 G 和 H，得到简化系统图 3-14，对应的邻接矩阵为 R_{3-14}。另外，根据行元素为 0 和列元素为 0 的意义可知：单元 H 为系统的输入单元，放在计算顺序最前面，单元 G 为系统的终了单元，放在计算顺序最后。

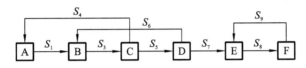

图 3-14　简化的过程系统信息流图

$$R_{3-14}=\begin{array}{c}\ \ \ \ \ A\ B\ C\ D\ E\ F\\\begin{array}{c}A\\B\\C\\D\\E\\F\end{array}\begin{bmatrix}0&1&0&0&0&0\\0&0&1&0&0&0\\1&0&0&1&0&0\\0&1&0&0&1&0\\0&0&0&0&0&1\\0&0&0&1&0&0\end{bmatrix}\end{array}\Rightarrow R_{3-14}=\begin{bmatrix}0&1&0&0&0&0\\0&0&1&0&0&0\\1&0&0&1&0&0\\0&1&0&0&1&0\\0&0&0&0&0&1\\0&0&0&0&1&0\end{bmatrix}$$

④寻找各级循环回路：邻接矩阵中没有全为 0 的行元素和列元素了，说明系统中存在循环回路。

寻找"2 步回路"，根据 Norman 邻接矩阵在确定循环回路中的理论，对上述 R_{3-14} 的 2 次幂进行计算，得

$$R_{3-14}^2=\begin{array}{c}\ \ \ \ \ A\ B\ C\ D\ E\ F\\\begin{array}{c}A\\B\\C\\D\\E\\F\end{array}\begin{bmatrix}0&0&1&0&0&0\\1&0&0&1&0&0\\0&1&0&0&1&0\\0&0&1&0&0&1\\0&0&0&0&1&0\\0&0&0&0&0&1\end{bmatrix}\end{array}\Rightarrow R_{3-14}^2=\begin{bmatrix}0&0&1&0&0&0\\1&0&0&1&0&0\\0&1&0&0&1&0\\0&0&1&0&0&1\\0&0&0&0&1&0\\0&0&0&0&0&1\end{bmatrix}$$

从 R_{3-14} 的 2 次幂结果可得：主对角线上有 2 个元素值为 1，意味着单元 E 和单元 F 构成了 2 步回路，形成拟节点(EF)，得到简化系统图 3-15 和相应的邻接矩阵 R_{3-15}：

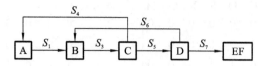

图 3-15 单元 E 和单元 F 合并后的过程系统

$$
\boldsymbol{R}_{3-15} = \begin{array}{c} \\ A \\ B \\ C \\ D \\ EF \end{array} \begin{array}{c} A\ B\ C\ D\ EF \\ \begin{bmatrix} 0 & 1 & 0 & 0 & 0 \\ 0 & 0 & 1 & 0 & 0 \\ 1 & 0 & 0 & 1 & 0 \\ 0 & 1 & 0 & 0 & 1 \\ 0 & 0 & 0 & 0 & 0 \end{bmatrix} \end{array} \Rightarrow \boldsymbol{R}_{3-15} = \begin{bmatrix} 0 & 1 & 0 & 0 & 0 \\ 0 & 0 & 1 & 0 & 0 \\ 1 & 0 & 0 & 1 & 0 \\ 0 & 1 & 0 & 0 & 1 \\ 0 & 0 & 0 & 0 & 0 \end{bmatrix}
$$

⑤从图 3-15 的邻接矩阵可以看出：拟节点(EF)对应的行元素为 0，则返回步骤③，除去该拟节点(EF)。由于拟节点(EF)为图 3-15 的终了单元，因此拟节点(EF)的计算顺序排在单元 G 之前；除去拟节点(EF)后，得到过程系统图 3-16 和相应的邻接矩阵 $\boldsymbol{R}_{3-16}$：

$$
\boldsymbol{R}_{3-16} = \begin{array}{c} A \\ B \\ C \\ D \end{array} \begin{array}{c} A\ B\ C\ D \\ \begin{bmatrix} 0 & 1 & 0 & 0 \\ 0 & 0 & 1 & 0 \\ 1 & 0 & 0 & 1 \\ 0 & 1 & 0 & 0 \end{bmatrix} \end{array} \Rightarrow \boldsymbol{R}_{3-16}^2 = \begin{bmatrix} 0 & 0 & 1 & 0 \\ 1 & 0 & 0 & 1 \\ 0 & 1 & 0 & 0 \\ 0 & 0 & 1 & 0 \end{bmatrix} \Rightarrow \boldsymbol{R}_{3-16}^3 = \begin{bmatrix} 1 & 0 & 0 & 1 \\ 0 & 1 & 0 & 0 \\ 0 & 0 & 1 & 0 \\ 1 & 0 & 0 & 1 \end{bmatrix}
$$

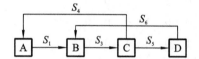

图 3-16 除去拟节点 EF 后的过程系统

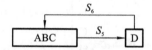

图 3-17 合并单元 A、单元 B 和单元 C 后的过程系统

⑥重复步骤④，寻找"2 步回路"，图 3-16 中不存在 2 步回路；寻找"3 步回路"，从图 3-16 邻接矩阵的 3 次幂计算中可以看出，单元 A、单元 B 和单元 C 组成的主对角线上有 3 个元素值为 1、其余元素值为 0，则单元 A、单元 B 和单元 C 之间构成 3 步回路，合并为一拟节点(ABC)，合并后得到过程系统图 3-17 和相应的邻接矩阵 $\boldsymbol{R}_{3-17}$：

$$
\boldsymbol{R}_{3-17} = \begin{array}{c} ABC \\ D \end{array} \begin{array}{c} ABC\ \ D \\ \begin{bmatrix} 0 & 1 \\ 1 & 0 \end{bmatrix} \end{array} \Rightarrow \boldsymbol{R}_{3-17} = \begin{bmatrix} 0 & 1 \\ 1 & 0 \end{bmatrix} \Rightarrow \boldsymbol{R}_{3-17}^2 = \begin{bmatrix} 1 & 0 \\ 0 & 1 \end{bmatrix}
$$

邻接矩阵中没有全部为 0 的行元素和列元素了，说明过程系统中存在着循环回路。对图 3-17 对应的邻接矩阵进行"2 步回路"的寻找，可得出图 3-17 邻接矩阵主对角线上的元素值为 1，意味着拟节点(ABC)和单元 D 可以合并形成新的拟节点(ABCD)，该拟节点包含两个循环回路：A→B→C→A、B→C→D→B。

至此，矩阵中已无其他单元或节点，过程系统的分隔结束，计算顺序为

$$H→(ABCD)→(EF)→G$$

(3)可及矩阵法。

可及矩阵 $\boldsymbol{R}^*$ 定义为过程系统邻接矩阵 $\boldsymbol{R}$ 连续幂的布尔和，表达式如下：

$$
\boldsymbol{R}^* = \boldsymbol{R} \bigcup \boldsymbol{R}^2 \bigcup \boldsymbol{R}^3 \bigcup \cdots \bigcup \boldsymbol{R}^\lambda = \bigcup_{k=1}^{\lambda} \boldsymbol{R}^k \tag{3-3}
$$

Himmelblau 于 1966 年提出"可及矩阵用于进行过程系统各单元求解顺序"数学理论:R^* 中所有(i,j)元素为 1 时,表明从节点 i 经过至多 n 步通路可到达节点 j;R^* 中所有(i,j)元素不为 1 时,表明从节点 i 经过至多 n 步通路不能到达节点 j;$\lambda \to \infty$ 时,R^* 中所有(i,j)元素为 1 时,表明从节点 i 总有通路可到达节点 j;R^* 中所有(i,j)元素不为 1 时,表明从节点 i 没有任何通路到达节点 j。

采用可及矩阵进行过程系统分隔,具体步骤如下。

步骤 1:从现有过程系统流程结构中获得相应的邻接矩阵。

步骤 2:对邻接矩阵进行 2 次幂、3 次幂等的求取,并对前述次幂进行加和获得 R^*。

步骤 3:按照可及矩阵 R^* 数据进行过程系统中循环回路判断,矩阵中所有(i,j)元素为 1 时,表明从节点 i 经过至多 n 步通路可到达节点 j。

以图 3-10 为例,说明过程系统分隔中可及矩阵法的应用,步骤如下。

① 对图 3-10 邻接矩阵进行 2 次幂、3 次幂的求取。

$$R_{3-10}=\begin{array}{c}\begin{array}{cccccccc}A&B&C&D&E&F&G&H\end{array}\\[2pt]\begin{array}{c}A\\B\\C\\D\\E\\F\\G\\H\end{array}\left[\begin{array}{cccccccc}0&1&0&0&0&0&0&0\\0&0&1&0&0&0&0&0\\1&0&0&1&0&0&0&0\\0&1&0&0&1&0&0&0\\0&0&0&0&0&1&0&0\\0&0&0&0&1&0&1&0\\0&0&0&0&0&0&0&0\\0&1&0&0&0&0&0&0\end{array}\right]\end{array}\Rightarrow R_{3-10}^2=\left[\begin{array}{cccccccc}0&0&1&0&0&0&0&0\\1&0&0&1&0&0&0&0\\0&1&0&0&1&0&0&0\\0&0&1&0&0&1&0&0\\0&0&0&0&1&0&1&0\\0&0&0&0&0&1&0&0\\0&0&0&0&0&0&0&0\\0&0&1&0&0&0&0&0\end{array}\right]$$

$$\Rightarrow R_{3-10}^3=\left[\begin{array}{cccccccc}1&0&0&1&0&0&0&0\\0&1&0&0&1&0&0&0\\0&0&1&0&0&1&0&0\\1&0&0&1&1&0&1&0\\0&0&0&0&0&1&0&0\\0&0&0&0&1&0&1&0\\0&0&0&0&0&0&0&0\\1&0&0&1&0&0&0&0\end{array}\right]$$

② R^* 求取:

$$R^*=R\cup R^2\cup R^3=\begin{array}{c}\begin{array}{cccccccc}A&B&C&D&E&F&G&H\end{array}\\[2pt]\begin{array}{c}A\\B\\C\\D\\E\\F\\G\\H\end{array}\left[\begin{array}{cccccccc}1&1&1&1&0&0&0&0\\1&1&1&1&0&0&0&0\\1&1&1&1&0&0&0&0\\1&1&1&1&0&0&0&0\\0&0&0&0&1&1&1&0\\0&0&0&0&1&1&1&0\\0&0&0&0&0&0&0&0\\1&1&1&1&0&0&0&0\end{array}\right]\end{array}$$

③ 从可及矩阵 R^* 中可得到两个不可分割的子系统:

$$S_1 = (A, B, C, D)$$
$$S_2 = (E, F)$$

另外,单元 H 列元素为 0,无输入,其输出是子系统的输入,S_1 的输出为 S_2 的输入,S_2 的输出是单元 G 的输入。

采用可及矩阵法需要注意的是:式(3-3)中 λ 取值范围要根据过程系统结构来确定,当过程系统中含有 n 个单元节点时,则最大回路的上限为 n,因此,可及矩阵连续幂应计算到 $\lambda = n$ 为止。

可及矩阵法在过程系统分隔中采用了邻接矩阵的表达和矩阵计算中的布尔运算法,容易在计算机上实现。另外,可及矩阵包括了过程系统网络中节点间相互联结的全部信息,因此,采用计算机计算时需要大量的存储空间。

相比于邻接矩阵法,对于含有多个不独立的同样规模的循环回路的过程系统而言,易采用可及矩阵法进行过程系统的分隔。

3.4.3　不可分隔子系统的断裂

过程系统分隔的结果是将过程系统中不可分隔子系统(循环单元组、最大循环回路)识别出来。而后,对不可分隔子系统进行流股断裂(切割),以获得过程系统在进行序贯模拟时的计算顺序。

对不可分隔子系统进行断裂,即在不可分隔子系统中选出一股或几股流股,设定其初始值,以便对其后的单元进行求解。换句话说,不可分隔子系统断裂的实质就是要断开不可分隔子系统中各个简单回路,获得过程系统"详细"的计算顺序,以便实现序贯模块法求解。

(1)断裂准则。

在不可分隔子系统断裂过程中最关键的问题就是如何选择断裂流股,以便快速且容易地完成稳定快速收敛,获取模拟计算结果。

一般采用的最优断裂流股的判断准则如下。

准则 I:1972 年 Barkley 和 Motard 提出"断裂流股的数目最少"。准则的出发点是断裂的流股数目越少,则相应的计算工作量也就越少,因此也最简单、最常用。

准则 II:1962 年 Rubin 和 1964 年 Sargent、Westerberg 提出"断裂流股包含变量的总数目最少"。由于各流股变量数不同,将会导致需要迭代收敛的变量数不同,因此提出断裂流股包含变量总数最少这一观点,相对来说较为合理。

准则 III:1963 年 Christensen 和 Radd、1973 年 Pho 和 Lapidus 提出"按照某种考虑,对各流股均确定相应的权重因子,应使所要断裂流股的加权和最小"。若将过程系统中各流股的权重因子都设为 1,即为准则 I;若将各流股的变量数作为权重因子,即为准则 II。为了更加科学,可根据研究目的确定相应的权重因子,因此,相比于准则 I 和准则 II 来讲,更为合理一些。然而,在实际过程中,权重因子大小的确定存在一定困难。

准则 IV:1975 年 Upadhye 和 Grens 提出"对于直接迭代法,最佳收敛特性的断裂流股或断裂的回路总数最少"。这一准则具有最好的实用性,但还需要进行更深入的研究。

以上述四种断裂准则为基础的断裂方法有多种,如回路矩阵法、信号流图法、基本断裂法等。本章仅对最简单和最常用的"Lee-Rudd 断裂法"进行详细介绍。

(2)Lee-Rudd 断裂法。

Lee-Rudd 提出的断裂法属于准则 I 类断裂法,是基于回路矩阵理论进行最少断裂流股数目的确定。采用 Lee-Rudd 断裂法寻找断裂流股的具体步骤如下。

步骤 1:确定不可分隔子系统回路矩阵。

回路矩阵定义:

$$r_{ij} = \begin{cases} 1, & \text{流股 } S_j \text{ 在回路 } i \text{ 中} \\ 0, & \text{流股 } S_j \text{ 不在回路 } i \text{ 中} \end{cases}$$

回路矩阵中还包含"回路频率"和"回路的秩"两个概念:

f:回路频率,即流股 S_j 出现在回路 i 中的次数,为回路矩阵中列元素之和。

R:回路的秩,即回路 i 中所包含流股总数目,为回路矩阵中行元素之和。

步骤 2:除去不独立的列。

回路矩阵中第 j 列流股的回路频率为 f_j,第 k 列流股的回路频率为 f_k,若存在 $f_j \geq f_k$,且列 k 中元素为 1 的行对应列 j 中元素也为 1 时,说明列 k 为不独立的列,则流股 k 所构成的回路是流股 j 所构成回路的子集。除去不独立的列,也意味着若列 k 为不独立的列且归属于列 j,若断裂流股 j 后,流股 k 所在的回路也被打开。

步骤 3:选择断裂的流股。

在除去不独立列后的回路矩阵中,寻找回路秩为 1 的行。该行中数值为 1 的元素所对应的列即为该回路需要断裂的流股。究其原因,当回路秩为 1 时说明该回路中仅含有一个独立流股,要想使该回路"打开",唯有断裂该流股。以此类推,直至所有回路均被切断。

步骤 4:确定不可分隔子系统的计算顺序。

以图 3-18 不可分隔子系统为例,说明 Lee-Rudd 断裂法的应用,具体步骤如下。

① 回路及回路矩阵。

图 3-18 中包含的回路有四个,标明了四个回路的系统图如图 3-19 所示:

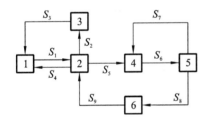

图 3-18　不可分隔子系统

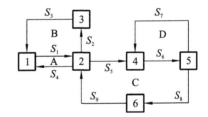

图 3-19　含有回路名称的不可分隔子系统

A 回路 1→2→1,包含流股为 S_1 和 S_4;

B 回路 1→2→3→1,包含流股为 S_1,S_2 和 S_3;

C 回路 2→4→5→6→2,包含流股为 S_5,S_6,S_8 和 S_9;

D 回路 4→5→4,包含流股为 S_6 和 S_7。

图 3-19 对应的回路矩阵、回路频率和回路秩为

	S_1	S_2	S_3	S_4	S_5	S_6	S_7	S_8	S_9	R
A	1	0	0	1	0	0	0	0	0	2
B	1	1	1	0	0	0	0	0	0	3
C	0	0	0	0	1	1	0	1	1	4
D	0	0	0	0	0	1	1	0	0	2
f	2	1	1	1	1	2	1	1	1	

②除去不独立的列。

在回路矩阵中，$S_2,S_3,S_4\subset S_1$，则除去不独立的列 S_2,S_3,S_4，即 S_1 中包含了 S_2,S_3,S_4，切断 S_1 相当于切断 S_2,S_3,S_4；同理，$S_5,S_7,S_8,S_9\subset S_6$，除去不独立的列 S_5,S_7,S_8,S_9，即切断 S_6 相当于切断 S_5,S_6,S_8,S_9。

除去不独立的列后对应的回路矩阵为

$$
\begin{array}{c}
\\ A \\ B \\ C \\ D \\ f
\end{array}
\begin{array}{ccc}
S_1 & S_6 & R \\
\begin{bmatrix} 1 & 0 \\ 1 & 0 \\ 0 & 1 \\ 0 & 1 \end{bmatrix} & & \begin{matrix} 1 \\ 1 \\ 1 \\ 1 \end{matrix} \\
2 & 2 &
\end{array}
$$

③选择断裂流股。

在全部为独立流股构成的回路矩阵中，秩为 1 的行说明该行所对应的回路仅剩下一个流股，要想打开该回路，则断裂剩下的流股，即断裂流股 S_1 和流股 S_6，则整个回路就被打开。至此，断裂流股选择结束。

④确定不可分隔子系统的计算顺序。

选择流股 S_1 和流股 S_6 作为断裂流股，则假定该两股流股所有变量初始值为 S_1^0 和 S_6^0，通过图3-20的计算顺序后，得到 S_1^1 和 S_6^1。而后，将计算值与假定值进行比较，若不满足要求的计算精度，则继续进行迭代计算，直至满足精度要求，至此计算结束，可获得各流股变量值。

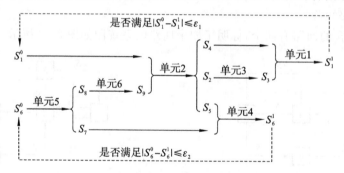

图 3-20　不可分隔子系统计算顺序图

3.4.4　断裂流股变量的收敛方法

过程系统经过分隔和不可分隔子系统断裂后，就可以对所有断裂流股变量设定初始值，按照类似于图 3-20 所示的求解顺序对过程系统进行模拟计算，而后，将得到的断裂流股计算值与设定初始值进行比较：若两者之间满足收敛精度要求，则可获得所有流股的变量值；若两者之间不满足收敛精度要求，则需要按照一定的迭代收敛方法重新计算，直至满足要求。收敛的判断可采用相对误差或绝对误差，收敛的计算精度（收敛容差 ε）视具体问题而定，一般为 10^{-4}（计算机计算）。

在迭代计算过程中，选择不同的迭代收敛方法可能会出现不同的计算结果：稳定的收敛、衰减震荡的逐步收敛、震荡发散或者直接发散。因此，合适的迭代收敛方法是尽快和方便获得模拟结果的关键。常用的迭代收敛方法主要有以下几种。

（1）直接迭代法。

直接迭代法是一种最简单的求解显式方程式的迭代方法。在该方法中,直接将上一次迭代得到的结果,不加任何运算,直接作为新值进行下一次迭代,又称为自然迭代法,如式(3-4)所示:

$$x^{(k+1)} = \varphi(x^{(k)}) \tag{3-4}$$

直接迭代法在算法起步时,需要设置一个初始值点,是否能得到收敛结果,很大程度上取决于式(3-4)的函数关系和初始值的选择,且收敛速度较慢。

直接迭代法在过程系统过程模拟计算中应用较为广泛。然而,由于化工过程的非线性特征,采用直接迭代法不一定能获得收敛的计算结果。

(2)部分迭代法。

在直接迭代法基础上提出部分迭代法,如式(3-5)所示:

$$x^{(k+1)} = qx^{(k)} + (1-q)\varphi(x^{(k)}) \tag{3-5}$$

式中:q 为松弛因子,用来调节部分迭代法的收敛特性,为定值。

实际使用部分迭代法时,要对 q 的数值进行合理估计。

当 $q=0$ 时,则式(3-5)即为直接迭代法;当 $q=1$ 时,迭代变为"原地踏步",无收敛特性;当 $0<q<1$ 时,$x^{(k+1)}$ 的数值在 $x^{(k)}$ 和 $\varphi(x^{(k)})$ 之间,为"内插法",可改善直接迭代的稳定性;当 $q<0$ 或 $q>1$ 时,$x^{(k+1)}$ 的数值在 $x^{(k)}$ 和 $\varphi(x^{(k)})$ 之外,为"外推法",可加速收敛,但也可能会导致收敛稳定性下降。

(3)割线法。

割线法是通过连接函数曲线上 x 值等于 $x^{(k-1)}$ 和 $x^{(k)}$ 所对应的函数值形成割线,其与横坐标轴的交点为 $x^{(k+1)}$ 的值,以达到迭代收敛的目的,如式(3-6)所示:

$$x^{(k+1)} = x^{(k)} - \frac{x^{(k)} - x^{(k-1)}}{\varphi(x^{(k)}) - \varphi(x^{(k-1)})}\varphi(x^{(k)}) \tag{3-6}$$

式(3-6)中可体现出采用割线法迭代求解的特点:第一,在进行各轮迭代计算中需要计算各 x 对应的函数值;第二,在进行每一轮迭代计算时,需要前两轮的信息,即需要知道 $x^{(k-1)}$ 和 $x^{(k)}$ 的数值,因此在迭代求解开始前,需设置两个初始点。

(4)Wegstein(维格斯坦)法。

Wegstein 于 1958 年提出用于显式方程且具有显式迭代形式的 Wegstein 方法,至今仍得到广泛应用。该方法将割线法和部分迭代法相结合,即将部分迭代法中的定值 q 用割线法中的迭代收敛变量替代而得,如式(3-7)~式(3-9)所示:

$$x^{(k+1)} = q^{(k)}x^{(k)} - (1-q^{(k)})\varphi(x^{(k)}) \tag{3-7}$$

$$q^{(k)} = \frac{s^{(k)}}{s^{(k)} - 1} \tag{3-8}$$

$$s^{(k)} = \frac{\varphi(x^{(k)}) - \varphi(x^{(k-1)})}{x^{(k)} - x^{(k-1)}} \tag{3-9}$$

式中:$q^{(k)}$ 是斜率 $s^{(k)}$ 的函数,而 $s^{(k)}$ 表示割线法的收敛特性。

采用 Wegstein 方法进行迭代收敛时,经过几次迭代之后,$q^{(k)}$ 可以达到一个比较稳定的数值,并可以根据 $q^{(k)}$ 值的大小判断收敛性质:当 $q^{(k)}<0$ 时,单调收敛;当 $0<q^{(k)}<0.5$ 时,振荡收敛;当 $0.5<q^{(k)}<1$ 时,振荡发散;当 $q^{(k)}>1$ 时,单调发散。因此,$q^{(k)}$ 值应限制在一定的范围,才能保证数值的收敛,这也称为"限界 Wegstein 法"。在"限界 Wegstein 法"中,通常推荐 $-5<q^{(k)}<0$,且若 $q^{(k)}>0$ 或 $q^{(k)}<-10$ 时,则令 $q^{(k)}=0$。

Wegstein 方法具有超线性收敛的性质,其收敛速度比部分迭代法、直接迭代法和割线法都快。因此,相对于部分迭代法和直接迭代法而言,这种方法具有收敛加速的作用。

类似于割线法,Wegstein方法也需要设置两个初始值点。当只提供一个初始值时,可以考虑在第一轮迭代中采用直接迭代法进行第二个初始值的确定,在第二轮迭代计算中再采用Wegstein方法以加速收敛速度。

(5)Newton-Raphson(牛顿-拉夫森)法。

对于非线性方程$f(x)=0$来讲,当在$x=x^{(k)}$处进行泰勒一阶展开时,可得到式(3-10)至式(3-12):

$$f(x) = f(x)^{(k)} + \frac{\partial f}{\partial x}\bigg|_{x=x^{(k)}}(x - x^{(k)}) \tag{3-10}$$

$$\frac{\partial f}{\partial x}\bigg|_{x=x^{(k)}} = f'(x^{(k)}) \tag{3-11}$$

$$x^{(k+1)} = x^{(k)} - \frac{f(x^{(k)})}{f'(x^{(k)})} \tag{3-12}$$

其中,$f'(x^{(k)})$函数代表原函数曲线$f(x)$在$x=x^{(k)}$处的切线,该切线与横坐标轴的交点为下一轮$x^{(k+1)}$,尽管还不是最终收敛结果,但相比于前几种迭代方法来讲,Newton-Raphson收敛速度更快,且具有二次收敛的特性,另外,还只需要设置一个初始点。

值得注意两点:首先,在采用该方法时要求$f'(x^{(k)}) \neq 0$,否则无解;其次,若存在多个解,则初始值的选取很关键,当初始值离哪个解近,就只能收敛到哪个解,不会收敛到其他解上,因此,存在局部收敛性的问题。

除了上述收敛方法之外,还应特别提到另一种处理方法——搜索法。搜索法的基本概念是把非线性方程组的求解当成一个最优化问题来处理,即采用整套非线性规划法来求解非线性方程组问题,如最速下降法、单纯形法等等。这类搜索法求解特别适合于初始值较差或初始点距离真值太远,或用其他收敛方法导致结果不收敛的情况,采用该方法可达到较好的收敛效果。

对于一个给定的问题,要想尽快获得收敛结果,不仅要考虑迭代计算量最少的方法,还要考虑到收敛速度。因此,在进行实际收敛方法选择时,往往先尝试迭代计算量最少的方法,如果失败了,再尝试计算量大但收敛性较好的方法。

[例3-2] 采用Newton-Raphson法和直接迭代法分别进行迭代计算:$x_0 = 8.000$,$\varepsilon = 10^{-4}$,并对这两种收敛方法进行讨论。

$$f(x) = x^2 - 4x + 3 = 0$$

解 (1)Newton-Raphson法:从题设方程式可得

$$f'(x) = 2x - 4$$

则Newton-Raphson法迭代公式为

$$x^{(k+1)} = x^{(k)} - \frac{f(x^{(k)})}{f'(x^{(k)})} = x^{(k)} - \frac{(x^{(k)})^2 - 4x^{(k)} + 3}{2x^{(k)} - 4}$$

(2)直接迭代法:从题设方程式可得直接迭代法迭代式:

$$x = \varphi(x) = 4 - \frac{3}{x}$$

$$x^{(k+1)} = \varphi(x^{(k)}) = 4 - \frac{3}{x^{(k)}}$$

(3)直接迭代法和Newton-Raphson法收敛速度比较如表3-5所示:

表 3-5　直接迭代法和 Newton-Raphson 法计算对比

k	直接迭代法		Newton-Raphson 法			
	$x^{(k)}$	$x^{(k+1)}$	$x^{(k)}$	$f(x^{(k)})$	$f'(x^{(k)})$	$x^{(k+1)}$
0	8.0000	3.6250	8.0000	35.0000	12.0000	5.0833
1	3.6250	3.1724	5.0833	8.5069	6.1667	3.7038
2	3.1724	3.0543	3.7038	1.9030	3.4077	3.1454
3	3.0543	3.0178	3.1454	0.3119	2.2907	3.0092
4	3.0178	3.0059	3.0092	0.0185	2.0185	3.0000
5	3.0059	3.0020	3.0000	0.0001	2.0001	3.0000
6	3.0020	3.0007				
7	3.0007	3.0002				
8	3.0002	3.0001				
9	3.0001	3.0000				
10	3.0000	3.0000				

讨论：从两种方法的收敛速度可以看出 Newton-Raphson 法的收敛速度相比于直接迭代法要快得多，具有收敛加速的作用。

[例 3-3]　采用序贯模块法求解图 3-21 所示的各流股流量，并用直接迭代法对断裂流股进行收敛计算，要求计算精度精确到 1 位数。其中，系统输入流股的流量为 S_1 =100 kmol/h，$S_2 = S_5 = 50$ kmol/h，进入单元 C 的物流有 50% 返回到单元 A。

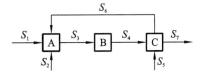

图 3-21　循环网路流程简图

解　（1）列出各单元的流量模型：

单元 A：$S_3 = S_1 + S_2 + S_6 \rightarrow S_3 = S_6 + 150$

单元 B：$S_4 = S_3$

　　　　$S_6 = 0.5(S_4 + S_5) = 0.5(S_4 + 50)$

单元 C：$S_4 + S_5 = S_6 + S_7$　　$S_7 = S_6$

选择 S_6 作为断裂流股，假设 $S_6 = 50$ kmol/h，则各流股的流量计算过程及计算值如表 3-6 所示：

表 3-6　[例 3-3]计算过程及计算结果一览表

k	计算过程及计算结果				
	$S_6{}^k$	$S_3{}^k$	$S_4{}^k$	$S_7{}^k$	$S_6{}^{k+1}$
0	50.0	200.0	200.0	50.0	125.0
1	125.0	275.0	275.0	125.0	162.5
2	162.5	312.5	312.5	162.5	181.3
3	181.3	331.3	331.3	181.3	190.6
4	190.6	340.6	340.6	190.6	195.3
5	195.3	345.3	345.3	195.3	197.7

续表

k	计算过程及计算结果				
	$S_6{}^k$	$S_3{}^k$	$S_4{}^k$	$S_7{}^k$	$S_6{}^{k+1}$
6	197.7	347.7	347.7	197.7	198.8
7	198.8	348.8	348.8	198.8	199.4
8	199.4	349.4	349.4	199.4	199.7
9	199.7	349.7	349.7	199.7	199.9
10	199.9	349.9	349.9	199.9	199.9
11	199.9	349.9	349.9	199.9	200.0
12	200.0	350.0	350.0	200.0	200.0
13	200.0	350.0	350.0	200.0	200.0

从计算结果可以获得各流股的流量，如图 3-22 所示：

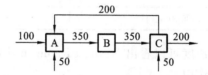

图 3-22　循环网路中各流股物料流量图

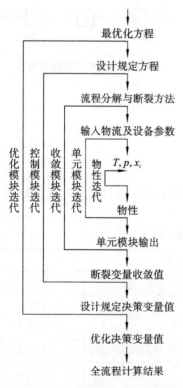

图 3-23　序贯模块法模拟计算过程示意图

3.4.5　序贯模块法的优缺点

（1）优点。

序贯模块法在过程系统模拟过程中具有十分突出的优点。

首先，应用方便和快捷。在过程系统模型所包含的各类方程中：单元模型方程已经包含在各个单元模块中，流股联系方程包含在过程系统结构模型中以确保按照系统流程顺序调用各单元模块。因此，对于模拟型问题而言，使用者只需将现成的单元操作模块以"搭积木"的形式连接在一起，就可建立相应的过程系统模型，使用起来非常方便和快捷。

其次，可以在序贯模块法中充分利用学者们已取得的研究成果，包括各种单元模块模型和模型的算法，从而可以很大程度节省工作量。

最后，便于系统模拟过程中的调试，尤其是在模拟调试寻错的过程中，很容易锁定出错的单元模块，给调试工作带来很大的便利。

（2）缺点。

序贯模块法模拟计算过程如图 3-23 所示。从图 3-23中可以得出。

首先,在设计型问题中,存在三层迭代收敛嵌套计算问题:第一层迭代收敛是在求解某些单元模型过程中涉及的单元模块迭代计算;第二层迭代收敛是针对过程系统流程分解与断裂方法所涉及的收敛模块迭代计算;第三层迭代收敛是通过设置"控制模块"以满足设计要求而进行的迭代收敛计算。

其次,在优化型问题中,过程最优化的每一轮计算,都需要在完成一轮过程模拟的基础上进行。因此,就造成了在优化型问题中,不但存在多层次迭代回路嵌套的情况,还存在工作量巨大的问题,从而造成了优化型问题的复杂性。

最后,在序贯模块法中应用相应的收敛模块、控制模块和优化模块,则采用序贯模块法可解决相应的模拟型问题、设计型问题和优化型问题。但是,在解决这些问题的过程中,由于存在多层迭代嵌套问题和巨大的工作量,因此,采用序贯模块法并不能实现较高的计算效率。

总的来说,由于具有鲜明的优点,序贯模块法可广泛应用于解决单纯的模拟型问题。而对于设计型问题和优化型问题,由于存在多层迭代嵌套问题和工作量巨大等不利方面,并不十分适用。

3.5　联立方程法

联立方程法进行过程系统模拟基本思路:将描述过程系统的所有方程联立组成一庞大方程组,而后联立求解。换句话说,通过联立方程法进行过程系统模拟,就是将过程系统所涉及的三大类方程,即单元模型方程、物流联结方程和设计要求方程,联立形成方程组,采用恰当的数学方法对所形成的方程组进行求解。

3.5.1　联立方程法的基本问题

在系统模拟过程中,联立方程法建立的方程组可用式(3-13)表示:

$$f(\boldsymbol{X}, \boldsymbol{U}) = 0 \qquad (3-13)$$

式中:$\boldsymbol{X}$ 表示状态变量向量;$\boldsymbol{U}$ 表示设计变量向量;f 代表方程组,所包含的方程类型主要有物性方程、"三传一反"所涉及的方程、单元过程间流股联结方程和设计要求方程等。

联立方程法中,无论是设计型问题,还是含有循环单元的过程系统模拟问题,都可通过上述几类方程组进行联立求解后获得相应问题的解。因此,联立方程法的难点主要有两点:一是如何按照上述几种类型建立相应的方程组;二是采用何种计算方法对方程组进行联立求解,尤其是化工过程中大型非线性代数方程组的求解方法。

在联立方程法中,常碰到的三类问题如下。

(1)热力学性质估算的方程问题。

针对物性参数中热力学性质估算方程的求解,常采用三种处理方法。

方法一,物性系统用一组可供调用的子程序来替代方程组。这种处理方法的优点:在流程方程中不包含计算热力学性质的各种方程,可以将流程方程数大大减少。缺点:一方面,在求解方程组时不能及时考虑温度、压力、组成变化引起的热力学性质变化及对物料衡算和能量衡算的影响;另一方面,在求解物性参数时调用子程序存在着迭代收敛问题。

方法二,联立方程组中加入平衡常数 K 和焓 H 的计算方程,而其余的物性参数采用可供调用的子程序代替方程组。这种处理方法可解决方法一中"不能及时考虑温度、压力、组成变化引起的热力学性质变化及对物料衡算和能量衡算影响"的缺点,但也增加了平衡常数和焓的计算方程。然而,调用子程序所涉及的迭代收敛问题仍旧存在。

方法三,联立方程组中将全部物性估算方程全部加入,而不采用任何物性子程序的调用。这种处理方法最大程度上避免了调用子程序迭代收敛的问题,但也导致了方程数大幅度增加,给方程求解带来一定难度,甚至当初始值选择不好时会导致方程组无解。

三种方法中,方法二用于物性参数中热力学性质估算最为稳定可靠。

(2)非线性代数方程组的求解问题。

对于化工过程来讲,当采用联立方程法求解过程模拟问题时,所形成的方程组常常是一庞大的非线性代数方程组,因此,针对非线性代数方程组的求解基本上有两种方法。

方法一,该方法的出发点是将庞大的方程组分为计算方程和校核方程,减少了迭代方程组的维数。在求解过程中,选择一部分变量作为迭代变量,根据设定值利用一部分方程求得其余变量的值,通过另一部分校核方程根据迭代收敛的精度要求确定下一轮迭代计算值,进行迭代计算直至满足精度要求。从计算过程可看出该方法中存在的问题:当变量初始值选择不好时,在迭代计算过程中会存在满足精度要求而导致的计算链较长或计算结果不收敛。为了解决这一问题,方法二应运而生。

方法二,联立线性化方法。该方法主要运用 Newton-Raphson 法、拟牛顿法或某些数学方法将庞大的方程组中所有非线性方程线性化,并对方程组中所有变量同时迭代求解。在使用过程中需要注意两类问题:第一,采用何种方法将非线性方程组线性化,以获得稳定、快速的收敛;第二,如何求解大型稀疏线性代数方程组。目前,联立线性化方法已经在管网、换热器网络和精馏塔的计算中得到较好的应用。

(3)初始值的确定问题。

采用联立线性化方法时,变量初始值的设定对于方程组的迭代收敛过程以及是否能得到正确的收敛结果有着至关重要的作用,在相对复杂的过程系统中未知变量数往往较多的情况下尤其重要。

目前,"搜索法"为确定变量初始值较好的方法,即每种单元设备采用各自搜索规则进行变量初始值的设定:从系统进料流开始,序贯通过整个流程,直至产生所有物流初始值。各单元设备的探索规则如下。

对于系统进料流来讲:对进料流率未做规定的组分,用这些组分对流程中其他部分的流率进行估算,如取某组分在流程中其他部分流率的平均值与出口流股数的乘积作为该组分的进料流率。

对于混合器来讲:假定进料流中流率未知组分的进料流率为已知流率最大组分的一半,并据此计算出口流率。

对于分流器来讲:利用规定出口流率和进料流率的比值估计出口流率。若未规定此值,则将进料流率按照相等比例分配给各出口流率。

对于闪蒸器来讲:假定液相总流出量等于气相总流出量,再根据假定的 K 值计算出口流中各组分的流率。

对于反应器来讲:若未规定转化率,则假定进料流中限制反应物(关键反应物)的转化率为 100%。

当根据探索规则所确定的流率数值和其他参数值与设计规定不一致时,则以设计规定值为准。

大规模过程系统中,将所有方程式联立求解是有一定困难的。一般情况下,都力图将大规模系统分解为若干个子系统,这样描述子系统性能的方程组维数就大大降低,逐个求解这些维数较低的子系统,意味着求解难度也就降低了。

联立方程组降低维数的方法就是将方程组进行分解。分解过程主要有两步:一是通过对庞大的方程组中不可分隔方程组(不相干子系统、独立子系统)的识别或采用有向图法对方程组进行分隔(分割);二是对不可分隔方程组进行断裂以获得方程组的求解顺序。

3.5.2　方程组的分隔

方程组能够进行分隔的前提是方程组必须是一个稀疏方程组。同时,对于实际化工过程模拟问题而言,方程组常常都是稀疏的。因此,对于化工过程系统建立的方程组而言,分隔就是比较常见的方程组分解方法。

对方程组进行分隔的常用方法有:①不可分隔方程组的识别,即联立方程组可以分为若干个不可分隔方程组,将整个方程组的求解转化为一系列较小规模方程组的求解;②有向图法,即在根据方程组所建立的有向图基础上,按照过程系统分隔(参考 3.4.2)方法进行方程组的分隔。

(1)不可分隔方程组的识别。

联立方程法所形成的庞大方程组中,往往会有一部分方程组中所包含的变量只出现在这部分方程组中,而不出现在其他方程组中,则这部分方程组就称为不可分隔方程组。通过不可分隔方程组的识别,就可将庞大联立方程组分解为若干个不可分隔方程组,从而大大降低方程组的求解难度。

联立方程组中识别不可分隔方程组的方法,主要是利用 Himmelblau 和 Ledet 在 1970 年所提出的方法,具体步骤如下。

步骤 1:写出方程组事件矩阵,也称关联矩阵,事件矩阵定义为

$$O_{ij} = \begin{cases} 1, & \text{变量 } x_i \text{ 存在于方程 } f_i \text{ 中} \\ 0, & \text{变量 } x_i \text{ 不存在于方程 } f_i \text{ 中} \end{cases}$$

步骤 2:在事件矩阵中对每一列元素(变量数)进行加和。

步骤 3:找出非零元素最多的列,若存在多列含有相同最多数目的非零元素,则取任意一列。

步骤 4:将最多非零元素所属列进行计算,各对应的行元素采用布尔加和法计算,同时保留该列中元素为 0 的行,得到新矩阵。

步骤 5:重复步骤 3 和步骤 4,直至新矩阵中每列只含有 1 个非零元素,说明各行间没有共同的变量,即每一行对应了 1 个不相干子系统。

值得注意的是:若是联立方程组中含有方程数较大时,则需要用计算机识别不相干子系统。

[例 3-4]　采用 Himmelblau 方法识别下列方程组中不可分隔方程组。

$$\begin{cases} f_1(x_1, x_2, x_5) = 0 \\ f_2(x_3, x_4) = 0 \\ f_3(x_1, x_2) = 0 \\ f_4(x_3, x_4) = 0 \\ f_5(x_2, x_5) = 0 \end{cases}$$

解　列出方程组的事件矩阵:

$$
\begin{array}{c}
\begin{array}{ccccc} x_1 & x_2 & x_3 & x_4 & x_5 \end{array} \\
\begin{array}{c} f_1 \\ f_2 \\ f_3 \\ f_4 \\ f_5 \end{array}
\begin{bmatrix}
1 & 1 & 0 & 0 & 1 \\
0 & 0 & 1 & 1 & 0 \\
1 & 1 & 0 & 0 & 0 \\
0 & 0 & 1 & 1 & 0 \\
0 & 1 & 0 & 0 & 1
\end{bmatrix}
\end{array}
$$

对每一列进行变量数加和：

$$
\begin{array}{c}
\begin{array}{ccccc} x_1 & x_2 & x_3 & x_4 & x_5 \end{array} \\
\begin{array}{c} f_1 \\ f_2 \\ f_3 \\ f_4 \\ f_5 \end{array}
\begin{bmatrix}
1 & 1 & 0 & 0 & 1 \\
0 & 0 & 1 & 1 & 0 \\
1 & 1 & 0 & 0 & 0 \\
0 & 0 & 1 & 1 & 0 \\
0 & 1 & 0 & 0 & 1
\end{bmatrix}
\end{array}
$$

$$\sum \quad 2 \quad 3 \quad 2 \quad 2 \quad 2$$

非零元素最多的列为第二列，包含 3 个非零元素；将最多非零元素所属列进行合并，对应的行元素采用布尔加和法计算，保留该列中元素为 0 的行，得到新矩阵。

$$
\begin{array}{c}
\begin{array}{ccccc} x_1 & x_2 & x_3 & x_4 & x_5 \end{array} \\
\begin{array}{c} f_2 \\ f_4 \\ f_1 \cup f_3 \cup f_5 \end{array}
\begin{bmatrix}
0 & 0 & 1 & 1 & 0 \\
0 & 0 & 1 & 1 & 0 \\
1 & 1 & 0 & 0 & 1
\end{bmatrix}
\end{array}
$$

$$\sum \quad 1 \quad 1 \quad 2 \quad 2 \quad 1$$

重复上述步骤：非零元素最多的列为第三列，包含 2 个非零元素；将最多非零元素所属列的行元素采用布尔加和法计算，保留该列中元素为 0 的行，得到新矩阵。

$$
\begin{array}{c}
\begin{array}{ccccc} x_1 & x_2 & x_3 & x_4 & x_5 \end{array} \\
\begin{array}{c} f_2 \cup f_4 \\ f_1 \cup f_3 \cup f_5 \end{array}
\begin{bmatrix}
0 & 0 & 1 & 1 & 0 \\
1 & 1 & 0 & 0 & 1
\end{bmatrix}
\end{array}
$$

$$\sum \quad 1 \quad 1 \quad 1 \quad 1 \quad 1$$

矩阵中每列只含有 1 个非零元素，说明各行间没有共同变量，即每一行对应 1 个不可分隔方程组。

本方程组中含有两个不可分隔方程组：$\{f_2, f_4\}$ 和 $\{f_1, f_3, f_5\}$。

（2）有向图法方程组的分隔。

采用有向图法进行方程组分隔的主要思路是：在根据方程组所建立的相应有向图的基础上，按照有向图过程系统分隔（参考 3.4.2）方法进行方程组的分隔。有向图法方程组分隔的步骤如下。

步骤 1：写出方程组事件矩阵。

步骤 2：确定各方程的输出变量，通过输出变量将方程组用有向图进行表达。

步骤 3：根据方程组建立的有向图，采用单元串搜索法进行系统分隔；或将方程组对应的事件矩阵转变为有向图的邻接矩阵，采用邻接矩阵的方法进行系统分隔。

步骤 2 中根据方程组建立相应的有向图是该方法的关键。在方程组对应的有向图中,各方程作为有向图中的"单元",各"单元"之间需要通过输出变量作为有向线进行联结。

通常确定各方程输出变量的方法如下。

①在方程组事件矩阵中,选择非零元素最少的列,若非零元素个数相同,则按照序号先后进行选取,以列 A 表示。

②在列 A 非零元素所在的行元素中选取含有最少非零元素的行,以行 B 表示。

③列 A 变量即为行 B 方程所对应的输出变量。

④除去列 A 和行 B,重复上述过程,直至确定所有方程的输出变量。

[例 3-5]　对下列方程组进行有向图及邻接矩阵的表达。

$$\begin{cases} f_1(x_1,x_2,x_5)=0 \\ f_2(x_3,x_4)=0 \\ f_3(x_1,x_2)=0 \\ f_4(x_3,x_4)=0 \\ f_5(x_2,x_5)=0 \end{cases}$$

解　列出方程组的事件矩阵:

$$\begin{array}{c} & \begin{array}{ccccc} x_1 & x_2 & x_3 & x_4 & x_5 \end{array} \\ \begin{array}{c} f_1 \\ f_2 \\ f_3 \\ f_4 \\ f_5 \end{array} & \left[\begin{array}{ccccc} 1 & 1 & 0 & 0 & 1 \\ 0 & 0 & 1 & 1 & 0 \\ 1 & 1 & 0 & 0 & 0 \\ 0 & 0 & 1 & 1 & 0 \\ 0 & 1 & 0 & 0 & 1 \end{array}\right] \end{array}$$

确定输出变量:对每一列进行变量数加和,对每一行进行变量数加和:

$$\begin{array}{c} & \begin{array}{cccccc} x_1 & x_2 & x_3 & x_4 & x_5 & \sum \end{array} \\ \begin{array}{c} f_1 \\ f_2 \\ f_3 \\ f_4 \\ f_5 \end{array} & \left[\begin{array}{ccccc} 1 & 1 & 0 & 0 & 1 \\ 0 & 0 & 1 & 1 & 0 \\ 1 & 1 & 0 & 0 & 0 \\ 0 & 0 & 1 & 1 & 0 \\ 0 & 1 & 0 & 0 & 1 \end{array}\right] & \begin{array}{c} 3 \\ 2 \\ 2 \\ 2 \\ 2 \end{array} \\ \sum \quad \begin{array}{ccccc} 2 & 3 & 2 & 2 & 2 \end{array} \end{array}$$

非零元素最少列为 x_1 对应的第一列,则定义为列 A;第一列中,非零元素的行只有 f_1 和 f_3 对应的第一行和第三行;这两行中,非零元素最少的行为 f_3 对应的第三行,因此,变量 x_1 为方程 f_3 的输出变量: $f_3 \to x_1$。以此类推,可以获得各方程的输出变量:

$$f_1 \to x_2, f_2 \to x_3, f_3 \to x_1, f_4 \to x_4, f_5 \to x_5$$

以各方程输出变量为纽带,建立方程组的有向图,如图 3-24 所示:

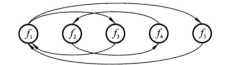

图 3-24　方程组间有向图表示

在方程组有向图表示的基础上,可列出相应的邻接矩阵:

$$
\boldsymbol{R}_\text{A} = \begin{array}{c} \\ f_1 \\ f_2 \\ f_3 \\ f_4 \\ f_5 \end{array}
\begin{array}{c} \begin{matrix} f_1 & f_2 & f_3 & f_4 & f_5 \end{matrix} \\
\begin{bmatrix} 0 & 0 & 1 & 0 & 1 \\ 0 & 0 & 0 & 1 & 0 \\ 1 & 0 & 0 & 0 & 0 \\ 0 & 1 & 0 & 0 & 0 \\ 1 & 0 & 0 & 0 & 0 \end{bmatrix} \end{array}
$$

3.5.3 不可(再)分隔方程组的断裂

一个较大规模的方程组经过分隔被分成若干个较小规模的方程组后,形成的方程组已不可再分,必须进行联立求解。但是,如果不可分隔方程组的维数仍然很大,则采用切断不可分隔方程组中某些变量的方法进一步降低维数,以便顺利求解。

在联立方程组中,有可能出现下列方程组表示:

$$f_i(v_j) = 0 \tag{3-14}$$

式中:i 为方程式编号;j 为变量编号。

在不可分隔方程组的求解过程中,通常会碰到两种情况:一是方程数和变量数一致,即 $i=j$,则按照 Ledet 断裂法进行不可分隔方程组的断裂与求解;二是对于化工过程而言,往往所建立的方程组中存在 $j>i$ 的问题,即变量数大于方程数,则需要在求解之前采用双层图法确定设计变量后再进行联立求解。

(1)Ledet 断裂法:方程数和变量数一致时。

Ledet 在 1968 年提出一种对不可分隔子方程组的切断方法,其基本思路:通过同时调换事件矩阵中行和列的顺序,使调整后的矩阵中主对角线上元素全部为非零元素;在能够实现这一情况的所有方案中,选取矩阵上三角部分中含有非零元素列数目最少的一种方案;在该方案中,取矩阵上三角部分中含有非零元素列所在的变量为切断变量以获得方程组的计算顺序。

[例 3-6] 采用 Ledet 断裂法求解下列不可分隔方程组的求解顺序。

$$
\begin{cases}
f_1(x_1, x_6) = 0 \\
f_2(x_1, x_2, x_6) = 0 \\
f_3(x_2, x_3) = 0 \\
f_4(x_1, x_3, x_4, x_5) = 0 \\
f_5(x_1, x_4) = 0 \\
f_6(x_3, x_5, x_6) = 0
\end{cases}
$$

解　列出方程组的事件矩阵:

$$
\begin{array}{c} \\ f_1 \\ f_2 \\ f_3 \\ f_4 \\ f_5 \\ f_6 \end{array}
\begin{array}{c} \begin{matrix} x_1 & x_2 & x_3 & x_4 & x_5 & x_6 \end{matrix} \\
\begin{bmatrix} 1 & 0 & 0 & 0 & 0 & 1 \\ 1 & 1 & 0 & 0 & 0 & 1 \\ 0 & 1 & 1 & 0 & 0 & 0 \\ 1 & 0 & 1 & 1 & 1 & 0 \\ 1 & 0 & 0 & 1 & 0 & 0 \\ 0 & 0 & 1 & 0 & 1 & 1 \end{bmatrix} \end{array}
$$

调换矩阵中行和列的顺序：将 f_4 和 f_5 行元素调换，即得新矩阵，且新矩阵的主对角线上的元素都称为非零元素，新矩阵上三角部分中只有一列含有非零元素。

$$
\begin{array}{c@{\quad}c}
 & \begin{array}{cccccc} x_1 & x_2 & x_3 & x_4 & x_5 & x_6 \end{array} \\
\begin{array}{c} f_1 \\ f_2 \\ f_3 \\ f_5 \\ f_4 \\ f_6 \end{array} &
\left[\begin{array}{cccccc}
1 & 0 & 0 & 0 & 0 & 1 \\
1 & 1 & 0 & 0 & 0 & 1 \\
0 & 1 & 1 & 0 & 0 & 0 \\
1 & 0 & 0 & 1 & 0 & 0 \\
1 & 0 & 1 & 1 & 1 & 0 \\
0 & 0 & 1 & 0 & 1 & 1
\end{array}\right]
\end{array}
$$

从新矩阵中可以看出，与变量 x_6 对应的列为唯一的非零列，因此，选择 x_6 作为切断变量。在对 x_6 进行初始值设定后，可以按照 $f_1 \to f_2(f_5) \to f_3 \to f_4 \to f_6$ 的顺序求解。

（2）双层图断裂法：方程数和变量数不一致时。

所谓双层图，即图中有两层，分别在图的上方和下方，上方的一层为方程节点 f，下方的一层为变量节点 v。在双层图中，与某一节点（包括方程节点和变量节点）相连接的边数定义为节点的局部度 ρ。局部度 ρ 可以是方程的局部度，也可以是变量的局部度。

Lee 等人在 1966 年提出采用双层图法选择设计变量的准则。

准则Ⅰ：最好的一组设计变量满足必须联立求解的方程数最少。

准则Ⅱ：最好设计变量的选择是使设计方程组得到一个计算开链结构。

准则简述如下：一个非循环系统至少含有一个节点 v_i，其 $\rho(v_i)=1$；另一个节点 f_i，其 $\rho(f_i)=1$，而且终止节点 v。如果节点 v 和节点 f 的 ρ 均为 1，且 v 为方程 f 的输出变量，则可从双层图中删去；剩下的次级图必须仍是一个非循环的，但至少也必须只含有一个边的 v 和 f，再删去 $\rho(v)=1$ 和 $\rho(f)=1$ 的边；重复下去，直至全部删完；最后，双层图中剩下局部度为 0 的变量即为设计变量。

该准则中需要注意的是：通过一个方程只能求解出一个未知变量，若方程节点 f 与几个变量节点 v 的局部度 ρ 均为 1 时，只能在 ρ 为 1 的变量节点 v 中选择其中任一个和方程节点 f 同时删去。

[例 3-7]　某化工过程系统列出如下方程组，请选择合适的设计变量并列出方程的计算顺序。

$$
\begin{cases}
f_1(v_1,v_2,v_3)=0 \\
f_2(v_3,v_4,v_5)=0 \\
f_3(v_5,v_6,v_1)=0 \\
f_4(v_2,v_3,v_4)=0
\end{cases}
$$

解　确定设计变量个数：

$$ d = n - m = 6 - 4 = 2 $$

需要确定 2 个设计变量。

根据方程节点和变量节点，画出如图 3-25 所示双层图。

设计变量的选择：

①寻找局部度 $\rho=1$ 的节点：$\rho(v_6)=1$。

②消去变量节点 v_6 和相连接的方程节点 f_3，从而 f_3 涉及的所有连线也都消去，如图 3-26 所示。

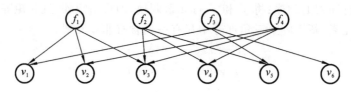

图 3-25　方程和变量间双层图

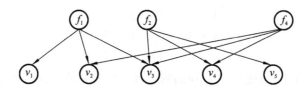

图 3-26　消去变量节点 v_6 和相连接方程节点 f_3 后双层图

③继续寻找 $\rho=1$ 的节点：$\rho(v_1)=1$ 和 $\rho(v_5)=1$，消去 v_1 及其相连接的 f_1 以及 f_1 的所有连线，消去 v_5 及其相连接的 f_2 以及 f_2 的所有连线，得到图 3-27。

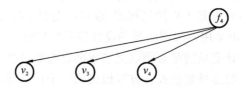

图 3-27　消去 $v_1 \sim f_1$、$v_5 \sim f_2$ 及所有连线后双层图

④继续寻找 $\rho=1$ 的节点：$\rho(v_2)=1$，$\rho(v_3)=1$ 和 $\rho(v_4)=1$，但是与这三个变量相连接的方程只有 f_4，因此，只能在上述三个节点中选择其中一个节点与 f_4 同时删去。选择 v_2 与 f_4 同时删去，得到图 3-28。

⑤v_3 和 v_4 的局部度为 0，因此为设计变量。

根据所确定的设计变量，可以得到方程组计算顺序图 3-29。

图 3-28　剩余变量

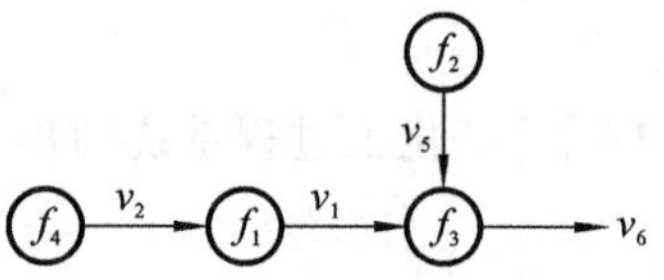

图 3-29　方程组计算顺序

变量求解顺序如图 3-30 所示：

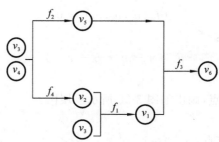

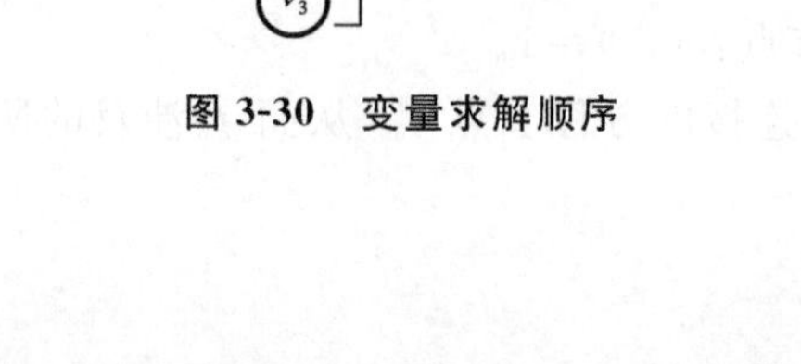

图 3-30　变量求解顺序

　　值得注意的是:若在④中选择 v_3 与 f_4 同时删去或者 v_4 与 f_4 同时删去,获得的设计变量不同,且方程的求解顺序和变量求解顺序也有所不同。但是,无论选择哪两个作为设计变量,都可以使方程顺利求解,这里不再列出。

3.5.4　稀疏线性方程组的分解

　　在化工过程系统模拟过程中所建立的庞大方程组矩阵形式一般如下式所示:

$$AX = b \tag{3-15}$$

　　但在建立的方程组中,并非每个变量相互之间都有关系,而每个方程往往只含有少数几个有关的变量。系数矩阵 A 非零元素所占的比例(稀疏比)为

$$\varphi = \frac{\text{非零元素数 } N}{\text{系数矩阵元素数总和}(n \times n)} \times 100\% \tag{3-16}$$

　　若系数矩阵 A 为 1000 阶,非零元素只有 2000 个,则稀疏比为 0.2%,若按照满矩阵来存储,则要求占有 10^6 个存储单元,其中 998000 个元素为 0,这就给计算机运算带来巨大计算量。换句话说,化工过程中所建立的方程组往往为大型非线性稀疏方程组,因此在求解过程中,将会带来计算工作量巨大的问题。

　　为了解决这一问题,所建立的大型稀疏方程组经分隔、排序分解成一系列可顺序求解的子方程组,并采用联立线性化方法将方程组转化为线性方程组,从而通过线性方程组的求解方法进行求解即可获得原方程组的解。

　　常用于求解稀疏线性代数方程组的方法有高斯消去法和 LU 分解法。

　　(1)高斯消去法。

　　考虑 n 元线性方程组:

$$\begin{cases} a_{11}x_1 + a_{12}x_2 + \cdots + a_{1n}x_n = b_1 \\ a_{21}x_1 + a_{22}x_2 + \cdots + a_{2n}x_n = b_2 \\ \qquad\qquad \cdots \\ a_{n1}x_1 + a_{n2}x_2 + \cdots + a_{nn}x_n = b_n \end{cases} \tag{3-17}$$

　　采用矩阵的方式进行表达:

$$AX = b \tag{3-18}$$

其中 A 为系数矩阵, $A = (a_{i,j})_{n \times n}$; $b = (b_1, b_2, \cdots, b_n)^{\mathrm{T}}$; $X = (x_1, x_2, \cdots, x_n)^{\mathrm{T}}$ 。

　　高斯消去法是直接法中最常用、最有效的一种方法。其基本思路为:逐次消去一个未知数,使方程(3-17)变换为一个等阶三角方程组,而后通过回代求解 X 。高斯消去法的本质是通过消元将一般线性方程组的求解问题转化为三角方程组的求解问题。

　　高斯消去法可以分为两个阶段:第一个阶段,把原方程组转化为上三角方程组,称为"消元过程";第二个阶段,用逆次序逐一求出上三角方程组的解,称为"回代过程"。计算步骤如下。

　　第一个阶段:正消元过程,依次按照 $k = 1, 2, \cdots, n-1$,计算下列系数:

$$\begin{cases} l_{k,j} = a_{k,j}^{(k-1)} / a_{k,k}^{(k-1)} \quad (j = k+1, \cdots, n) \\ n_k = b_k^{(k-1)} / a_{k,k}^{(k-1)} \\ a_{i,j}^k = a_{i,j}^{(k-1)} - a_{i,k}^{(k-1)} \times l_{k,j} \quad (i = k+1, j = k+1, \cdots, n) \\ b_i^k = b_i^{(k-1)} - a_{i,k}^{(k-1)} \times n_k \quad (i = k+1) \end{cases} \tag{3-19}$$

第二个阶段:回代过程以得到方程组的解:

$$\begin{cases} x_n = b_n^{(n-1)}/a_{n,n}^{(n-1)} \\ x_i = (b_i^{(i-1)} - \sum_{i=j+1}^n a_{i,j}^{(i-1)} \times x_j)/a_{i,j}^{(i-1)} \quad (i = n-1, n-2, \cdots, 1) \end{cases} \quad (3\text{-}20)$$

高斯消去过程中若出现 $a_{k,k}^{k-1} = 0$ 时,会导致高斯消去法无法进行;若出现 $a_{k,k}^{k-1}$ 很小时,易出现其他元素数量级严重增加和误差扩散的情况。因此,在实际计算过程中,为了尽量避免发生上述情况,在进行消去的过程中往往通过交换方程次序和方程中变量位置,选取绝对值较大的元素作为主元素,又称为"主元素消去法"。

[例3-8]　用高斯消去法求解下列线性方程组:

$$\begin{cases} x_1 + 2x_2 - x_3 = 2 \\ x_1 - x_2 + 2x_3 = 5 \\ -3x_1 + x_2 - x_3 = -4 \end{cases}$$

解　就方程组写出相应的矩阵形式:

$$\begin{bmatrix} 1 & 2 & -1 \\ 1 & -1 & 2 \\ -3 & 1 & -1 \end{bmatrix}\begin{bmatrix} x_1 \\ x_2 \\ x_3 \end{bmatrix} = \begin{bmatrix} 2 \\ 5 \\ -4 \end{bmatrix}$$

按正消元过程进行消元得

$$\begin{bmatrix} 1 & 2 & -1 \\ 0 & -3 & 3 \\ 0 & 0 & 3 \end{bmatrix}\begin{bmatrix} x_1 \\ x_2 \\ x_3 \end{bmatrix} = \begin{bmatrix} 2 \\ 3 \\ 9 \end{bmatrix}$$

回代:

$$\begin{cases} x_3 = 9/3 \\ x_2 = (3 - 3x_3)/(-3) \\ x_1 = (2 - 2x_2 + x_3)/3 \end{cases}$$

求解可得:$x_1 = 1, x_2 = 2, x_3 = 3$。

(2)LU 分解法。

LU 分解法是高斯法的一种改进,基本原理是将式(3-18)中矩阵分解为一个下三角矩阵 L 和一个上三角矩阵 U 的乘积,即

$$A = LU \quad (3\text{-}21)$$

采用 Crout 分解法,则 L 矩阵和 U 矩阵分别为

$$U = \begin{bmatrix} 1 & u_{12} & \cdots & \cdots & u_{1n} \\ & 1 & u_{23} & \cdots & u_{2n} \\ & & \cdots & \cdots & \cdots \\ & & & \cdots & \cdots \\ & & & & 1 \end{bmatrix} \quad L = \begin{bmatrix} l_{11} \\ l_{21} & l_{22} \\ \cdots & \cdots & \cdots \\ \cdots & \cdots & \cdots \\ l_{n1} & l_{n2} & \cdots & \cdots & l_{nn} \end{bmatrix}$$

分解公式为

$$\begin{cases} l_{ij} = a_{ij} - \sum_{k=1}^{i-1} l_{ik}u_{kj} \quad (j=1,2,\cdots,i; i=1,2,\cdots,n) \\ u_{ij} = (a_{ij} - \sum_{k=1}^{i-1} l_{ik}u_{kj})/l_{ii} \quad (j=i+1,\cdots,n; i=1,2,\cdots,n) \end{cases} \quad (3\text{-}22)$$

根据矩阵 A 的三角分解，方程组 $AX = b$ 就可改写为

$$LUX = b \tag{3-23}$$

第一步：令 $UX = Y$，则式(3-23)变为

$$LY = b \tag{3-24}$$

由于 L 为下三角矩阵，因此：

$$\begin{cases} l_{11} y_1 = b_1 \\ l_{21} y_1 + l_{22} y_2 = b_2 \\ \cdots \\ l_{n1} y_1 + l_{n2} y_2 + \cdots + l_{m} y_n = b_n \end{cases} \tag{3-25}$$

显然，方程组自上而下可求得 Y：

$$y_i = (b_i - \sum_{k=1}^{i-1} l_{ik} y_k)/l_{ii} \quad (i = 1, 2, \cdots, n) \tag{3-26}$$

第二步：求解三角方程组 $UX = Y$，即求解下列方程组：

$$\begin{cases} x_1 + u_{12} x_2 + \cdots + u_{1n} x_n = y_1 \\ x_2 + \cdots + u_{2n} x_n = y_2 \\ \cdots \\ x_n = y_n \end{cases} \tag{3-27}$$

此时，需要自下向上进行回代，即可得到 X：

$$x_i = y_i - \sum_{k=i+1}^{n} u_{ik} x_k \quad (i = n, n-1, \cdots, 1) \tag{3-28}$$

[例 3-9]　采用 LU 分解法求解下列方程组：

$$\begin{cases} x_1 + 2x_2 - x_3 = 2 \\ x_1 - x_2 + 2x_3 = 5 \\ -3x_1 + x_2 - x_3 = -4 \end{cases}$$

解　将方程组的系数矩阵 A 根据 Crout 分解为 L 和 U：

$$A = \begin{bmatrix} 1 & 2 & -1 \\ 1 & -1 & 2 \\ -3 & 1 & -1 \end{bmatrix} \quad L = \begin{bmatrix} 1 & 0 & 0 \\ 1 & -3 & 0 \\ -3 & 7 & 3 \end{bmatrix} \quad U = \begin{bmatrix} 1 & 2 & -1 \\ 0 & 1 & -1 \\ 0 & 0 & 1 \end{bmatrix}$$

进行两步分解。

第一步：令 $UX = Y$，则 $LY = b$，原方程组变为

$$\begin{aligned} y_1 &= 2 \\ y_1 - 3y_2 &= 5 \\ -3y_1 + 7y_2 + 3y_3 &= -4 \end{aligned}$$

由上而下顺序代入求得

$$y_1 = 2, y_2 = -1, y_3 = 3$$

第二步：因 $UX = Y$，则对应的方程组为

$$\begin{aligned} x_1 + 2x_2 - x_3 &= 2 \\ x_2 - x_3 &= -1 \\ x_3 &= 3 \end{aligned}$$

回代可以求得 $x_3 = 3, x_2 = 2, x_1 = 1$。

3.5.5　联立方程法的优缺点

与序贯模块法相比,联立方程法具有自身优点和缺点。

(1)优点。

首先,对于联立方程法来讲,过程系统的模拟型、设计型和优化型问题没有区别,也不用采取专门方法进行处理。

其次,计算效率高。联立方程法避免了序贯模块法中多层次迭代计算,在设计型和优化型问题中,计算效率尤其明显。

再次,增加模拟模块比较容易。由于不需要考虑解算的方法,只要写出定义模型方程组及相关约束方程即可,因此便于增加模块。

最后,易于实现稳态模拟和动态模拟间的结合。

(2)缺点。

联立方程法也存在一些不足之处和需要解决的问题,如:正确建立庞大方程组较为困难;不能继承和利用已经开发的大量单元模块;实现较为困难;初始值的确定较为困难;设计变量选择要求高;内存需求大;缺少高效的非线性方程组的求解算法等等。

但是,随着研究的不断深入、计算机技术和数学解算方法的飞速发展,联立方程法已取得较大的进展,且由于联立方程法本质上的优点,大有代替序贯模块法的趋势。

3.6　联立模块法

序贯模块法和联立方程法都具有各自的优势和不足,为了更好地利用上述两种方法的优势,联立模块法应运而生。

联立模块法结合了序贯模块法和联立方程法的优点,既能使用序贯模块法所积累的大量模块模型,又能将最费计算时间的流程收敛和涉及约束收敛等迭代嵌套问题合并后通过联立求解达到同时收敛。基于以上思路,联立模块法的基本思路:利用严格单元模块产生单元简化模型,将所有单元简化模型构成联立方程组以便进行求解。对于设计型和优化型问题而言,可在严格单元模块和流程水平上的简化模型之间进行迭代计算,直到满足收敛条件为止。联立模块法原理如图 3-31 所示。

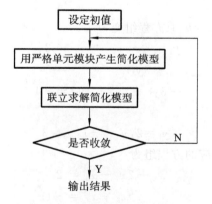

图 3-31　联立模块法基本思路

3.6.1　简化模型的建立方法

在简化模型建立过程中,有两种切断方式对过程系统进行降维处理:第一种,是将连接两节点的所有流股全部切断;第二种,是仅将系统中所有回路切断。当按照第一种方式断裂流股时,简化模型以单元过程为基本模块;当采用第二种方式断裂流股时,可将环路或回路所含的全部节点合并为一个虚拟节点或虚拟单元过程,作为简化模型模块。根据上述两种切断方式,一般可以通过三种方式建立相应的简化模型。

以设计型问题为例,图 3-32 不可分割的四单元子系统可按照三种不同的简化模型建立相应的模型,其中单元 3 具有设计的约束条件。

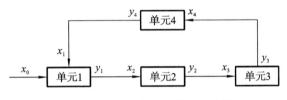

图 3-32　不可分割的四单元子系统

方式 1:以各自独立单元和流股建立简化模型,即采用第一种断裂方式。将图 3-32 所示的不可分割的四单元子系统采用第一种断裂方式后得到图 3-33。

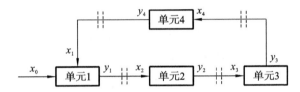

图 3-33　以流股全切断的断裂方式形成各自独立单元过程图

在图 3-33 中,所有单元节点间所有连接流股全部断裂后,每个单元均有输入和输出两类流股,流股联结方程和设计规定方程如下。

单元模块方程:

$$\begin{cases} y_1 = G_1(x_0, x_1) \\ y_2 = G_2(x_2) \\ y_3 = G_3(x_3) \\ y_4 = G_4(x_4) \end{cases} \tag{3-29}$$

流股联结方程:

$$\begin{cases} y_1 = x_2 \\ y_2 = x_3 \\ y_3 = x_4 \\ y_4 = x_1 \end{cases} \tag{3-30}$$

单元 3 设计规定方程:

$$r(x_3) = r_s \tag{3-31}$$

综上所述,按照方式 1 建立联立模块法模型时所涉及的方程数为

$$n_e = 2\sum_{i=1}^{n_c}(c_i + 2) + n_d \tag{3-32}$$

式中：n_e为系统简化模型方程数；n_c为联结流股数；n_d为设计方程数；c_i为联结物流组分数。

方式2：将流股联结方程与单元模块方程结合建立简化模型，即介于第一种断裂和第二种断裂之间。

采用方式2即将方式1中流股联结方程和单元模块方程相结合，即将式(3-29)和式(3-30)合并，得到如下简化模型：

$$\begin{cases} x_2 = G_1(x_0, x_1) \\ x_3 = G_2(x_2) \\ x_4 = G_3(x_3) \\ x_1 = G_4(x_4) \end{cases} \tag{3-33}$$

单元3设计规定方程仍为

$$r(x_3) = r_s$$

相比于方式1所列出的方程数，方式2简化模型的方程数减少了流股连接方程的个数。因此，方式2中简化模型的方程数为

$$n_e = \sum_{i=1}^{n_c} (c_i + 2) + n_d \tag{3-34}$$

式中：n_e为系统简化模型方程数；n_c为联结流股数；n_d为设计方程数；c_i为联结物流组分数。

尽管方式2的方程数相比于方式1有所减少，但是对于复杂过程系统而言，方程数仍较多。

方式3：以回路为虚拟单元过程建立简化模型，即采用第二种断裂方式。将图3-32所示的不可分割的四单元子系统采用第二种断裂方式后得到图3-34：

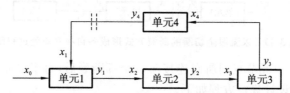

图 3-34　采用第二种断裂方式形成的虚拟单元过程图

选择x_1流股作为该循环回路的断裂流股，则整个回路断开，将其他单元过程看作一个虚拟单元，建立相应的简化模型：

$$x_1 = G_4(G_3(G_2(G_1(x_0, x_1)))) = G(x_0, x_1) \tag{3-35}$$

单元3设计规定方程转变为如下简化模型：

$$r(G_2(G_1(x_0, x_1))) = r_s \tag{3-36}$$

方式3对应的简化模型方程数有了大幅度减少，方程数为

$$n_e = \sum_{i=1}^{n_t} (c_i + 2) + n_d \tag{3-37}$$

式中：n_e为系统简化模型方程数；n_t为不可分隔子系统中断裂流股数目；n_d为设计方程数；c_i为联结物流组分数。

3.6.2　联立模块法的特点

相比于序贯模块法和联立方程法，联立模块法具有如下特点。

(1)联立模块法计算效率较高。用简化模型组成的方程组求解替代序贯模块法中最费时、

收敛最慢的回路迭代计算,从而使计算加速,特别是对于有多重再循环流或涉及规定要求问题时,可获得较好的收敛特性。

(2)求解容易。由于单元模块数比过程方程数要少得多,因此,简化模型方程组的维数要比系统方程组的维数小得多,求解要相对容易。

(3)能利用已获得的序贯模块软件,在原有序贯模块法上叠加联立方程组获得联立模块。

值得注意的是:联立模块法的计算效率依赖于简化模型形式。一般来说,简化模型兼具了易于建立和求解方便等优点。

3.7　化工过程模拟软件简介及其应用

为了满足化工过程设计、优化、控制等的各种要求,各类过程模拟系统相继开发出来。20世纪50年代,美国Kellogg公司开发成功了第一个过程模拟软件Flexible Flowsheet,人们对该领域兴趣越来越高。20世纪60年代,开发了以烃加工过程为主的模拟软件,由于局限性,并未得到广泛应用。20世纪70年代,开发了以气-液两相过程为主的模拟软件,成为化工和石化公司广泛使用的模拟软件,典型软件有Monsanto公司开发的FLOWTRAN软件和Simulation Science公司开发的PROCESS软件。在20世纪70年代后期,美国能源部组织美国麻省理工学院(MIT)开发过程模拟软件"ASPEN"(advanced system process engineering)后,化工过程模拟软件得到了迅速的发展。在20世纪80年代,软件模拟过程扩展到气-液-固三相过程,典型代表有Aspen Plus软件、PRO/Ⅱ软件等。20世纪90年代,由于化工过程模拟需要,开发了将稳态模拟和动态模拟相结合的软件,典型代表有HYSYS软件。

目前,在化工过程稳态模拟中,应用最广泛的模拟软件有Aspen Plus、PRO/Ⅱ和HYSYS等。其中,采用序贯模块法进行系统模拟的软件为Aspen Plus和PRO/Ⅱ,采用联立方程组进行系统模拟的软件为HYSYS。

3.7.1　化工过程系统模拟的一般步骤

利用化工过程稳态和动态模拟时,一般分为几个步骤。

步骤1:分析模拟问题。

针对具体需要模拟的化工过程系统,确定模拟范围,了解化工工艺流程,搜集必要的数据,包括原始物流数据、操作条件数据、控制参数和物性数据等,确定模拟需要解决的问题和目标。

步骤2:选择适用的过程模拟软件。

针对模拟需要解决的问题和目标,选择合适的模拟软件。值得注意的是:在选择时要考虑所选择的模拟软件是否包含流程所涉及的组分和基础物性参数,是否适合于流程的热力学性质计算方法,是否有描述流程的单元模块等等。

步骤3:输入数据。

针对要模拟的流程进行必要的准备,收集流程信息、数据等,按照过程模拟软件的要求进行数据输入。

步骤4:绘制模拟流程图。

利用化工过程模拟系统提供的方法绘制相应的模拟流程图,即利用流程图示的方法建立流程系统结构的数学模型。绘制流程的实质就是对化工过程流程联结关系进行描述的过程。

步骤5:定义流程涉及的组分。

针对绘制的模拟流程,利用模拟系统基础物性数据库,选择模拟流程所涉及的组分。

这一过程的实质就是给上述组分定义基础物性数据的过程,方便流程系统自动调用。对于一些流程涉及的物性数据库,若没有相应组分,就需要使用者搜集或估算组分的基础物性数据。值得注意的是:组分基础物性对模拟结果有较大影响,直接关系到模拟结果的准确性和精确度,应慎重选择。

步骤 6:选择热力学性质计算方法。

截至目前,由于物质的复杂性和多样性,仍没有一种很好且适用于各种物质及其混合物在各种条件下通用的热力学性质计算方法。因此,选择适合的热力学性质计算方法是过程模拟、设计和优化型问题解决的关键。

选择热力学性质计算方法要有一定的化工热力学理论知识并对各种热力学方法有较深刻的认知。一般选择热力学性质计算方法的原则:对于非极性或弱极性物质,采用状态方程法,可利用状态方程计算所需的全部性质和气液平衡常数;对于极性物质,采用状态方程与活度系数方程相结合的组合法,即气相采用状态方程法、液相逸度采用活度系数法进行计算,液相其他性质采用状态方程或经验关联法。

步骤 7:输入原始物流及模块参数。

通过以上 7 个步骤,模拟流程的模型基本建立起来,在输入原始数据后就可以进行过程系统模拟。

输入数据主要包括:原始物流数据,如流量、温度、压力和组成等,单元模块参数,如设备数据、操作参数、模块功能等信息。

步骤 8:运行模拟过程。

在检查数据的完整性和准确性之后,就可进行模拟计算了,即使用者只需要点击模拟工具条上的模拟按钮就可以开始模拟计算。

步骤 9:分析模拟结果。

能否得到合理可靠的模拟结果是模拟结果能否应用的关键所在。因此,通过化工过程模拟获得相应模拟结果后,需对模拟结果进行认真分析,以确保模拟结果的合理性和准确性。

在对模拟结果进行分析的过程中,通常首先对过程模拟时组分基础数据、热力学性质计算方法选择和单元模块选择、输入数据和单元模块参数数据等进行确认,而后将模拟结果和现有工业化应用数据/实验研究数据/中试数据等进行对比分析,对发现的问题和不合理性进行修改和调整,重新进行模拟计算,以确保模拟结果的实用性。

步骤 10:运行模拟系统的其他功能。

一旦模拟成功,就可以利用过程模拟软件的其他功能,如工况分析、设计规定、灵敏度分析、优化、设备设计等。在这一阶段,可以体现出模拟软件在工艺过程开发、工程设计、优化操作和技术改造中的作用,如确保装置能在较大范围的操作条件下良好运行;改进生产操作、提高产品的收率和减少能量的消耗;解决工艺操作中的"瓶颈"问题。

步骤 11:输出最终结果。

输出模拟计算结果,利用计算结果产生最终报告,任务完成。

3.7.2　化工过程模拟软件简介

下面主要介绍采用序贯模块法进行系统模拟的软件 Aspen Plus 和 PRO/Ⅱ,采用联立方程组进行系统模拟的软件 HYSYS。

（1）Aspen Plus 软件。

Aspen Plus 软件是目前应用最为广泛的大型通用稳态模拟软件之一。该软件是基于稳态化工模拟、优化、灵敏度分析和经济评价的大型化工流程软件，可为用户提供一套完整的单元操作模型，用于单元过程和完整工艺流程的模拟。

Aspen Plus 软件包括丰富的物性数据库、多种单元过程操作模型库和丰富的热力学性质和传递物性方法，交互式用户输入-输出界面，以及先进的数值计算方法。

物性数据库：Aspen Plus 软件自身拥有两个通用数据库，一个是自身开发的数据库，另一个是美国化工协会物性数据设计院设计的数据库。此外，软件不仅可与 DECHEMA 数据库进行连接，用户还可以采用基础物性实验数据接入 Aspen Plus 软件。这些物性数据库，进一步拓宽了软件的应用范围。

单元操作模块：Aspen Plus 软件含有包括混合器/分流器、分离器、换热器、塔、反应器、压力变送器、手动操作器、固体和用户模型等八大类单元操作模型。通过上述单元模型和模块间的相互组合，可满足用户所需要的流程。在这些单元操作模块之外，用户还可以通过软件提供的编程接口接入软件，进行新单元操作模块的模拟。

热力学性质和传递物性方法：Aspen Plus 软件提供了数十种用于计算传递物性和热力学性质模型方法，主要有拉乌尔定律、Chao-Seader 气液平衡模型、非极性和弱极性混合物的 Redilch-Kwong-Soave、BWR-Lee-Staring、Peng-Robinson 模型，对于强的非理想液态混合物的 UNIFAC、WILSON、NRTL、UNIQUAC 活度系数模型等。另外，当物性确实需要校正时，软件还提供灵活的数据回归系统（DRS），通过数据回归的方法估算相应的模型参数，或者由用户通过自编程序接入到软件中进行估算。

交互式用户界面：Aspen Plus 软件应用方便和可视化还体现在交互式用户界面上。在该交互式用户界面中，用户可根据屏幕提示和菜单选择进行输入流股的确定，流程图的绘制以及模拟，并产生报告。同时，还具有用交互方式分析模拟计算结果、修改流程或调整流程等功能。

先进的数值计算方法：Aspen Plus 软件按照序贯模块法进行过程模拟，因此，对有循环回路和设计规定的流程等涉及需迭代收敛的情况，可采用直接迭代法、割线法、拟牛顿法、Wegstein 方法和 Newton-Raphson 方法，以满足同时收敛多股断裂流股和多个设计规定的要求。另外，基于先进的数值算法，软件还能够准确进行物性分析、工艺过程模拟、数值估算、参数优化、设备尺寸设计、灵敏度分析和经济评价等操作。

该软件经过多年的改进、扩充和提高，到目前为止，已经成为公认的标准大型过程模拟软件，也是功能最全面的过程工程软件。

（2）PRO/Ⅱ软件。

1967 年美国 Simulation Science 公司开发了蒸馏模拟器 SP05，1973 年该公司推出了流程图模拟器，1979 年推出了过程模拟软件 Process。经过几十年的发展，已成为大型工艺过程模拟通用软件 PRO/Ⅱ。

类似于 Aspen Plus 软件，PRO/Ⅱ软件也按照序贯模块法进行模拟，同样具有庞大的数据库、强大的热力学物性计算系统、丰富的单元操作模块、先进的数值计算方法和完全交互式用户界面。与 Aspen Plus 软件所不同的是，软件中的单元模块主要涉及一般化的闪蒸模型、精馏模型、换热器模型、反应器模型、聚合物模型和固体模型六大类；数据库包含组分库和混合物数据库；交互界面为完全交互式用户界面。

在实用性上,PRO/Ⅱ软件更具有优势,具有标准的开放数据库互联(open database connectivity,ODBC),可以和换热器法计算软件或其他大型计算软件相连,还可以与 word、excel 等数据库相连,计算结果可以多种形式输出。

目前,PRO/Ⅱ软件的模拟范围从管道、阀到复杂反应与分离过程在内的几乎所有生产装置和流程,在油气加工、炼油、化学、化工和建筑、聚合物、精细化工和制药等领域得到广泛应用,主要用于新建装置设计、老装置操作优化以及技术改造,并为新工艺流程开发研究提供工艺包。

(3)HYSYS 软件。

HYSYS 软件是加拿大 Hyprotech 公司的产品。2002 年 5 月,Hyprotech 公司与 Aspentech 公司合并,HYSYS 软件成为 Aspen 工程套件 aspen engineering suite(AES)的一部分。

与 Aspen Plus 和 PRO/Ⅱ软件不同的是:HYSYS 软件具有最先进的集成式工程环境、强大的动态模拟功能、先进的数据回归方法、严格的物性数据库以及功能强大的物性预测系统、任意塔及塔的水力学计算。

最先进的集成式工程环境:在集成系统中,流程、单元操作是相互独立的,流程是各种单元操作的集成环境,单元操作之间依靠流程中的物流进行联系。因此,在模拟流程中,稳态模拟和动态模拟共享目标数据,而不需要进行数据传递。

强大的动态模拟功能:软件对 PID 控制器、传递函数发生器、数控开关和变量计算表等提供动态模拟的控制单元。

数据回归方法:利用实验数据或数据库中标准数据,采用数据回归方法得到焓、气液平衡常数 K,提供数据回归方程。

物性数据库及物性预测系统:具有强大的物性数据库和严格的物性计算包,对于标准库中没有的组分,可通过定义假组分,选择物性计算包进行该组分基础数据的计算。

任意塔计算和各种塔板的水力学计算:HYSYS 采用了面向目标的编程工具,塔板、再沸器、泵、回流罐等都是相互独立的目标,且用户可以根据需要任意对上述目标进行组合,完成各种任意塔的模拟。另外,软件还增加了浮阀、填料、筛板等各种塔板的计算,可同时解决塔的热力学和水力学问题。

HYSYS 软件作为油气生产、气体处理和炼油工业的模拟、设计、性能监测的过程模拟工具,在工业装置的安全分析与预测,装置操作规律的研究和控制方法的研究及连锁控制调试、确定安全的开工方案和计算特殊的非稳态过程等方面具有广泛的应用。

(4)化工过程模拟的发展趋势。

过程模拟技术经过这么多年的发展,已经成为不断提高经济效益的重要手段和工具,是信息化带动工业化的支撑技术,是实现数字化工厂不可缺少的技术。随着科学技术的发展,特别是信息技术、计算机技术、应用数学、化学工程的进步,过程模拟也得到了不断发展,过程模拟技术的发展趋势如下。

①扩大可模拟物系范围:除了传统数据库之外,聚合物生产过程、含电解质生产过程、生物过程等都将纳入可模拟的物系范围,将进一步扩大模拟的物系范围。

②朝着动态模拟发展:由于流程系统的动态特性、高的流程系统集成度和过程控制技术的发展,对化工过程的动态特性、控制规律和优化操作状态提出进一步要求,因此,过程系统模拟也朝着动态模拟发展,用于最优化控制、实时过程控制和仿真培训等方面。

③稳态模拟和动态模拟相结合:稳态模拟是动态模拟的起点,也是动态模拟的终点。将过程模拟技术通过动态模拟和稳态模拟结合进一步扩大应用范围和实用性。

④开发新的模型:流程模型是模拟的核心内容,随着数学计算和建模工具、手段的发展,新型的过程或单元模型将不断被开发出来并逐渐得到推广应用。

⑤软件间集成:随着计算机技术的发展,软件间的集成已成为可能。另外,大型模拟软件开发商也日益意识到一些高校和研究机构开发的特有模块无法与目前商业化的模拟软件进行连接而导致功能使用具有较大的局限性。因此,可通过一些模块的标准化接口将软件进行集成使用,进一步扩展软件的使用功能。

⑥软件智能化:目前用户在过程方面所掌握的知识和技能具有一定的局限性,造成了软件使用的局限性。因此,开发智能化过程模拟软件是客观需求,如 PRO/Ⅱ 开发的热力学专家系统。

⑦基于 Web 的远程应用:基于互联网的过程模拟便于计算机资源共享,可使模拟技术向非专业用户开放,并使模拟软件资源同时供多个用户并行使用。

3.7.3　应用实例

化工过程模拟软件的种类不限于 Aspen Plus、PRO/Ⅱ 和 HYSYS,但各自的基本思路和方法都是相通的。在众多的化工过程模拟软件中,Aspen Plus 软件应用最为广泛。

下面以苯和丙烯反应生产异丙苯工艺为例对 Aspen Plus 稳态模拟软件的基本方法、基本思路和模拟过程进行介绍。

苯和丙烯反应生产异丙苯工艺:苯与丙烯的混合气体(物质的量之比为1∶1)进入绝热反应器,在催化剂的作用下反应生成异丙苯。反应产物经冷却器冷却后进入绝热闪蒸罐进行闪蒸分离,闪蒸罐顶部排出的气相物料循环回绝热反应器入口,闪蒸罐底部为异丙苯产品物流。模拟计算的工艺参数如下。

参数1:苯与丙烯混合气体工况:温度为 100 ℃,压力为 0.3 MPa,进料流量为 2000 kg/h。

参数2:反应器:绝热反应器压力为 0.12 MPa,丙烯单程转化率为85%,忽略副反应。

参数3:冷凝器:出口温度为 70 ℃,压力降为 0.5 kPa。

参数4:闪蒸罐:绝热闪蒸,压力降为 0 kPa。

(1)绘制模拟流程图。

步骤1:选择 General with Metric Units 模板创建新的模拟文件。

步骤2:在模型库中选择合适的单元操作模块,放置反应器、冷凝器和闪蒸罐模块。其中,反应器模块中,已知反应方程式和转化率,反应动力学数据未知,故选择 Reactors 标签下的 RStoic(化学计量反应器)。冷凝器模块中,已知一股物流的热力学状态变化,选择 Heat Exchangers 标签下的 Heater 模块。闪蒸罐模块中,由于本例中为两股出口物料,为两相闪蒸器,选择 Separators 标签下的 Flash2 模块。

按照步骤1和步骤2绘制的模拟流程图如图 3-35 所示。

(2)组分输入。

绘制完流程图后,点击工具栏中的 NEXT 按钮 N➡,进入组分输入页面。整个工艺中包含丙烯、苯和异丙苯三种物质,分别通过 Find 功能查找添加,如图 3-36 所示。

(3)选择物性方法。

完成输入组分后,点击工具栏中的 NEXT 按钮 N➡,进入物性方法选择界面。

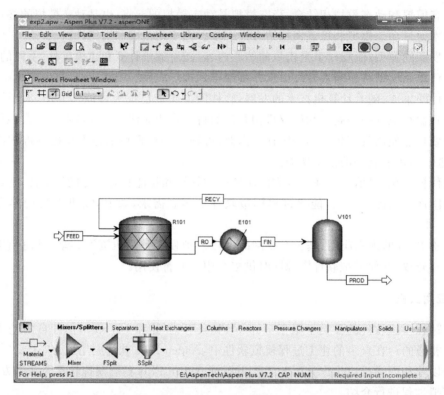

图 3-35　模拟流程图

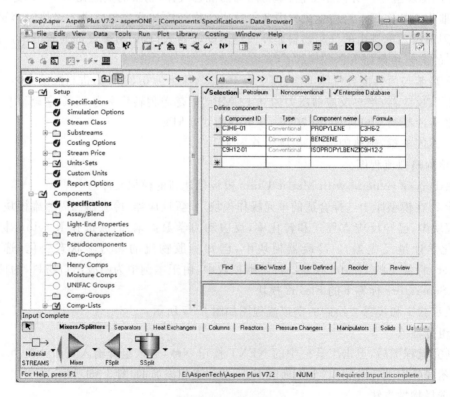

图 3-36　输入组分

　　本例中的物系为丙烯、苯和异丙苯体系,为非极性体系,考虑到为真实物系,可以选择PENG-ROB、PR-BM、RK-SOAVE 等物性方法,本例中选择 RK-SOAVE 方法。在该页面中Process type 选择 ALL,Base method 选择 RK-SOAVE 完成物性方法选择,如图 3-37 所示。

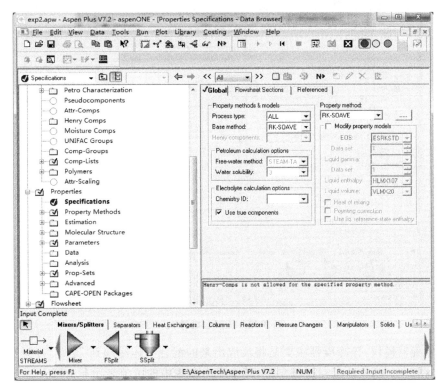

图 3-37　选择物性方法

　　(4)输入流股参数。

　　完成物性方法选择后,点击工具栏中的 NEXT 按钮 N➡,在弹出的对话框中选中 Go to next required input step 选项,点击 OK,进入流股输入界面。在本例中共有 FEED、RO、FIN、PROD、RECY 五股流股,其中 FEED 为已知流股,其余为待定流股,故只需输入 FEED 流股的参数就可以了。

　　定义进料状态(state variables):在这里需要输入进料流股温度、压力、气相分数三者中的两个。在本例中根据已知条件定义流股温度和压力,参数如下:Temperature 100 ℃;Pressure 0.3 MPa。

　　定义进料流量(total flow):可以定义摩尔流量、质量流量和标准体积流量中的一种。本例定义质量流量,输入 2000 kg/hr。

　　定义每个组分的流量或分数(composition):已知苯和丙烯的物质的量之比为 1:1,故本例中定义进料各组分的摩尔分数,输入参数如下:Mole-frac C3H6-01 0.5;C6H6 0.5。完成流股参数输入,如图 3-38 所示。

　　(5)输入模块参数。

　　完成流股参数输入后,点击工具栏中的 NEXT 按钮 N➡,进入单元操作模块参数输入界面。在该界面左边的 Blocks 目录下有三个模块 E101(冷凝器)、R101(反应器)、V101(闪蒸罐)待输入。

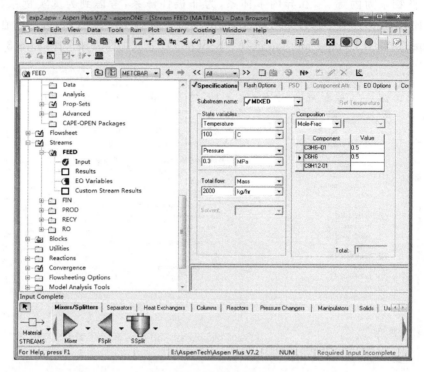

图 3-38　流股参数输入

E101 冷凝器模块:该冷凝器主要是将反应出来的混合气体冷却到 70 ℃,冷凝器压力降为 0.5 kPa,如图 3-39 输入冷凝器操作参数,其中压力参数中的负值表示压力降。

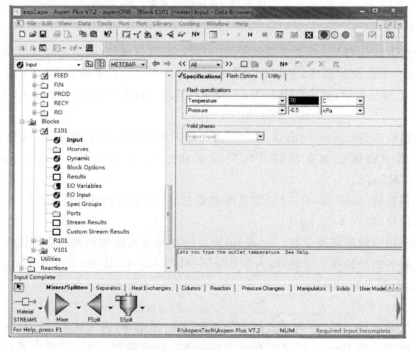

图 3-39　冷凝器模块参数输入

R101 反应器模块:完成换热器模块输入后,点击工具栏中的 NEXT 按钮 N➡,进入反应器模块参数输入界面。该反应器为绝热反应器,故热负荷为 0,反应压力 0.12 MPa。输入反应器参数如图 3-40 所示。

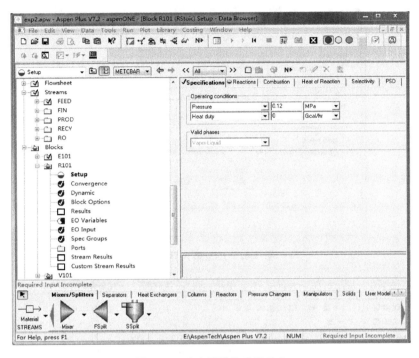

图 3-40 反应器模块参数输入

点击工具栏中的 NEXT 按钮 N➡,进入如图 3-41 所示界面,点击 New,进入反应式输入

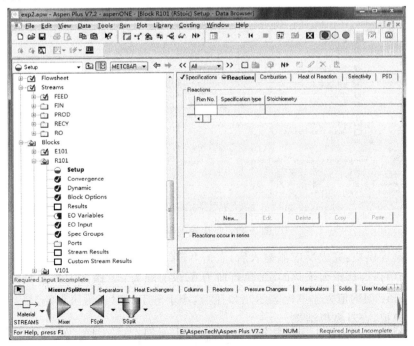

图 3-41 反应输入界面 1

界面,输入 C3H6+C6H6→C9H12。在该界面中输入反应物、产物及其相应的化学计量数,并设置丙烯的转化率为 85%,如图 3-42 所示,点击 NEXT 按钮 N➡进入如图 3-43 所示界面,完成反应器输入。

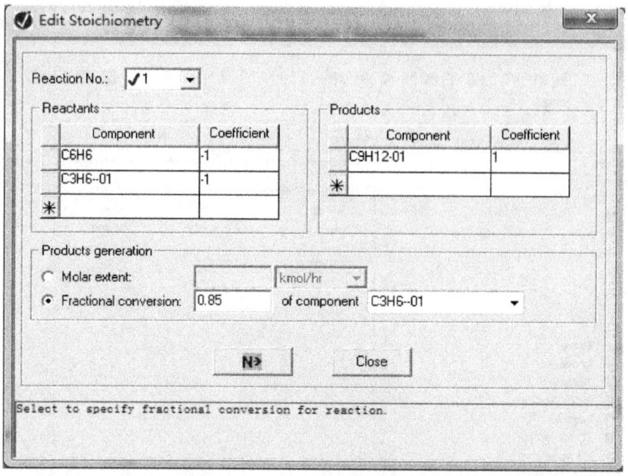

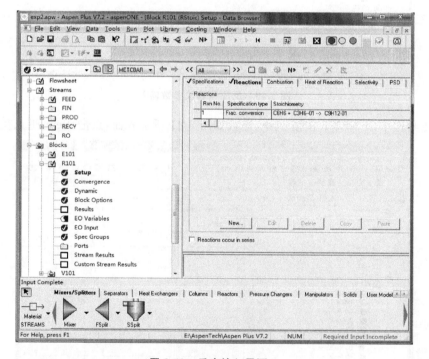

图 3-42　反应输入界面 2

图 3-43　反应输入界面 3

　　V101 闪蒸罐模块:完成反应器输入后,点击 NEXT 按钮 N➡,进入 V101 闪蒸罐模块定义界面。在本例中该闪蒸罐为绝热闪蒸,热负荷为 0,压力降为 0。输入闪蒸罐参数如图 3-44 所示,其中 Pressure 项的值大于 0 时表示出口压力,小于等于 0 时表示压力降。

　　(6)运行模拟,查看模拟结果。

　　参数输入完成后,点击 NEXT 按钮 N➡,或点击 START 按钮 ▶ 开始模拟计算。计算收敛情况如图 3-45 所示,计算无警告和错误。完成计算后,点击 ☑ 按钮查看计算结果。在左边

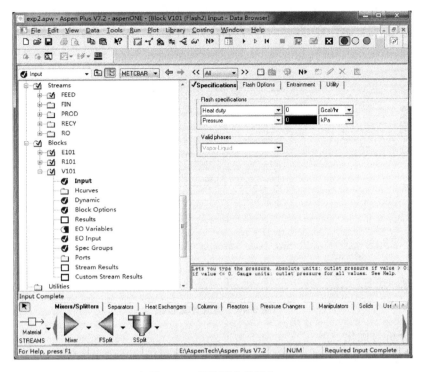

图 3-44　闪蒸罐参数输入

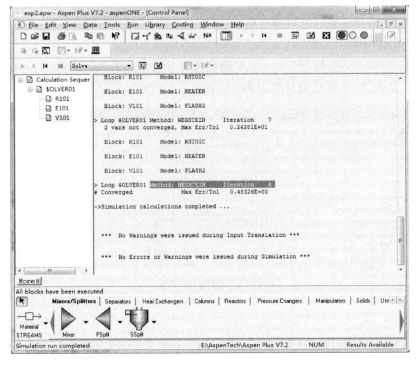

图 3-45　模拟计算收敛情况

的目录树中点击 Results Summary 目录下的 Streams 查看各物流的信息,如图 3-46 所示。此外,在 Blocks 目录下还可查看各设备的计算结果。模拟完成后,保存文件 exp2.bkp。

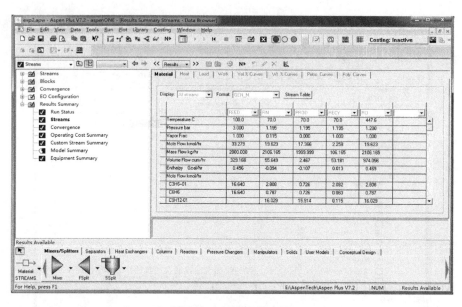

图 3-46　物流计算结果

（7）过程分析与优化。

本例为给定系统参数来进行计算。通常在生产过程中对产品纯度有一定要求，我们可以在完成初步模拟计算的基础上，对过程进行分析、优化，调节某些操作变量，以达到产品要求。如本例中可以冷凝器出口温度为操作变量，将产品中异丙苯的质量分数提高到 99％。一般来说，主要有设计规定和灵敏度分析两方法。

方法一：设计规定。

点击 Data Browser 按钮 🐞 后，在左侧的窗口中点击 Flowsheeting Options 目录下的 Design Spec。点击 New 新建设计规定 DS-1，如图 3-47 所示。

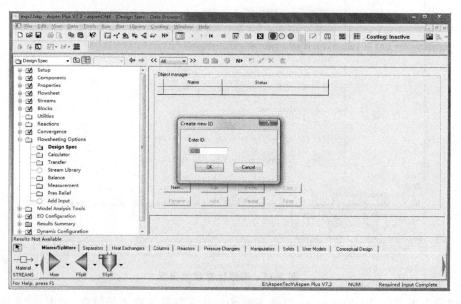

图 3-47　创建设计规定

点击 OK 进入自定义采集变量界面。在本例中需要使产品中异丙苯的质量分数达到99％，也就是 PROD 物流中异丙苯的质量分数达到 99％。则点击 New 创建变量 PRWT，变量类别选择为 Streams，类型选择 Mass-Frac（质量分数），物流选择 PROD，组分选择 C9H12-01，如图 3-48 所示，点击 N➡完成采集变量定义。

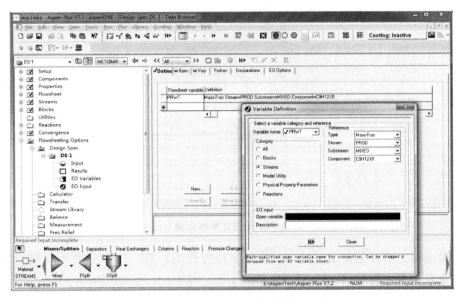

图 3-48　定义采集变量

点击 Spec 标签定义采集变量 PRWT 的期望值，也就是期望的异丙苯的质量分数，这里设定为 0.99，容差设置为 0.0001，如图 3-49 所示。

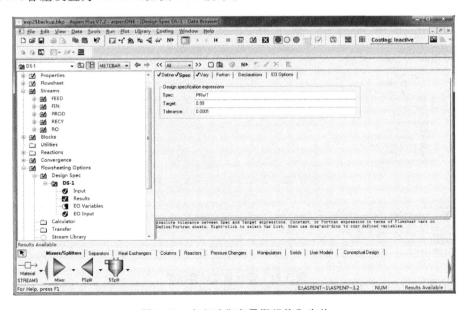

图 3-49　定义采集变量期望值和容差

点击 Vary 标签，定义操作变量。本例中的操作变量为冷凝器 E101 的出口温度，设定该变量的变化范围为 30～150 ℃，如图 3-50 所示。

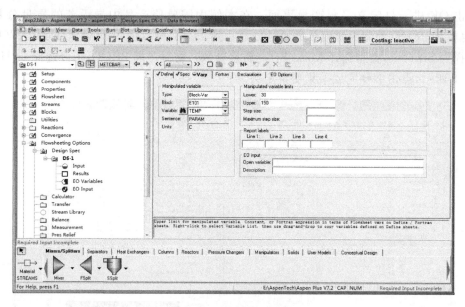

图 3-50　定义操作变量

　　至此设定规定输入完成,点击 Start 按钮▶进行模拟计算。计算完成后,点击 ☑ 查看计算结果。在左边目录树中的 Flowsheeting Options→Design Spec→DS-1→Results 查看计算结果,如图 3-51 所示。从图中可得:冷凝器出口温度为 133.6 ℃,产品物流中异丙苯的质量分数达到 99%,达到预期要求。此时各物流计算结果如图 3-52 所示。

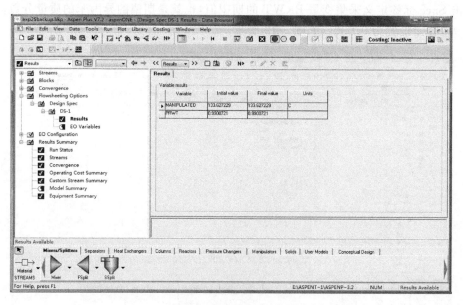

图 3-51　设计规定计算结果

　　方法二:灵敏度分析。

　　Aspen Plus 的灵敏度分析可以考察操作变量的变化对设计变量的影响,它是进行工况分析最有用的工具之一,通过灵敏度分析可以对工艺过程进行分析优化。在灵敏度分析中可由用户改变的操作变量称为操纵变量;设计变量因作为观测值,被称为采集变量。在本例中以冷

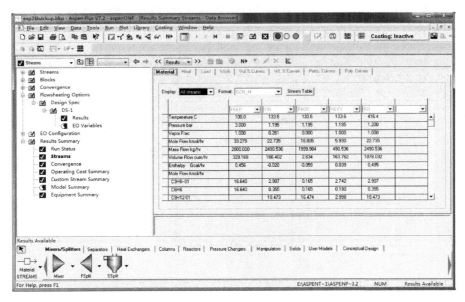

图 3-52　物流计算结果

凝器 E101 的出口温度为操纵变量,产品物流 PROD 中异丙苯的质量分数为采集变量,采用灵敏度分析考察冷凝器出口温度对产品纯度的影响,以此来优化工艺。

启动 Aspen Plus,打开前面保存的文件 exp 2. bkp。点击 Data Browser 按钮 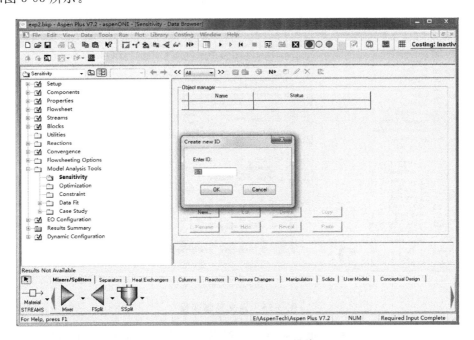 后,在左侧的窗口中点击 Model Analysis Tools 目录下的 Sensitivity。点击 New 新建灵敏度分析模块 S-1,如图 3-53 所示。

图 3-53　创建灵敏度分析模块

点击 OK 进入如图 3-54 所示界面,点击 New 新建采集变量 PRWT。点击 OK 进入采集变量定义界面,在本例中以产品物流(PROD)中异丙苯的质量分数为采集变量。定义变量

PRWT,变量类别选择 Streams,类型选择 Mass-Frac(质量分数),物流选择 PROD,组分选择 C9H12-01,如图 3-55 所示,点击 N➡ 完成采集变量定义。

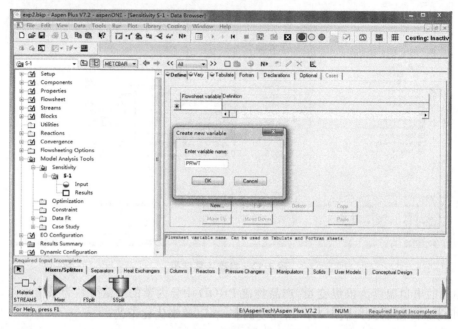

图 3-54　新建采集变量

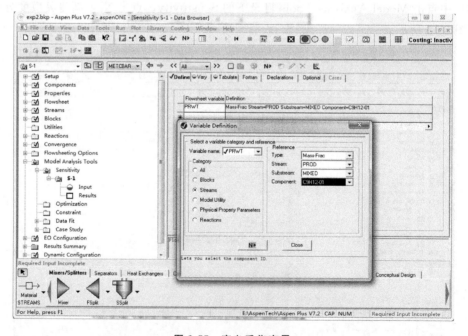

图 3-55　定义采集变量

点击 Vary 标签,定义操纵变量。本例中的操纵变量为冷凝器 E101 的出口温度,设定该变量的变化范围为 80~150 ℃,步长 5 ℃,如图 3-56 所示。

点击 Tabulate 标签,定义各变量在结果列表中的位置,如图 3-57 所示。

灵敏度分析模块定义完成后,点击 Start 按钮 ▶ 进行模拟计算。计算完成后,点击 ☑ 查

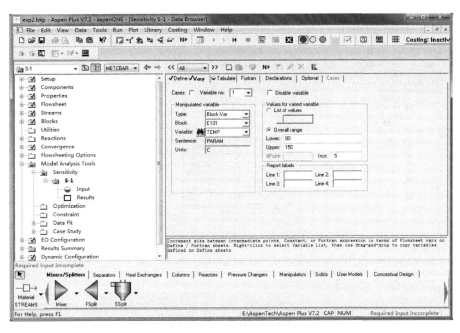

图 3-56 定义操作变量

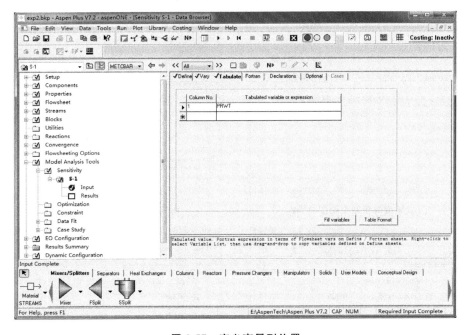

图 3-57 定义变量列位置

看计算结果。在左边目录树中的 Model Analysis Tools→Sensitivity→S-1→Results 查看计算结果,如图 3-58 所示。该结果显示了不同冷凝器出口温度下所对应的异丙醇产品纯度(质量)。

点击 按钮,可以对灵敏度分析结果进行绘图,更直观地反映产品纯度随冷凝器出口温度变化的趋势。按照绘图向导进行设置,设置冷凝器出口温度为 X 轴,产品纯度为 Y 轴,如图 3-59 所示,并从图 3-60 产品纯度(质量)与冷凝器出口温度变化关系曲线中可知:随着冷凝器

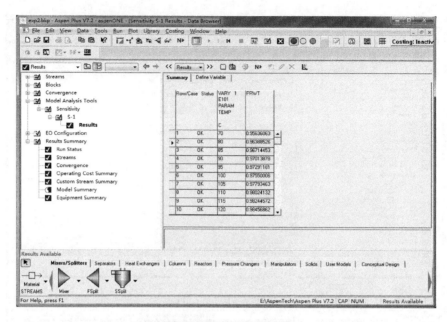

图 3-58　灵敏度分析结果

(a)灵敏度分析结果绘图向导1

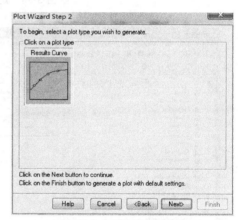

(b)灵敏度分析结果绘图向导2

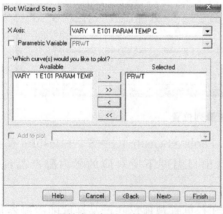

(c)灵敏度分析结果绘图向导3

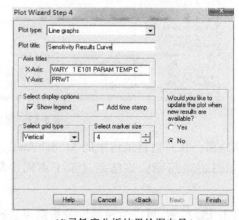

(d)灵敏度分析结果绘图向导4

图 3-59　灵敏度分析

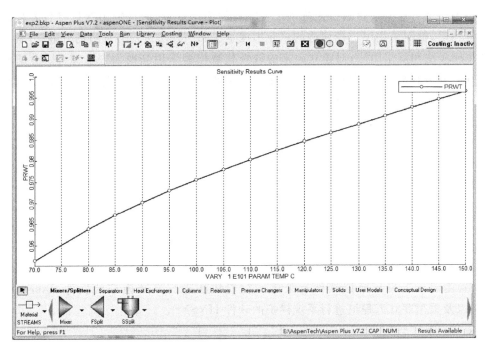

图 3-60　产品纯度(质量)与冷凝器出口温度变化关系曲线

出口温度的升高,产品中异丙苯的质量分数也随之升高。当冷凝器出口温度达到 135 ℃时,产品中异丙苯质量分数达到 99% 以上。

本 章 小 结

(1)过程系统模拟问题主要有模拟型问题、设计性问题和优化型问题。

①模拟型问题:过程系统的模拟型问题又称为操作型问题,是通过给定过程系统的输入数据以及表达系统特性的数据,通过模拟计算,获得系统输出数据。

②设计型问题:在模拟型问题基础上,通过实现设定影响设计指标的调节变量,用"控制模块"将设计指标及计算输出数值进行关联:首先比较计算输出与设计指标之间的差距,给出调节变量的变化值,使过程系统模型按照新的输入变量进行重新计算,通过反复的迭代计算,使输出值达到设计要求值。

③优化型问题:应用优化的模型或方法,求解过程系统的数学模型,确定关于某一目标函数最优的决策变量的解,以实现过程系统最佳工况。

(2)过程系统结构的数学模型表示方法有流程图、有向图或信息流图、矩阵。矩阵的形式主要有过程矩阵、邻接矩阵和关联矩阵。

(3)过程系统模拟的基本方法有序贯模块法、联立方程法和联立模块法。

(4)序贯模块法中过程系统分隔的方法主要有单元串搜索法、邻接矩阵法和可及矩阵法;流程系统的断裂方法有 Lee-Rudd 断裂法;断裂流股变量的收敛方法主要有直接迭代法、部分迭代法、割线法、Wegstein 方法和 Newton-Raphson 方法。序贯模块法的优点是将现成的单元操作模块以"搭积木"的形式连接在一起,使用起来非常方便和快捷;继承已取得的研究成果;便于系统调试。缺点是存在多层嵌套迭代的问题,计算效率较低。

(5)联立方程法中不可分隔方程组的识别方法主要采用事件矩阵的 Himmelblau 方法;方

程组分隔的主要方法是通过事件矩阵确定各方程的输出变量,通过输出变量将各方程用有向图进行表达后,继而采用序贯模块法的单元串搜索法和矩阵法进行方程组的分隔;方程组的断裂采用 Ledet 法和双层图法;对建立起来的线性代数模型采用高斯消去法和 LU 分解法进行求解。在联立方程法中,不存在序贯模块法中多层嵌套的迭代问题,具有计算效率高的优点,但是面临着初始值难以确定;设计变量选择要求高;内存需求大;缺少高效的非线性方程组的求解算法等缺点。

(6)联立模块法是取序贯模块法和联立方程法之长而建立的过程系统模拟方法。在联立模块法中不需要设置收敛模块,避免了序贯模块法收敛效率低的缺点;不需要求解大规模非线性方程组,避免了初始值设定困难和计算效率不高的缺点;所建立的简化模型在流程水平上进行联立求解,便于设计问题和优化问题的处理,且易于调试。

(7)常用化工过程模拟软件的一般思路:分析模拟问题—选择适用的过程模拟软件—输入数据—绘制模拟流程图—定义流程涉及的组分—选择热力学性质计算方法—输入原始物流及模块参数—运行模拟过程—分析模拟结果—运行模拟系统的其他功能—输出最终结果。

(8)常用的化工过程模拟软件有采用序贯模块法进行系统模拟的软件 Aspen Plus 和 PRO/Ⅱ以及采用联立方程组进行系统模拟的软件 HYSYS。

习　　题

3-1　一化工过程的流程图如图 3-61 所示。将该流程图拓扑为信息流图,并以矩阵形式表示为该过程系统的结构。

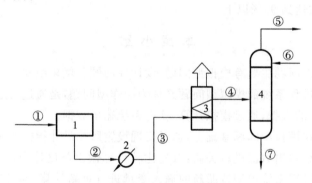

图 3-61　某过程的流程图

3-2　对图 3-62 的系统进行单元串搜索法确定不相干子系统的分隔,并确定计算顺序。

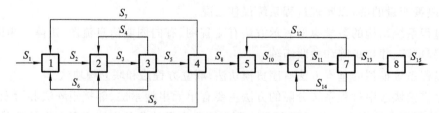

图 3-62　某过程系统有向图

3-3　选用合适的方法对图 3-63 所示系统进行分隔,采用 Lee-Rudd 断裂法确定系统的断裂流股,请确定计算顺序。

3-4　采用 Lee-Rudd 断裂法确定图 3-64(a)和图 3-64(b)的断裂流股,请确定计算顺序。

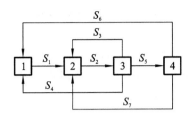

图 3-63　某过程系统有向图

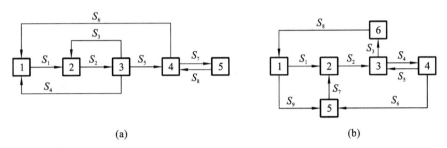

(a)　　　　　　　　　　　　　　　　　　(b)

图 3-64　某过程系统有向图

3-5　采用合适的方法确定下列方程组中的不可分隔方程组。

$$\begin{cases} f_1(x_3,x_5)=0 \\ f_2(x_1,x_3)=0 \\ f_3(x_2,x_4)=0 \\ f_4(x_2,x_4,x_6)=0 \\ f_5(x_2,x_6)=0 \\ f_6(x_1,x_3,x_5)=0 \end{cases}$$

3-6　确定下列方程组中的设计变量和相应的方程计算顺序。

$$\begin{cases} f_1(x_3,x_5)=0 \\ f_2(x_1,x_3)=0 \\ f_3(x_2,x_4)=0 \\ f_4(x_2,x_4,x_6)=0 \end{cases}$$

3-7　采用高斯消去法和 LU 分解法求解下列线性方程组：

$$\begin{cases} 2x_1+x_2+2x_3=6 \\ 4x_1+5x_2+4x_3=18 \\ 6x_1-3x_2+5x_3=5 \end{cases}$$

3-8　对干气脱硫工艺采用 Aspen Plus 软件进行模拟计算。干气脱硫工艺流程说明如下：吸收塔中 MDEA 溶液吸收干气中的硫化氢、二氧化碳和其他含硫杂质，干气中硫含量为 1%（质量分数），脱硫干气中硫含量指标为小于 10 mg/L。脱硫后，富吸收剂经过升温后在再生塔内解吸再生，再生后贫吸收剂经过冷凝器冷却后送入吸收塔循环使用，再生塔顶酸性气体经分凝器后以气相流出装置。

3-9　对乙烯水合制乙醇工艺采用 Aspen Plus 软件进行模拟计算。工艺流程如图 3-65 所示，工艺流程说明：循环乙烯经压缩机压缩，新鲜乙烯经压缩机压缩，工艺水经泵输送，三者混合。然后，在两个换热器中与反应物逆流换热而汽化。再经换热器用高压蒸汽加热至预定温

度进入反应器。反应生成乙醇及少量副反应产物,如乙醚、乙醛、丁醇等。从反应器出来的反
应气与原料换热被冷却后,经二级闪蒸,气相进入洗涤塔中用水洗涤。塔顶出来的气体含有很
少的乙醇,一部分被排出以防止杂质积累,一部分闪蒸后经气相循环升压返回合成反应器回合
成。从洗涤塔底部出来的混合液体经闪蒸后,闪蒸蒸汽循环升压后返回合成反应器回合成。
从闪蒸塔底部流出的稀的粗乙醇送至净化工段。

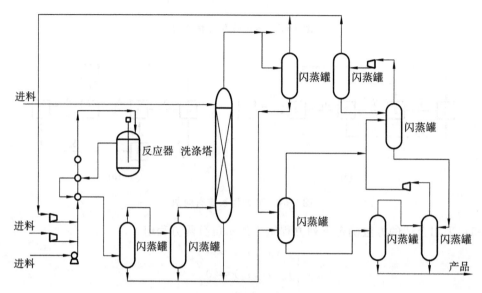

图 3-65　工艺流程示意图

参 考 文 献

[1] 杨友麒,项曙光. 化工过程模拟与优化[M]. 北京:化学工业出版社,2006.

[2] Sargent R W H,Westerberg A W. "Speed-up" in chemical engineering design[J]. Trans.
Inst. Chem. Eng. ,1964,42(5):190-197.

[3] Norman R L. A matrix method for location of cycles of a directed graph[J]. Aiche
Journal,1965,11(3):450-452.

[4] Himmelblau D M,Bischoff K B. Process analysis and simulation:deterministic systems
[M]. New York:Wiley,1968.

[5] 杨冀宏,麻德贤. 过程系统工程导论[M]. 北京:烃加工出版社,1989.

[6] Lee W Y,Christensen J H,Rudd D F. Design variable selection to simplify process
calculations[J]. Aiche Journal,1966,12(6):1104-1110.

[7] Himmelblau D M. Morphology of decomposition[M]. Amsterdam:North-Holland Pub.
Co. ,1973.

[8] 都健. 化工过程分析与综合[M]. 大连:大连理工大学出版社,2009.

[9] 姚平经. 过程系统工程[M]. 上海:华东理工大学出版社,2009.

[10] 鄢烈祥. 化工过程分析与综合[M]. 北京:化学工业出版社,2010.

[11] 孙兰义. 化工过程模拟实训——Aspen Plus 教程[M]. 2 版. 北京:化学工业出版
社,2017.

[12] 彭秉璞. 化工系统分析与模拟[M]. 北京:化学工业出版社,2001.

第四章　换热网络综合

 本章学习要点

(1)掌握温-焓图、组合曲线、夹点、总组合曲线的概念和意义；

(2)掌握使用温-焓图法和问题表格法确定夹点位置；

(3)掌握使用温-焓图进行换热网络综合的基本方法；

(4)掌握使用夹点设计法进行换热网络综合的基本方法；

(5)掌握换热网络优化的思路和方法；

(6)了解采用 Aspen Energy Analyzer 实现换热网络夹点分析和实现换热网络优化设计的步骤。

换热网络是化工、炼油、电力等过程中能量回收的主要组成部分。在化工生产工艺流程中，一些物流需要加热，一些物流需要冷却，若将冷、热物流进行合理匹配，就可以充分利用热量，提高整个过程系统的能量利用率，尽可能减少公用工程加热和冷却负荷，以达到降低能耗的目的。因此，对换热网络中能量回收进行研究，对降低过程系统中能量消耗和减少投资具有十分重要的意义。

换热网络综合就是将冷、热物流进行合理的有效匹配，最大限度地利用系统最大热回收和最小公用工程负荷，以获得具有最小设备投资费用和操作费用，并满足过程流股通过冷却或加热达到规定目标温度的换热网络。在换热网络综合过程中所涉及的设备投资费用主要是换热面积及与换热设备台数有关的费用，所涉及的操作费用主要是与公用工程用量有关的费用。

4.1　换热网络综合方法及一般步骤

常用换热网络综合的方法主要有启发式经验规则法、热力学目标法、数学规划法和人工智能算法。

启发式经验规则法是实际工程设计中应用最多的一种换热网络综合方法，也称为试探法、直观推断法或直观推断调优法。通过该方法，可获得换热网络的近优解，具有代表性的方法为 Linnhoff 等人提出的夹点分析法。

热力学目标法是以热力学有效能和夹点技术分析方法为基础，获得初始换热网络，并对其调优以获得最小能耗换热网络的综合方法。

数学规划法是通过建立换热网络综合的最优化数学模型，采用优化算法对数学模型求解得到相应目标函数和约束条件下的最优换热网络。数学规划法用于换热网络综合一般分为三步：第一步，通过求解线性规划问题获得最小公用工程费用；第二步，利用得到的公用工程结果求解混合整数线性规划问题，以获得最少换热器个数以及换热面积最小时的换热网络结构；第三步，基于换热网络超结构求解非线性规划模型，获得对应的最小换热器设备费用。

人工智能算法的代表性方法是遗传算法。遗传算法是以生物进化论和遗传理论为基础，将自然界生物进化过程中"适者生存,优胜劣汰"自然选择规则同遗传理论中的一个群体内生物染色体随机信息交换的自然遗传原则相结合而提出的随机优化搜索算法。遗传算法的本质是在遗传算子作用下,利用已有信息,产生较好的搜索点,从而实现特定目标下的迭代优化,对于不可微分、不连续、非线性、多峰等复杂优化问题,具有获得接近最优解的能力。

无论采用上述何种方法进行换热网络综合,一般步骤如下。

步骤1:选择过程物流以及所能采用的公用工程加热和冷却物流等级。

步骤2:确定适宜的物流来匹配换热最小允许传热温差或每一股物流的最小允许传热温差贡献值、公用工程加热和冷却负荷。

步骤3:通过不同的综合方法获得初步换热网络。

步骤4:对初步换热网络进行调优,获得较优或最优的换热网络方案。

步骤5:针对较优或最优的换热网络方案中的换热设备进行详细设备设计,得出换热过程工程网络。

步骤6:对换热过程工程网络进行模拟计算,并进行技术经济评价和系统操作性分析。若计算、评价和分析结果不能满足要求,则返回步骤2,重新进行计算,直到获得满意的结果。

虽然采用不同方法进行换热网络综合的步骤都差不多,但是,不同的方法有可能导致综合过程中具有不同的循环迭代次数或得到不同综合后的换热网络。

本章主要论述结合热力学有效能和夹点技术分析的热力学目标法进行换热网络综合。

4.2　热力学目标法换热网络综合的基本概念

采用热力学目标法进行换热网络综合的理论基础是热力学中有效能分析和夹点技术中温-焓图的概念。

4.2.1　传热过程有效能分析

在化工过程中存在高温流体和低温流体,各流体的热力学平均温度分别为

$$T_{\mathrm{H}} = \frac{T_{ki} - T_{ke}}{\ln \dfrac{T_{ki}}{T_{ke}}} \tag{4-1}$$

$$T_{\mathrm{L}} = \frac{T_{je} - T_{ji}}{\ln \dfrac{T_{je}}{T_{ji}}} \tag{4-2}$$

式中:k 为第 k 个高温流体(热物流或热源);j 为第 j 个低温流体(冷物流或热阱);T_{ki}、T_{ke} 为第 k 个高温流体的输入和输出温度,K;T_{ji}、T_{je} 为第 j 个低温流体的输入和输出温度,K;T_{H} 和 T_{L} 为高温流体和低温流体的热力学平均温度,K。

在传热过程中,高温流体放出的热量和低温流体吸收的热量分别为

$$Q_{\mathrm{H}} = W_k c_k (T_{ki} - T_{ke}) \tag{4-3}$$

$$Q_{\mathrm{L}} = W_j c_j (T_{je} - T_{ji}) \tag{4-4}$$

式中:Q_{L}、Q_{H} 为低温流体和高温流体吸收和放出的热量,J/s;W_j 和 W_k 为各物流的流量,kg/s;c_j 和 c_k 为各物流的比热容,J/(kg·K)。

高温流体和低温流体在传热过程中有效能损失为高温流体有效能减少量与低温流体有效能增大量之间的差别:

$$\Delta\varepsilon = \left(1 - \frac{T_0}{T_H}\right)Q_H - \left(1 - \frac{T_0}{T_L}\right)Q_L \tag{4-5}$$

式中:T_0 为环境温度,K;$\Delta\varepsilon$ 为有效能损失,J/s。

对于存在多股热物流和多股冷物流的热交换系统,若假定冷、热物流的比热容为常数,则该冷、热物流的换热系统有效能损失如式(4-6)所示。

$$\sum_j \sum_k \Delta\varepsilon_{jk} = T_0\left(\sum_j W_j c_j \ln\frac{T_{je}}{T_{ji}} + \sum_k W_k c_k \ln\frac{T_{ke}}{T_{ki}}\right) \tag{4-6}$$

式中:j 为第 j 个冷物流(热阱);k 为第 k 个热物流(热源);$\Delta\varepsilon$ 为有效能损失,J/s;c_j 和 c_k 为冷、热物流的比热容,J/(kg·K);W_j 和 W_k 为冷、热物流的流量,kg/s;T_{ji}、T_{ki} 为冷、热物流的输入温度,K;T_{je}、T_{ke} 为冷、热物流的输出温度,K。

从热力学有效能损失的分析过程可得到如下结论。

(1)当混合不同状态过程物流时,会存在有效能损失;但是将处于热力学平衡状态的过程物流混合时,则不存在有效能损失。

(2)传热过程有效能损失来自传热温差,因此,传热温差越大,说明有效能损失越大,也就意味着传热过程中的不可逆程度越大。

(3)对于给定输入温度 T_{ji} 和 T_{ki} 的热交换系统,要想换热系统的有效能损失最小,则冷物流的输出温度 T_{je} 应尽可能达到最大值,热物流的输出温度 T_{ke} 尽可能达到最小值。

(4)当给定热交换量时,传热温差越小,则有效能损失越小,过程不可逆性越小。换言之,在给定热交换量时,若想有效能损失较小,则意味着过程中需要较小的传热温差和较大的传热面积。因此,要想使换热系统满足经济性的要求,即换热面积总和最小,就应合理分配每个换热器的有效能损失。

(5)在给定热交换面积和冷、热物流输入和输出温度的情况下,逆流换热器的有效能损失比并流换热器的有效能损失要小。因此,在传热过程中冷、热物流间应尽量实现逆流操作以减少有效能损失。

(6)换热系统物流的质量流量及输入、输出温度一定时,有效能损失随即也就确定了。

4.2.2 温-焓图

温-焓图(T-H 图),以温度 T(T:K 或 ℃)为纵坐标,以焓 H(H:kW)为横坐标,温-焓图中的线段或曲线可描述冷、热物流在换热前后温度和焓的变化情况。

若给出物流的热容流率、物流换热前后的初始温度和终了温度(目标温度),就可在温-焓图上描述该物流焓沿温度分布的热特性。如一热容流率为 CP 的冷物流从温度 T_s 升高到温度 T_f 时,在此升温过程中物流未发生相变化,该物流在温-焓图上的标绘如图 4-1 所示。

图 4-1 可用来描述无相变冷物流在温-焓图上的热特性。另外,图 4-1 中物流焓和温度之间的关系直线段还具有如下特征。

特征 1:线段斜率为该物流热容流率的倒数,如式(4-7)所示。

$$\frac{T_f - T_s}{\Delta H} = \frac{T_f - T_s}{Q} = \frac{1}{CP} = \frac{\Delta T}{\Delta H} \tag{4-7}$$

特征 2:线段在温-焓图中温度区间内做水平移动并不能改变该物流的热特性,即若该线段在温度区间 $T_s \sim T_f$ 间进行水平位移时,$\Delta H(Q)$ 不发生变化,如图 4-2 所示:

4.2.3 组合曲线

对于化工过程系统中含有多股热物流和多股冷物流的情况下,要考虑冷、热物流间的换

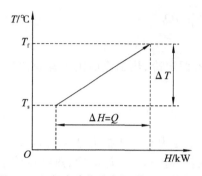

图 4-1　无相变冷物流在温-焓图上的标绘

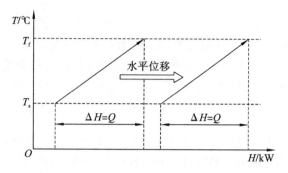

图 4-2　温度区间内水平位移不改变物流热特性

热,则需要将过程系统中所有冷物流和所有热物流综合考虑。利用温-焓图上关于物流的描述特征,在温-焓图上将多股冷物流和多股热物流曲线组合形成系统中冷物流组合曲线和热物流组合曲线,这也是换热网络中冷、热物流间匹配换热的前提。

对各物流绘制组合曲线的步骤如下。

步骤 1:各物流在温-焓图中的标绘;按照各物流起始温度、终了温度和热容流率,在温-焓图上进行标绘。

步骤 2:划分温度区间;分别对冷物流和热物流通过温度的起始点和终了点划分温度区间。

步骤 3:构造虚拟物流;在不同温度区间,将各物流焓相加,根据温-焓图特征 1,计算该温度区间虚拟热容流率,构造虚拟物流。

步骤 4:绘制组合曲线;根据温-焓图特征 2,在不同温度区间对所构造的虚拟物流进行水平位移,获得一条在整个温度区间内连续的组合曲线。

温-焓图上物流组合曲线具有的热负荷及温度就可以代表该物流中所包含的各个物流的总和。另外,各物流组合曲线也可以按照构造组合曲线的逆过程分解出各单个流股的温-焓图曲线。

[例 4-1]　某一化工过程系统中包含有三条冷物流。冷物流性质如表 4-1 所示,请根据表中数据绘制冷物流的组合曲线。

表 4-1　冷物流相关性质

序号	初始温度/℃	目标温度/℃	热容流率/(kW/℃)	$\Delta H=Q$/kW
AB	20	50	1.0	30.0
CD	40	70	2.0	60.0
EF	30	60	3.0	90.0

解　(1)物流温-焓图的标绘:按照冷物流初始温度、终了温度和相应的热容流率在温-焓图上绘制相应物流线,如图 4-3 所示。

(2)划分温度区间:

将图 4-3 上三条冷物流曲线进行温度区间的划分,共分为五个温度区间,如图 4-4 所示。

(3)构造虚拟物流:对五个温度区间分别进行虚拟物流的构造。

区间 1:仅有 AA' 一个物流,则该区间不需要构造虚拟物流,如图 4-5 中粗线 AA' 所示。

区间 2:$A'B$ 和 EE' 两股物流,则该区间总焓为(10+30)kW=40 kW,温度区间温差为

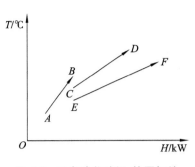

图 4-3　三条冷物流温-焓图标绘

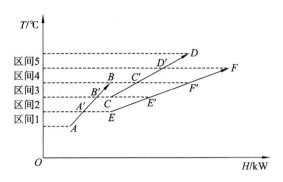

图 4-4　温度区间的划分

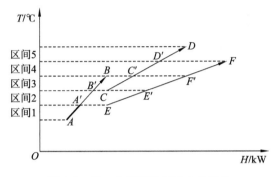

图 4-5　第一个温度区间组合曲线段

$10\ ℃$,因此,构造虚拟物流的斜率为 0.25。构造虚拟物流的温度起点和终点为相邻温度区间的交点 A' 和 Z,如图 4-6 中粗实线 $A'Z$ 所示。

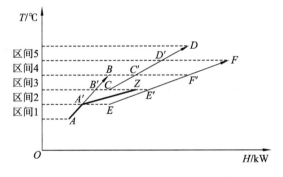

图 4-6　第二个温度区间组合曲线段

　　区间 3:$B'B$、CC' 和 $E'F'$ 三股物流,则该区间总焓为$(10+20+30)kW=60\ kW$,温度区间温差为 $10\ ℃$,因此,构造虚拟物流的斜率为 1/6;构造虚拟物流的温度起点和终点为相邻温度区间的交点 Z 和 Y,如图 4-7 中粗实线 ZY 所示。

　　区间 4:$C'D'$ 和 $F'F$ 两股物流,则该区间总焓为$(20+30)kW=50\ kW$,温度区间温差为 $10\ ℃$,因此,构造虚拟物流的斜率为 1/5;构造虚拟物流的温度起点和终点为相邻温度区间的交点 Y 和 X,如图 4-8 中粗实线 YX 所示。

　　区间 5:仅有 $D'D$ 一个物流,则该区间不需要构造虚拟物流。

　　(4)绘制组合曲线。

　　依照温-焓图特征:线段在温-焓图中做水平移动而不改变物流热特性。依次将各温度区

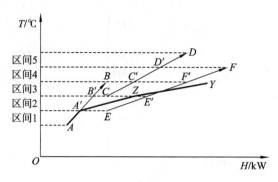

图 4-7   第三个温度区间组合曲线段

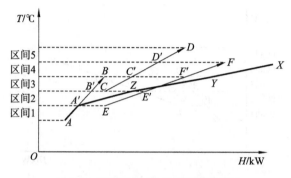

图 4-8   第四个温度区间组合曲线段

间构造的虚拟物流在相应温度区间进行水平位移,形成一条在整个温度区间内连续的组合曲线:$AA'ZYXW$,如图 4-9 所示。

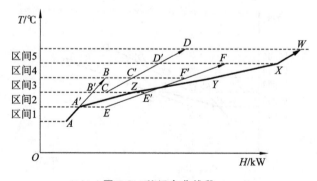

图 4-9   总组合曲线段

4.3   过程系统的夹点及其意义

夹点技术是迄今为止最为经典的能量集成技术之一。该技术以热力学为基础,从宏观角度分析过程系统中能量沿温度的分布状况,从而发现过程系统用能"瓶颈"所在,并给出"解瓶颈"的一种方法。在设计新换热网络或者改进已有换热网络时,可通过夹点技术达到下列目标:

(1)设备单元数目(换热器、加热器和冷却器等)最少。

(2)设备单元投资费用最低。

(3)装置操作费用最少。

4.3.1 夹点在温-焓图上的描述

过程系统中所有冷物流和热物流均可通过温-焓图组合曲线进行构造,从而可以从温-焓图上直观地获得过程系统夹点位置。

温-焓图上确定夹点位置的步骤如下。

步骤1:搜集数据;包括所有过程系统中物流的质量流量、组成、压力、初始温度、终了温度,冷、热物流间匹配换热的最小允许传热温差 ΔT_{min}。

步骤2:绘制各物流组合曲线;根据给出的冷、热物流数据,在温-焓图上绘制各自组合曲线,其中,热物流组合曲线位于冷物流组合曲线之上。

步骤3:确定夹点的位置;固定其中一个物流组合曲线,将另外一个物流组合曲线做水平位移,当水平移动到两条组合曲线在某处最小垂直距离正好等于 ΔT_{min} 时,则该处即为过程系统的夹点位置。

上述过程如图4-10至图4-12所示。

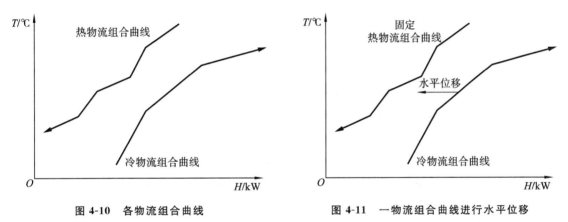

图 4-10　各物流组合曲线　　　　图 4-11　一物流组合曲线进行水平位移

在确定夹点位置的过程中,凡是等于 P 点热流体的温度以及等于 Q 点冷流体的温度都为夹点位置,即热流体夹点温度和冷流体夹点温度之差应该正好等于冷、热物流间匹配换热的最小允许传热温差 ΔT_{min}。

过程系统夹点确定之后,从图4-13所示温-焓图中还可获得以下相关信息。

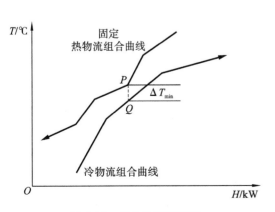
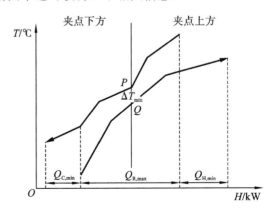

图 4-12　夹点位置的确定　　　　图 4-13　在温-焓图上描述夹点

（1）夹点将整个过程系统的物流分为夹点上方和夹点下方两部分。

（2）夹点确定后，可以获得过程系统所能达到的最大热回收 $Q_{R,max}$，最小公用工程加热负荷和最小公用工程冷却负荷 $Q_{H,min}$、$Q_{C,min}$。

（3）夹点上方，即夹点温度之上物流所在区间，称为热端，需要公用工程加热，也称为热阱；夹点下方，即夹点温度之下物流所在区间，称为冷端，需要公用工程冷却，也称为热源。

（4）当冷、热物流间匹配换热的最小允许传热温差 ΔT_{min} 变化时，可以通过其中一条物流组合曲线进行水平位移获得相应的最大热回收 $Q_{R,max}$、最小公用工程加热负荷 $Q_{H,min}$ 和最小公用工程冷却负荷 $Q_{C,min}$。

［例 4-2］ 某一工艺流程中有四股物流，物流性质如表 4-2 所示。当冷、热物流间匹配换热的最小允许传热温差 ΔT_{min} 从 10 ℃ 变化为 20 ℃ 时，试问：过程系统最大热回收 $Q_{R,max}$、最小公用工程加热负荷 $Q_{H,min}$ 和最小公用工程冷却负荷 $Q_{C,min}$ 会发生什么变化？

表 4-2　过程物流数据表

物流编号	物流性质	初始温度/℃	目标温度/℃	热负荷/kW	热容流率/(kW/℃)
H1	热物流	120	40	80	1.0
H2	热物流	140	80	120	2.0
C1	冷物流	20	60	20	0.5
C2	冷物流	60	100	200	5.0

解　（1）绘制热物流组合曲线：如图 4-14 所示。

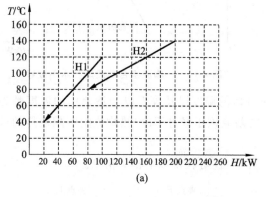 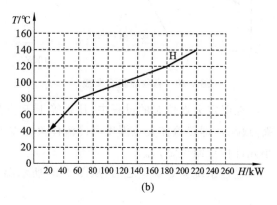

　　　　　（a）　　　　　　　　　　　　　　　　　　（b）

图 4-14　热物流组合曲线

（2）绘制冷物流组合曲线：如图 4-15 所示。

（3）确定夹点位置：

当 ΔT_{min} 为 10 ℃ 时：

从图 4-16 可得 $Q_{R,max}=190$ kW，$Q_{H,min}=30$ kW，$Q_{C,min}=10$ kW。

当 ΔT_{min} 为 20 ℃ 时：

从图 4-17 可得 $Q_{R,max}=180$ kW，$Q_{H,min}=40$ kW，$Q_{C,min}=20$ kW。

（4）选用不同 ΔT_{min} 对夹点位置以及 $Q_{R,max}$，$Q_{H,min}$ 和 $Q_{C,min}$ 的影响。

讨论 1：ΔT_{min} 对于夹点位置非常关键，且其大小直接影响夹点位置和 $Q_{R,max}$，$Q_{H,min}$ 和 $Q_{C,min}$，影响结果如表 4-3 所示。

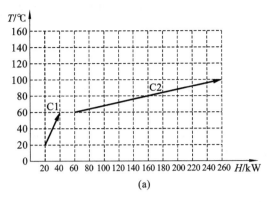
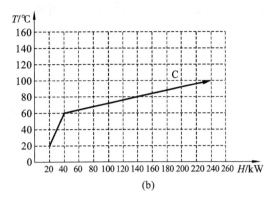

(a)　　　　　　　　　　　　　　(b)

图 4-15　冷物流组合曲线

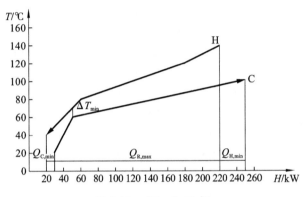

图 4-16　$\Delta T_{\min}$ 为 10 ℃

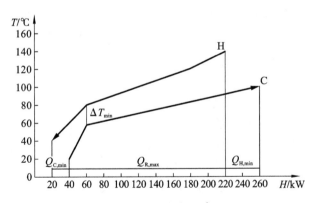

图 4-17　$\Delta T_{\min}$ 为 20 ℃

表 4-3　不同 $\Delta T_{\min}$ 对夹点位置及热负荷的影响

最小允许传热温差	最大热回收	最小公用工程加热负荷	最小公用工程冷却负荷
$\Delta T_{\min}$	$Q_{R,\max}$	$Q_{H,\min}$	$Q_{C,\min}$
$<\Delta T_{\min}$	$>Q_{R,\max}$	$<Q_{H,\min}$	$<Q_{C,\min}$
$>\Delta T_{\min}$	$<Q_{R,\max}$	$>Q_{H,\min}$	$>Q_{C,\min}$

讨论 2：从表 4-3 中可以得出，当 $\Delta T_{\min}$ 增大时，所需要的最小公用工程加热和冷却负荷增加，即操作费用增多。但是，$\Delta T_{\min}$ 增大也意味着冷、热物流间传热推动力（传热温差）增大，则

所需换热器面积减小,即设备投资费用减少。因此,$\Delta T_{\min}$值的增减通常要以过程系统总费用最小为目标进行优选。

4.3.2 问题表格法确定夹点

虽然利用温-焓图图解法可以非常直观地获得过程系统夹点位置、过程系统最大热回收和最小公用工程用量,但是对于流股数量庞大的大规模换热网络而言,会导致图解法在确定夹点位置时存在一定的困难。针对这一问题,Linnhoff 在 1978 年提出了问题表格法:一种能够确定过程系统夹点和过程系统换热网络所需最小公用工程用量的计算方法。

Linnhoff 提出的问题表格法计算步骤如下。

步骤 1:设冷、热物流间匹配换热的最小允许传热温差为 $\Delta T_{\min}$。

步骤 2:温度区间的标绘,将各物流初始温度、目标温度标注为有方向的垂直线,在标绘时,同一温度水平位置上冷、热物流间的温差与设定 $\Delta T_{\min}$ 相等,温度区间的温度间隔为 $T_j - T_{j+1}$。

步骤 3:根据热力学第二定律,在标绘的温度区间内,热量可从高温区间内的任何一股热物流传给低温区间内的任何一股冷物流,而热量不能从低温区间的热物流向高温区间的冷物流传递。

步骤 4:子网络的确定,由于每一个温度区间具有相似的传热过程,因此,整个温度区间可看作由若干级传热子网络(虚拟结构,同一温位物流集中于同一级)串联而成,根据所标绘的温度区间可以确定子网络及子网络个数。

步骤 5:子网络的热量衡算,采用式(4-8)和式(4-9)进行子网络热量衡算。

$$O_j = I_j - \Delta H_j \tag{4-8}$$

$$\Delta H_j = \left(\sum \mathrm{CP_C} - \sum \mathrm{CP_H} \right)(T_j - T_{j+1}) \quad j = 0,1,2,\cdots,J \tag{4-9}$$

式中:ΔH_j 为第 j 个子网络需要的热量;I_j 为外界或其他子网络提供给第 j 个子网络的热量;O_j 为第 j 个子网络向外界或其他子网络提供的热量;$\sum \mathrm{CP_C}$ 和 $\sum \mathrm{CP_H}$ 分别为第 j 个子网络所包含的所有冷物流和热物流的热容流率之和;J 为总子网络数目;$T_j - T_{j+1}$ 为温度区间的温度间隔。

步骤 6:列表格并针对表格存在的问题提出解决方案,将上述计算结果列在热量衡算表格中并针对表格中存在的不满足热力学第二定律的问题,提出相应的解决方案。

步骤 7:夹点位置和最小公用工程用量的确定,根据解决方案,列新表格,从新表格中确定夹点位置、最小公用工程加热负荷和最小公用工程冷却负荷。

[例 4-3] 某工艺流程中有四股物流,物流性质如表 4-4 所示。当冷、热物流间匹配换热的最小允许传热温差 $\Delta T_{\min}$ 为 20 ℃时,试确定:(1)过程系统夹点位置;(2)求取最小公用工程加热负荷 $Q_{\mathrm{H,min}}$ 和最小公用工程冷却负荷 $Q_{\mathrm{C,min}}$;(3)当 $\Delta T_{\min}$ 为 10 ℃时,夹点位置、最小公用工程用量会发生什么变化?

表 4-4　过程物流数据表

物流编号	物流性质	初始温度/℃	目标温度/℃	热负荷/kW	热容流率/(kW/℃)
H1	热物流	120	40	80	1.0
H2	热物流	140	80	120	2.0
C1	冷物流	20	60	20	0.5
C2	冷物流	60	100	200	5.0

解 (1)温度区间的标绘:以垂直轴为流体的温度坐标,将各物流按照初始温度和目标温度标绘成有方向的垂直线,标绘同一水平的温度区间冷、热物流间的温差为 $\Delta T_{min}=20$ ℃,标绘结果如图 4-18 所示。

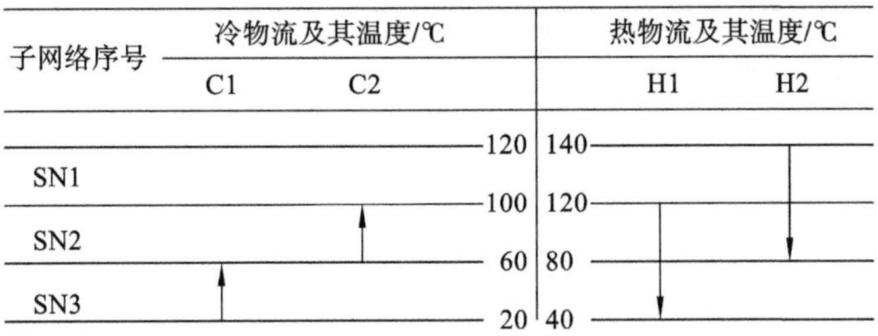

子网络序号	冷物流及其温度/℃		热物流及其温度/℃	
	C1	C2	H1	H2

图 4-18 温度区间的确定

(2)子网络热量衡算:

SN1:温度间隔为 20 ℃,对冷物流温度区间为 100~120 ℃,对热物流温度区间为 140~120 ℃。

$$I_1 = 0 \text{ kW}$$
$$\Delta H_1 = (\sum CP_C - \sum CP_H)(T_0 - T_1) = (0-2.0)\times 20 \text{ kW} = -40 \text{ kW}$$
$$O_1 = I_1 - \Delta H_1 = [0-(-40)] \text{ kW} = 40 \text{ kW}$$

SN2:温度间隔为 40 ℃,对冷物流温度区间为 60~100 ℃,对热物流温度区间为 120~80 ℃。

$$I_2 = 40 \text{ kW}$$
$$\Delta H_2 = (\sum CP_C - \sum CP_H)(T_1 - T_2) = (5.0-1.0-2.0)\times 40 \text{ kW} = 80 \text{ kW}$$
$$O_2 = I_2 - \Delta H_2 = (40-80) \text{ kW} = -40 \text{ kW}$$

SN3:温度间隔为 40 ℃,对冷物流温度区间为 20~60 ℃,对热物流温度区间为 80~40 ℃。

$$I_3 = -40 \text{ kW}$$
$$\Delta H_3 = (\sum CP_C - \sum CP_H)(T_2 - T_3) = (0.5-1.0)\times 40 \text{ kW} = -20 \text{ kW}$$
$$O_3 = I_3 - \Delta H_3 = [-40-(-20)] \text{ kW} = -20 \text{ kW}$$

(3)列表格并对问题表格进行处理:

按照各温度区间子网络的热量衡算结果列表格如表 4-5 所示。

表 4-5 问题表格

子网络序号	ΔH_j/kW	无外界输入时的热量/kW	
		I_j	O_j
SN1	−40	0	40
SN2	80	40	−40
SN3	−20	−40	−20

从表 4-5 中可得:SN2 温度区间输出热量为 −40 kW,意味着需要 SN3 输入 40 kW 热量给 SN2,与热力学第二定律相违背。因此,根据各子网络热量衡算获得的表 4-5 存在一定的

问题。

　　针对这一问题,为了保证每个温度区间的输入、输出热量均不出现负值,则在输入、输出热量中均加上整个表格中最大负值的绝对值,得到表 4-6。

表 4-6　问题表格及解决方案

子网络序号	ΔH_j/kW	无外界输入时的热量/kW		有外界输入时最小热量/kW	
		I_j	O_j	I_j	O_j
SN1	−40	0	40	40	80
SN2	80	40	−40	80	0
SN3	−20	−40	−20	0	20

从表 4-6 可得:

　　①SN2 和 SN3 之间热流量为零,则该处为夹点,传热温差恰好等于 $\Delta T_{\min}$。

　　②夹点温度:冷物流温度 60 ℃、热物流温度 80 ℃,采用虚拟温度表示夹点温度时,则夹点处对应的界面虚拟温度为(80+60)/2 ℃=70 ℃。

　　③系统所需最小公用工程加热负荷 $Q_{H,\min}$ 为 40 kW,最小公用工程冷却负荷 $Q_{C,\min}$ 为 20 kW。

　　(4)当 $\Delta T_{\min}=10$ ℃,温度区间如图 4-19 所示。

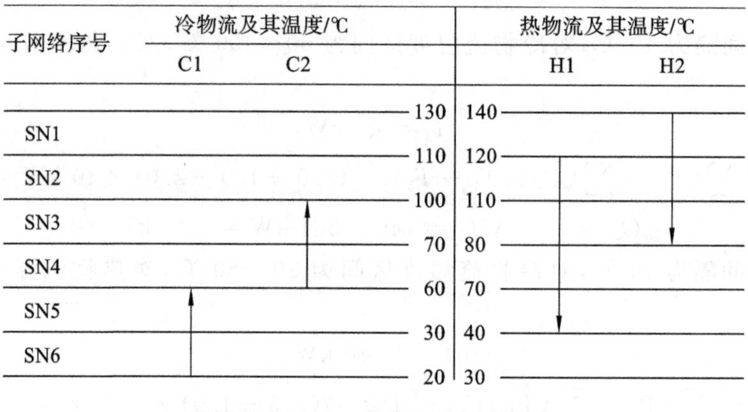

图 4-19　$\Delta T_{\min}=10$ ℃温度区间确定

根据温度区间进行各子网络热量衡算,获得表 4-7 所示问题表格。

表 4-7　问题表格

子网络序号	ΔH_j/kW	无外界输入时的热量/kW		有外界输入时最小热量/kW	
		I_j	O_j	I_j	O_j
SN1	−40	0	40	30	70
SN2	−30	40	70	70	100
SN3	60	70	10	100	40
SN4	40	10	−30	40	0
SN5	−15	−30	−15	0	15
SN6	5	−15	−20	15	10

从表 4-7 可知：

①SN4 和 SN5 之间热流量为零，则该处为夹点。

②夹点温度为冷物流温度 60 ℃、热物流温度 70 ℃，夹点温度对应的界面虚拟温度为 $(70+60)/2$ ℃ $=65$ ℃。

③系统所需最小公用工程加热负荷 $Q_{H,min}$ 为 30 kW、最小公用工程冷却负荷 $Q_{C,min}$ 为 10 kW。

④相比于 $\Delta T_{min} = 20$ ℃，最小公用工程用量均减小，说明最大回收热增多，热量得到了充分利用。

4.3.3 夹点的意义

由温-焓图和问题表格法确定夹点可以看出：夹点处热流量为零，且该处传热温差刚好为 ΔT_{min}。因此，夹点具有如下意义。

(1)夹点处冷、热物流间传热温差最小，为 ΔT_{min}。

(2)随着夹点位置的确定，过程系统最大热回收和最小公用工程用量就确定下来了，从而构成过程系统用能"瓶颈"。若要增大系统能量回收和减少公用工程用量，就需要对 ΔT_{min} 进行优化设计。

(3)夹点处热流量为零，夹点在温-焓图上将过程系统的冷、热物流分为两个独立部分：夹点上方"热阱部分"和夹点下方"热源部分"，两个独立部分之间没有任何热交换。

综上所述，为了达到过程系统具有最大能量回收和最小公用工程用量，夹点处具有以下原则。

原则 1：夹点处不能有热流量穿过，即不能有跨越夹点位置的热量传递。

原则 2：夹点上方不能外加公用工程冷却，即在夹点上方不能设置任何公用工程冷却器。

原则 3：夹点下方不能外加公用工程加热，即在夹点下方不能设置任何公用工程加热器。

当违背上述任意一条原则时，都不能满足在夹点处过程系统具有的最大能量回收和最小公用工程用量。

4.3.4 传热温差 ΔT_{min} 的确定

由夹点确定方法和夹点意义可知，ΔT_{min} 的选取非常关键，是决定整个过程系统用能"瓶颈"和"解瓶颈"的重要因素。

当采用单一 ΔT_{min} 值时，可以利用下面的步骤获得 ΔT_{min} 适宜值。

步骤 1：根据经验选取最小允许传热温差 ΔT_{min}。

步骤 2：根据夹点技术，设计能量使用最优的换热网络。

步骤 3：在能量使用最优的基础上，设计换热单元数最少的换热网络。

步骤 4：调整 ΔT_{min}，设计总投资费用最少的换热网络。

在实际生产过程换热网络综合中，当过程系统中所有流股具有相近的传热膜系数值和使用同一类型换热器时，才会采用单一 ΔT_{min} 值。而实际上，在工业生产过程中换热器有多种类型，且过程流股的传热膜系数值大多不同，因此单一 ΔT_{min} 并不能准确反映实际流股匹配换热的传热温差。针对这一问题，姚平经等人提出"虚拟温度法"：根据换热网络中各流股的传热膜系数、物性参数以及换热器类型和材质等的不同，采用各流股在换热过程中传热温差的贡献值进行流股初始温度和目标温度的修正。而后，采用修正后的流股虚拟温度，按照温-焓图和问题表格法确定夹点位置。

在虚拟温度法中,定义传热平均温差值 ΔT_m 为相互匹配换热流股中热流股 i 和冷流股 j 对传热温差贡献值 ΔT_i^H 和 ΔT_j^C 之和,表达式为

$$\Delta T_m = \Delta T_i^H + \Delta T_j^C \tag{4-10}$$

根据各热、冷物流对传热温差贡献值 ΔT_i^H 和 ΔT_j^C,可获得各流股虚拟温度如式(4-11)~式(4-14)所示:

$$热物流虚拟初始温度 = 热物流实际初始温度 - \Delta T_i^H \tag{4-11}$$
$$热物流虚拟目标温度 = 热物流实际目标温度 - \Delta T_i^H \tag{4-12}$$
$$冷物流虚拟初始温度 = 冷物流实际初始温度 + \Delta T_j^C \tag{4-13}$$
$$冷物流虚拟目标温度 = 冷物流实际目标温度 + \Delta T_j^C \tag{4-14}$$

在确定虚拟温度的过程中,由于已经考虑了各物流间传热温差贡献值,因此,各温度区间的界面温度即为虚拟温度,从而可直接根据虚拟温度确定夹点位置和夹点温度。从以上过程可知:各流股传热温差贡献值是确定虚拟温度的关键因素。

Nishimura 等采用 Pontryagin 极大值原理证明了具有一个热阱(或热源)和多个热源(或热阱)的换热网络中,要想获得单位热负荷所需要的传热面积最小,适宜的流股间传热温差 ΔT_i 应满足式(4-15):

$$\sqrt{\frac{U_i}{a_i}}\Delta T_i = \alpha \tag{4-15}$$

式中:i 为第 i 台换热器;U_i 为第 i 台换热器的传热系数,$kW/(m^2 \cdot K)$;a_i 为第 i 台换热器的单位传热面积价格,$\$/m^2$;$\Delta T_i$ 为第 i 台换热器的传热温差,K;α 为常数。

在实际生产过程中,化工过程换热体系为多股冷、热物流间进行匹配换热。因此,可将 Nishimura 理论推广到多个热源与多个热阱匹配换热的情况,如式(4-16)所示:

$$\sqrt{\frac{h_i}{a_i}}\Delta T_i^C = \beta \tag{4-16}$$

式中:i 为第 i 流股;h_i 为第 i 流股的传热系数,$kW/(m^2 \cdot K)$;a_i 为第 i 流股所涉及的换热器的单位传热面积价格,$\$/m^2$;$\Delta T_i^C$ 为第 i 流股传热温差贡献值,K;β 为常数。

通过式(4-16)在确定某一流股传热温差贡献值时考虑了过程系统中各流股的传热系数、换热器的单位传热面积价格,相比于过程系统采用单一 ΔT_{min} 值更为合理。若直接通过式(4-16)确定流股的传热温差贡献值有难度时,则可以通过寻找已有传热温差贡献值的参比流股进行确定。

[例 4-4] 某过程系统中有四股物流,物流数据如表 4-8 所示,请根据表格中各物流的传热温差贡献值绘制温度区间图。

表 4-8　过程物流数据表

物流编号	物流性质	初始温度/℃	终了温度/℃	热容流率/(kW/℃)	传热温差贡献值/℃
H1	热物流	120	40	1.0	10
H2	热物流	140	80	2.0	5
C1	冷物流	20	60	0.5	5
C2	冷物流	60	100	5.0	10

解　(1)虚拟温度的确定:根据式(4-11)至式(4-14)获得如表 4-9 所示虚拟温度。

表 4-9　各物流虚拟温度

物流编号	虚拟初始温度/℃	虚拟终了温度/℃
H1	120−10=110	40−10=30
H2	140−5=135	80−5=75
C1	20+5=25	60+5=65
C2	60+10=70	100+10=110

（2）虚拟温度区间的绘制：根据表 4-9 中虚拟温度数据，绘制虚拟温度区间图，如图 4-20 所示。

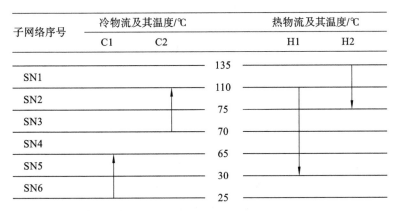

图 4-20　虚拟温度区间图

4.4　过程系统总组合曲线

尽管通过过程系统中冷、热物流匹配换热可以获得过程系统的最大能量回收以及最小公用工程用量，然而，公用工程的选择范围较广，如热公用工程有不同温位的高压、中压和低压蒸汽、热油和烟道气等，冷公用工程有冷却水和不同的冷却介质等。为了选择较低品位的公用工程以获得最小的换热网络综合总费用，常采用过程系统总组合曲线。

4.4.1　总组合曲线的绘制

将过程系统中热流量沿着温度的分布情况在温-焓图上进行标绘可获得过程系统总组合曲线。绘制过程系统总组合曲线最简单的方法是利用问题表格法的计算结果，其步骤如下。

步骤 1：将问题表格中子网络各界面的温度及热流量数据进行汇总，形成界面虚拟温度-界面热负荷表。

步骤 2：按照界面虚拟温度-界面热负荷表中的温度与热负荷数据，在温-焓图上进行标绘，即得总组合曲线。

在过程系统总组合曲线图中：一方面可以在温-焓图上热流量为零处获得过程系统夹点位置；另一方面，为了达到降低操作费用的目的，在过程系统中尽量利用高温位的过程物流产生较高品位的蒸汽、利用低品位的低压蒸汽加热低温的过程物流。

［例 4-5］　根据［例 4-4］中四股冷、热物流数据绘制该换热网络总组合曲线。

解　（1）虚拟温度的确定和虚拟温度区间图的确定：如表 4-10、图 4-21 所示。

表 4-10　各物流虚拟温度

物流编号	虚拟初始温度/℃	虚拟终了温度/℃
H1	$120-10=110$	$40-10=30$
H2	$140-5=135$	$80-5=75$
C1	$20+5=25$	$60+5=65$
C2	$60+10=70$	$100+10=110$

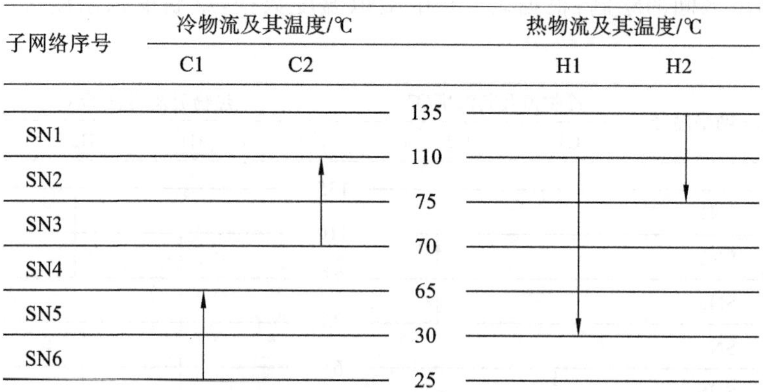

图 4-21　虚拟温度区间图

(2)问题表格的获得:对图 4-21 中各个子网络进行热量衡算,获得表 4-11 所示的问题表格。

表 4-11　问题表格

子网络序号	ΔH_j/kW	无外界输入时的热量/kW		有外界输入时最小热量/kW	
		I_j	O_j	I_j	O_j
SN1	-50	0	50	40	90
SN2	70	50	-20	90	20
SN3	20	-20	-40	20	0
SN4	-5	-40	-35	0	5
SN5	-17.5	-35	-17.5	5	22.5
SN6	2.5	-17.5	-20	22.5	20

该换热体系的夹点位置在 SN3 和 SN4 的界面,对应的夹点温度为虚拟界面温度:70 ℃。

(3)界面虚拟温度-界面热负荷的确定:根据虚拟界面温度和热流量数据,获得表 4-12 数据。

表 4-12　界面虚拟温度-界面热负荷

子网络序号	界面虚拟温度/℃		界面热负荷/kW	
	上界面	下界面	输入 I_j	输出 O_j
SN1	135	110	40	90
SN2	110	75	90	20
SN3	75	70	20	0
SN4	70	65	0	5

续表

子网络序号	界面虚拟温度/℃		界面热负荷/kW	
	上界面	下界面	输入 I_j	输出 O_j
SN5	65	30	5	22.5
SN6	30	25	22.5	20

（4）总组合曲线的绘制：在温-焓图上将各子网络界面处的温度与热负荷进行标绘，如图4-22所示。

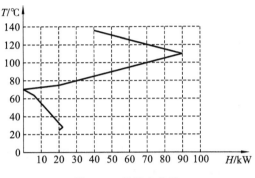

图 4-22 总组合曲线

4.4.2 总组合曲线的意义

过程系统总组合曲线表达了过程系统中温位和热流量之间的热特性关系。从总组合曲线上可得以下结论。

（1）热流量为零处即为过程系统的夹点位置，对应的夹点温度为虚拟界面温度。

（2）夹点将过程系统的能量流分为两部分：夹点上方的热阱部分和夹点下方的热源部分。夹点上方需要公用工程加热负荷，夹点下方需要公用工程冷却负荷。

（3）在图4-23中，所标注的"热袋"的过程系统中冷、热物流间进行热交换就可以满足换热的工艺要求，不需要外加冷/热公用工程。

（4）为了降低过程系统的操作费用，可对图4-23中的"热袋"进行合理设计：充分利用"热袋"中较高温度的过程物流产生较高品位的高压蒸汽，而采用低品位的低压蒸汽加热热袋中低温位的过程物流，如图4-24所示。

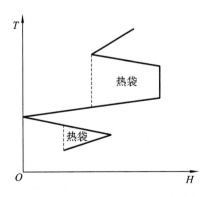

图 4-23 总组合曲线中的"热袋"

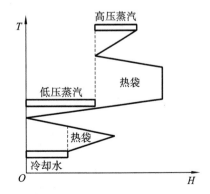

图 4-24 热袋中能量合理利用的一种方法

综上所述,总组合曲线实质上体现了过程系统中温-焓图上热流量沿温度的分布关系,通过对过程系统中不同温位能量流的描述,为过程系统提供不同的能量回收方案,从而在众多初步换热网络方案中,选择具有最小操作费用的公用工程方案。

4.5　基于有效能分析的换热网络综合

Umeda 等人在热力学有效能分析基础上,提出利用温-焓图进行换热网络综合的思路。首先,借助过程系统温-焓图,分别构造冷、热物流组合曲线;其次,划分冷、热物流匹配换热的换热间隔区间;最后,有效利用温位、合理的分配传热温差和热负荷,使换热器实现逆流操作,从而获得满足规定热负荷前提下的传热面积最小的换热网络。

基于有效能分析的换热网络综合可以获得传热面积最小的换热网络,因此,基于有效能分析的换热网络综合也常被称为"热力学最小传热面积网络"的综合。其具体步骤如下。

步骤 1:搜集过程系统中各流股的质量流量、输入温度、输出温度等数据,并尽量搜集相关的热力学性质和物理性质参数。

步骤 2:在温-焓图上对各流股进行标绘,分别构造热物流组合曲线和冷物流组合曲线。

步骤 3:在温-焓图上,根据设定的最小允许传热温差确定夹点位置、$Q_{R,max}$、$Q_{H,min}$ 和 $Q_{C,min}$。

步骤 4:在温-焓图上,根据冷、热物流的端点和折点,通过做垂直线划分换热间隔区间,根据换热间隔区间冷、热物流进行匹配换热以得到初步最小传热面积换热网络。

步骤 5:对初步最小传热面积换热网络进行优化。由于在进行冷、热物流换热间隔区间匹配换热的过程中,并没有考虑换热器的传热系数和单位传热面积费用的差别,因此,通过对初步获得的最小传热面积换热网络进行优化,可以获得优化后的换热网络。

[**例 4-6**]　图 4-25 为某过程系统确定了夹点位置的冷、热物流组合曲线温-焓图,请在该图上基于有效能分析提出最小传热面积换热网络,并对提出的换热网络进行可能的优化。

解　(1)划分换热区间间隔:根据冷、热物流的各端点和虚拟曲线的折点位置做垂直线,可划分为六个换热区间,如图 4-26 所示。

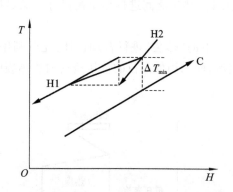

图 4-25　某过程系统冷、热物流组合曲线及夹点位置

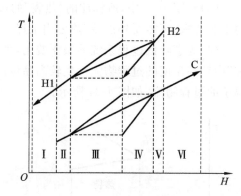

图 4-26　换热区间的划分

(2)换热区间内冷、热物流匹配换热。

换热区间Ⅰ:该区间仅存在热物流 H1,因此,该换热区间换热器Ⅰ中热物流为 H1,冷物流为公用工程冷却物流。

换热区间Ⅱ:该区间存在热物流 H1 和冷物流 C,因此,该换热区间换热器Ⅱ中热物流为

H1,冷物流为 C。

换热区间Ⅲ～换热区间Ⅳ:该区间存在热物流 H1、H2 和冷物流 C,因此,该换热区间冷、热物流的匹配是通过将冷物流 C 分割为两股虚拟冷物流,一股和热物流 H1 在换热器Ⅲ中进行匹配换热,另一股和热物流 H2 在换热器Ⅳ中进行匹配换热。

换热区间Ⅴ:该区间存在热物流 H2 和冷物流 C,因此,该换热区间换热器Ⅴ中热物流为H2,冷物流为 C。

换热区间Ⅵ:该区间仅存在冷物流 C,因此,该换热区间换热器Ⅵ中热物流为公用工程加热物流,冷物流为 C。

(3)最小传热面积换热网络综合:图 4-27 为按照图 4-26 冷、热物流匹配关系获得的换热网络综合图。

(4)对初步得到的最小传热面积换热网络,按照以下原则进行改进和调优:①各个换热器 $\sqrt{U/a\Delta T}$ 值相近;②以总费用最小为换热网络优化目标。

对于图 4-27 出现多次物流的分支、混合以及可能存在小热负荷换热器的情况,将小热负荷合并到相邻的换热器上,得到优化后的最小传热面积换热网络,如图 4-28 所示。

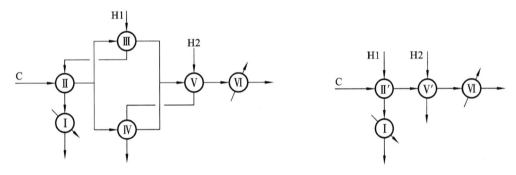

图 4-27　最小传热面积初步换热网络　　　　图 4-28　优化后的最小传热面积换热网络

4.6　基于夹点设计法的换热网络综合

基于夹点设计法的换热网络综合,主要是利用夹点设计的三条基本原则。

原则 1:避免有热流量通过夹点。

原则 2:夹点上方避免引入公用工程冷却物流。

原则 3:夹点下方避免引入公用工程加热物流。

在夹点设计中,首先满足夹点处物流匹配换热的可行性规则,再利用冷、热物流匹配换热的经验规则进行换热网络综合。

4.6.1　夹点处物流匹配的可行性规则

在夹点设计中,物流匹配应遵循两条夹点处物流匹配的可行性规则。其中,可行性规则 1是关于冷、热物流数目之间的关系,规则 2是关于冷、热物流热容流率之间的关系。

(1)可行性规则 1。

关于冷、热物流数目不等式规则,如式(4-17)和式(4-18)所示。

夹点上方:
$$N_{\mathrm{H}} \leqslant N_{\mathrm{C}} \tag{4-17}$$

夹点下方：
$$N_H \geqslant N_C \qquad (4\text{-}18)$$

式中：N_H 和 N_C 为热物流(含其分支)数目或冷物流(含其分支)数目。

在夹点上方,若热物流(含热物流分支)数目多于冷物流(含冷物流分支)数目,在满足夹点设计原则 1 的基础上,则该部分热物流的热量就需要通过外界公用工程冷却取走；但"在夹点上方引入公用工程冷却物流"就会违背夹点设计原则 2,因此,夹点上方热物流(含热物流分支)数目一定不能多于冷物流(含冷物流分支)数目,如式(4-17)所示。

在夹点下方,若冷物流(含冷物流分支)数目多于热物流(含热物流分支)数目,在满足夹点设计原则 1 的基础上,则该部分冷物流的热量就需要通过外界公用工程加热提供；但"在夹点下方引入公用工程加热物流"就会违背夹点设计原则 3,因此,夹点下方热物流(含热物流分支)数目一定不能少于冷物流(含热物流分支)数目,如式(4-18)所示。

(2)可行性规则 2。

关于冷、热物流热容流率 CP 不等式的规则,如式(4-19)和式(4-20)所示。

夹点上方：
$$CP_H \leqslant CP_C \qquad (4\text{-}19)$$

夹点下方：
$$CP_H \geqslant CP_C \qquad (4\text{-}20)$$

按照夹点确定的方法,夹点处要满足冷、热物流温差等于最小允许传热温差 $\Delta T_{\min}$,而离开夹点后,则温差均大于 $\Delta T_{\min}$。根据温-焓图上直线斜率的物理意义(斜率等于热容流率的倒数),在夹点上方,存在式(4-19)所示的冷、热物流热容流率 CP 不等式关系；在夹点下方,存在式(4-20)所示的冷、热物流热容流率 CP 不等式关系。

基于夹点设计的换热网络综合,在夹点处必须要满足物流匹配换热的可行性规则。因此,上述两条可行性规则在实际使用过程中,有可能需要将冷、热物流进行必要的分流以满足流股数目或者热容流率 CP 的不等式规则。

4.6.2 物流匹配换热的经验规则

在满足夹点处物流匹配可行性规则的基础上,冷、热物流之间的匹配换热存在多种选择。基于热力学和化工原理传热学的原理,并考虑设备投资费用较小的原则,学者提出了常用于冷、热物流间匹配换热的两条经验规则。

(1)物流匹配换热经验规则 1。

在进行冷、热物流热负荷匹配时,应选择所提供匹配换热物流的热负荷较小者,通过一次匹配换热使热负荷较小者由初始温度达到目标温度,如图 4-29 所示,以满足过程系统换热器设备数目最少,减少设备投资费用的目的。

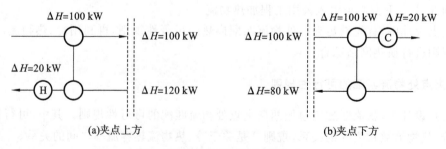

图 4-29　物流匹配换热经验规则 1

(2)物流匹配换热经验规则 2。

在物流匹配换热经验规则 1 的基础上,进行冷、热物流匹配时,尽量选择热容流率相近的冷、热物流进行匹配换热,以保证在换热器结构上相对合理。

　　物流匹配换热经验规则 2 的提出主要是当冷、热物流热容流率接近时,换热器两端传热温差也较为接近,可在满足最小允许传热温差 $\Delta T_{\min}$ 的约束、相同热负荷情况下,使传热过程的有效能损失最小,或在相同热负荷及相同有效能损失下,使其传热温差最大。

　　[例 4-7]　设环境温度 $T_0 = 297.15$ K,图 4-30 为冷、热物流匹配换热时的温度关系。

　　(1)当 $CP_H = 2CP_C$ 时,计算该传热过程的有效能损失。

　　(2)当 $CP_H = CP_C$ 时,且具有图 4-30 中相同传热平均温差时,试计算相同热容流率下该传热过程的有效能损失。

　　(3)若 $CP_H = CP_C$ 的冷、热物流间匹配换热和 $CP_H = 2CP_C$ 的冷、热物流间匹配换热具有相同的有效能损失,试计算冷、热物流间的传热平均温差。

　　(4)对不同热容流率下冷、热物流匹配的有效能损失进行讨论。

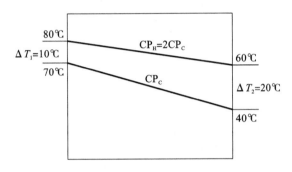

图 4-30　冷、热物流匹配换热情况

　　解　(1)当 $CP_H = 2CP_C$ 时,图 4-30 冷、热物流匹配换热时的有效能损失,由热物流的初始温度、终了温度及式(4-1)可得

$$T_H = \frac{T_{ki} - T_{ke}}{\ln \dfrac{T_{ki}}{T_{ke}}} = \frac{(273.15 + 80) - (273.15 + 60)}{\ln \dfrac{273.15 + 80}{273.15 + 60}} \text{ K} = 343.05 \text{ K}$$

　　由冷物流的初始温度、终了温度及式(4-2)可得

$$T_L = \frac{T_{je} - T_{ji}}{\ln \dfrac{T_{je}}{T_{ji}}} = \frac{(273.15 + 70) - (273.15 + 40)}{\ln \dfrac{273.15 + 70}{273.15 + 40}} \text{ K} = 327.92 \text{ K}$$

　　在该传热过程中 $Q_H = Q_L$,由式(4-5)可得

$$\Delta \varepsilon = \left(1 - \frac{T_0}{T_H}\right) Q_H - \left(1 - \frac{T_0}{T_L}\right) Q_L = \left(1 - \frac{293.15}{343.05}\right) Q - \left(1 - \frac{293.15}{327.92}\right) Q = 0.0394 Q$$

　　根据图 4-30 中冷、热物流匹配情况可得有效能损失为 $0.0394Q$。

　　(2)当 $CP_H = CP_C$,且具有与图 4-30 相等的冷、热物流传热平均温差时,有

$$\Delta T_m = \frac{\Delta T_2 - \Delta T_1}{\ln \dfrac{\Delta T_2}{\Delta T_1}} = \frac{20 - 10}{\ln \dfrac{20}{10}} \text{ ℃} = 14.4 \text{ ℃}$$

　　具有相同冷、热物流传热平均温差时,相同热容流率的冷、热流体匹配换热情况如图 4-31 所示:

　　热物流 T_H 未发生改变:

$$T_H = 343.05 \text{ K}$$

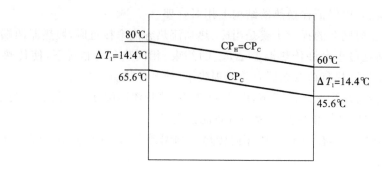

图 4-31　冷、热物流匹配换热情况

由冷物流的初始温度、终了温度及式(4-2)可得

$$T_L = \frac{T_{je} - T_{ji}}{\ln \dfrac{T_{je}}{T_{ji}}} = \frac{(273.15 + 65.6) - (273.15 + 45.6)}{\ln \dfrac{273.15 + 65.6}{273.15 + 45.6}} \text{ K} = 328.65 \text{ K}$$

传热过程中 $Q_H = Q_L$，由式(4-5)可得

$$\Delta\varepsilon = \left(1 - \frac{T_0}{T_H}\right)Q_H - \left(1 - \frac{T_0}{T_L}\right)Q_L = \left(1 - \frac{293.15}{343.05}\right)Q - \left(1 - \frac{293.15}{328.65}\right)Q = 0.0374Q$$

因此，当冷、热物流传热平均温差相等时，$CP_H = CP_C$ 的冷、热物流间匹配换热时有效能损失为 $0.0374Q$，比 $CP_H = 2CP_C$ 的冷、热物流间匹配情况时有效能损失量 $0.0394Q$ 要小。

(3)若 $CP_H = CP_C$ 的冷、热物流间匹配换热的有效能损失和 $CP_H = 2CP_C$ 的冷、热物流间匹配换热具有相同的有效能损失，则 $CP_H = CP_C$ 的冷、热物流间的传热平均温差为

$$\Delta\varepsilon = \left(1 - \frac{T_0}{T_H}\right)Q_H - \left(1 - \frac{T_0}{T_L}\right)Q_L = \left(1 - \frac{293.15}{343.05}\right)Q - \left(1 - \frac{293.15}{T_L}\right)Q = 0.0394Q$$

$$\Rightarrow T_L = 327.92 \text{ K}$$

$$T_L = \frac{T_{je} - T_{ji}}{\ln \dfrac{T_{je}}{T_{ji}}} = \frac{(273.15 + 20 + T) - (273.15 + T)}{\ln \dfrac{273.15 + T + 20}{273.15 + T}} = 327.92 \text{ K}$$

$$\Rightarrow T = 44.82 \ ℃$$

则冷物流起始温度为 $44.82 \ ℃$，终了温度为 $64.82 \ ℃$，因此冷、热物流间传热平均温差为 $15.18 \ ℃$。

(4)通过不同热容流率下冷、热物流匹配的有效能损失结果比较可得以下结论。

①在相同传热负荷条件下，若具有相同的传热温差，则冷、热物流热容流率相等时比冷、热物流热容流率不相等时有效能损失要小。

②若在相同传热负荷和相同有效能损失下，冷、热物流热容流率相等的情况比冷、热物流热容流率不等的情况下传热温差大，说明传热推动力大。因此，在冷、热物流热容流率相等时具有较小的传热面积，可节省换热器的设备费用。

在冷、热物流匹配换热的两条经验规则中，经验规则 1 优于经验规则 2，且在进行冷、热物流匹配换热时还需要兼顾换热系统的操作性、安全性等因素。在进行冷、热物流间匹配换热时，两条经验规则不但在夹点处适用，在离开夹点之后也同样适用。

4.6.3　夹点设计法换热网络综合

在夹点处冷、热物流匹配可行性和经验规则的基础上，采用夹点设计法进行换热网络综合

步骤如下。

步骤 1：在确定夹点位置的基础上，将换热系统分割为夹点上方和夹点下方，分别对夹点上方和夹点下方进行换热网络的物流匹配。

步骤 2：在进行冷、热物流匹配时，按照夹点匹配的可行性规则和经验规则从夹点处开始冷、热物流间匹配设计。

步骤 3：在离开夹点后，冷、热物流间的匹配换热有较大的自由度，可在物流匹配经验规则的基础上，按照专业判断进行冷、热物流间的匹配设计，如依据实际工业生产过程中整个换热网络操作的安全性和可行性、生产上的特殊规定等要求。

[**例 4-8**]　某过程系统中的冷、热物流数据如表 4-13 所示，设冷、热物流间最小允许传热温差 ΔT_{min} 为 20 ℃，试设计一满足冷、热物流匹配要求的换热网络。

表 4-13　过程物流数据表

物流编号	物流性质	初始温度/℃	目标温度/℃	热负荷/kW	热容流率/(kW/℃)
H1	热物流	150	60	180	2.0
H2	热物流	90	60	240	8.0
C1	冷物流	20	125	262.5	2.5
C2	冷物流	25	100	225	3.0

解　（1）夹点位置的确定。

①温度区间的标绘：依据冷、热物流间最小允许传热温差 ΔT_{min} 为 20 ℃，标绘温度区间如图 4-32 所示。

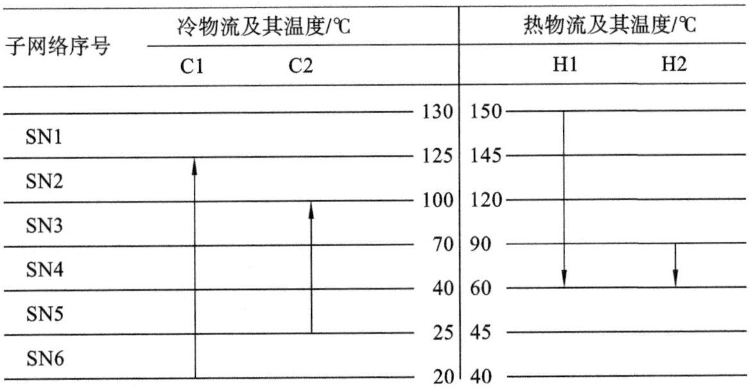

图 4-32　温度区间的确定

②列求取夹点的问题表格，如表 4-14 所示。

表 4-14　问题表格

子网络序号	ΔH_j/kW	无外界输入时的热量/kW		有外界输入时最小热量/kW	
		I_j	O_j	I_j	O_j
SN1	−10.0	0	10.0	107.5	117.5
SN2	12.5	10.0	−2.5	117.5	105.0
SN3	105.0	−2.5	−107.5	105.0	0

续表

子网络序号	$\Delta H_j/\mathrm{kW}$	无外界输入时的热量/kW		有外界输入时最小热量/kW	
		I_j	O_j	I_j	O_j
SN4	−135.0	−107.5	27.5	0	135.0
SN5	82.5	27.5	−55.0	135.0	52.5
SN6	12.5	−55.0	−67.5	52.5	40.0

从表4-14可得:在SN3和SN4之间的热流量为零,则该处为夹点,夹点温度为冷物流温度70 ℃、热物流温度90 ℃;系统所需的最小公用工程加热负荷 $Q_{H,\min}$ 为107.5 kW;最小公用工程冷却负荷 $Q_{C,\min}$ 为40 kW。

(2)夹点上方换热网络设计。

在夹点上方,所包含的热物流和冷物流的数据如表4-15所示。

表4-15 夹点上方物流信息

物流编号	物流性质	热容流率/(kW/℃)	夹点位置温度/℃	夹点上方温度/℃	热负荷/kW
H1	热物流	2.0	90	150	120.0
C1	冷物流	2.5	70	125	137.5
C2	冷物流	3.0	70	100	90.0

根据夹点上方物流匹配换热的可行性规则 $N_H \leqslant N_C$,$CP_H \leqslant CP_C$,从表4-15得出:

①热物流数目 $N_H=1$,冷物流数目 $N_C=2$,满足可行性规则1,$N_H \leqslant N_C$。

②热物流的热容流率为 $CP_H=2.0$,两股冷物流的热容流率分别为 $CP_{C1}=2.5$ 和 $CP_{C2}=3.0$,满足可行性规则2,$CP_H \leqslant CP_C$。

采用物流匹配的两条经验规则进行物流匹配:在夹点上方不能引入公用工程冷却,因此在进行物流匹配时,尽量经过一次匹配换热就完成热负荷较小物流的换热;尽量使热容流率相近的冷、热物流进行匹配换热。其中,第一条优先于第二条。

从表4-15可以得出。

①由于热物流H1的热负荷为120.0 kW,要想经过一次换热就完成其匹配换热,则热物流H1的匹配换热物流为冷物流C1。经过匹配换热后,冷物流C1所需要的剩余加热负荷17.5 kW则需要通过公用工程加热物流提供。

②冷物流C2所需加热负荷为90.0 kW,则完全通过公用工程加热物流提供。

由此,夹点上方冷、热物流换热网络综合图如图4-33所示。

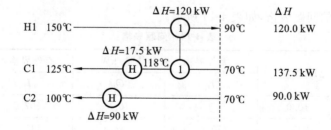

图4-33 夹点上方冷、热物流换热网络图

（3）夹点下方换热网络设计。

在夹点下方，所包含的热物流和冷物流的数据如表 4-16 所示。

表 4-16　夹点下方物流信息

物流编号	物流性质	热容流率/(kW/℃)	夹点位置温度/℃	夹点上方温度/℃	热负荷/kW
H1	热物流	2.0	90	60	60.0
H2	热物流	8.0	90	60	240.0
C1	冷物流	2.5	70	20	125.0
C2	冷物流	3.0	70	25	135.0

根据夹点下方物流匹配换热的可行性规则 $N_H \geqslant N_C$，$CP_H \geqslant CP_C$，从表 4-16 可得：

①热物流数目 $N_H=2$，冷物流数目 $N_C=2$，满足可行性规则 1，$N_H \geqslant N_C$。

②两股热物流的热容流率分别为 $CP_{H1}=2.0$ 和 $CP_{H2}=8.0$，两股冷物流的热容流率分别为 $CP_{C1}=2.5$ 和 $CP_{C2}=3.0$，其中 $CP_{H1}=2.0$ 的热容流率不满足可行性规则 2，仅有 $CP_{H2}=8.0$ 满足可行性规则 2。

③从②中发现，仅有热物流 H2 满足可行性规则 2，则可行性规则 1 中能够进行夹点匹配的热物流数目就从 2 股变为 1 股，则可行性规则 1 不能满足。因此，若是要同时满足可行性规则 2 和可行性规则 1，则需要对热物流 H2 进行分割，使热物流 H2 的分支物流满足可行性规则 1 和可行性规则 2。

④热物流 H1 在匹配换热中不参与夹点匹配。

采用夹点下方物流匹配换热的经验规则：在夹点下方不能引入公用工程加热，因此在进行物流匹配时，尽量经过一次匹配换热就完成热负荷较小物流的换热；尽量使热容流率相近的冷、热物流进行匹配换热。其中，第一条优先于第二条。

从表 4-16 可得：

①在夹点处必须满足夹点匹配的可行性规则，因此必须对热物流 H2 进行分割形成两股物流。结合热物流 H2 提供的热负荷为 240.0 kW，两股冷物流所需要的热负荷分别为 125.0 kW(C1) 和 135.0 kW(C2)，因此在 H2 进行分支时，需要考虑物流匹配换热的经验规则 1 和经验规则 2。

②在对 H2 进行分割时，由于两股冷物流所需要的热负荷相差不大，则 H2 有两种不同的物流分割方案。

方案一：热物流 H2 中一股分支满足冷物流 C1 的换热要求，另一股与冷物流 C2 匹配换热，该分割方案中冷、热物流参数如表 4-17 所示。采用方案一的物流分割方案，同时也满足夹点匹配的可行性规则。

表 4-17　H2 分支物流信息

物流编号		物流性质	热容流率/(kW/℃)	夹点位置温度/℃	夹点上方温度/℃	热负荷/kW
H2	1	热物流	4.17	90	60	125.0
	2	热物流	3.83	90	60	115.0
C1		冷物流	2.5	70	20	125.0
C2		冷物流	3.0	70	25	135.0

热物流 H2 和冷物流 C1 和 C2 进行完夹点匹配后，则在夹点之外，充分利用 H1 的热负荷

进行热量匹配,多余的热负荷通过公用工程冷却负荷移走。根据方案一对热物流 H2 进行分割后的换热网络如图 4-34 所示:

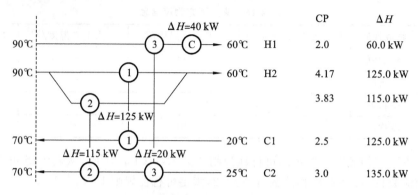

图 4-34　夹点下方冷、热物流的换热网络-H2 分割方案一

方案二:热物流 H2 中一股分支应满足冷物流 C2 的换热要求,另一股与冷物流 C1 匹配换热,该分割方案中 H2 两股分支的物流参数如表 4-18 所示。采用方案二的物流分割方案,同时也满足夹点匹配的可行性规则。

表 4-18　H2 分支物流信息

物流编号		物流性质	热容流率/(kW/℃)	夹点位置温度/℃	夹点上方温度/℃	热负荷/kW
H2	1	热物流	4.5	90	60	135.0
	2	热物流	3.5	90	60	105.0
C1		冷物流	2.5	70	20	125.0
C2		冷物流	3.0	70	25	135.0

热物流 H2 和冷物流 C1 和 C2 进行完夹点匹配后,则在夹点之外,充分利用 H1 的热负荷进行热量匹配,多余的热负荷通过公用工程冷却负荷移走。根据方案二对热物流 H2 进行分割后的换热网络如图 4-35 所示:

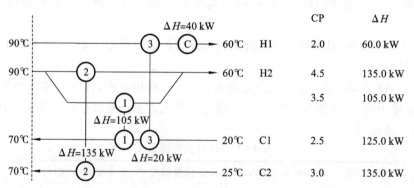

图 4-35　夹点下方冷、热物流的换热网络-H2 分割方案二

(4)过程系统换热网络的综合。

将四股物流在夹点上方和夹点下方的换热网络综合起来,可获得整个过程系统换热网络的综合结果。

当夹点下方采用 H2 分割方案一时,综合后的换热网络综合图如图 4-36 所示:

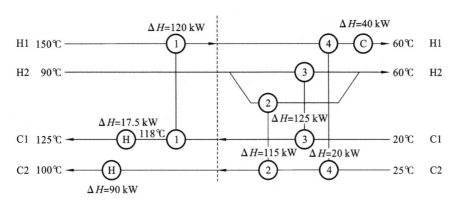

图 4-36　H2 分割方案一的换热网络综合图

从图 4-36 中可以看出，整个换热网络有 7 个换热器，其中 2 个加热器、4 个换热器和 1 个冷却器，最小公用工程加热负荷为（17.5＋90）kW＝107.5 kW，最小公用工程冷却负荷为 40 kW。

当夹点下方采用 H2 分割方案二时，综合后的换热网络综合图如图 4-37 所示：

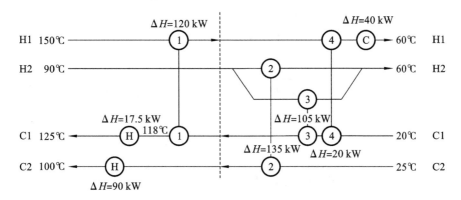

图 4-37　H2 分割方案二的换热网络综合图

从图 4-37 中可以看出，整个换热网络有 7 个换热器，其中 2 个加热器、4 个换热器和 1 个冷却器，最小公用工程加热负荷为（17.5＋90）kW＝107.5 kW，最小公用工程冷却负荷为 40 kW。

［例 4-8］中基于夹点设计法的换热网络综合只是初步设计方案，接下来要做的工作是将上述初步设计网络进行优化设计，尽量减少换热网络中所使用的换热器设备个数，并尽量维持最小的公用工程加热和冷却负荷。

4.7　换热网络调优

通过夹点设计法得到的换热网络只是初步换热网络综合设计方案，在此基础上，对初步换热网络进行优化设计，以尽量减少换热器的设备数，并尽量维持最小公用工程用量，这一过程称为换热网络的调优过程。

4.7.1 换热网络调优的基本概念

(1)最少换热单元数。

一个换热网络中最少单元数目可用图论中"欧拉通用网络定理"进行描述：

$$N_{\min} = N_S + L - S \tag{4-21}$$

式中：$N_{\min}$ 为换热网络中最少换热单元数；N_S 为换热网络中独立流股数，包括公用工程加热和冷却流股，但不包括流股分支；L 为换热网络独立的热负荷回路数；S 为换热网络中分离出的独立子系统数(不相干子系统数)，通常情况下，当换热网络中不能分离出独立子系统时，则 $S=1$，即独立子系统为换热网络本身。

为满足式(4-21)中 N 为最小，则常常需要将换热网络中存在的热负荷回路断开以尽量消除热负荷回路，即 $L=0$，因此，式(4-21)可改写为式(4-22)：

$$N_{\min} = N_S - 1 \tag{4-22}$$

基于夹点设计法对换热网络进行综合时，将整个换热系统在夹点处分为夹点上方和夹点下方分别进行换热网络设计。因此，整个换热网络的最小换热单元数目也可改写为夹点上方和夹点下方两个子系统换热单元数总和最小，如式(4-23)所示：

$$N_{\min} = (N_S - 1)_{夹点上方} + (N_S - 1)_{夹点下方} \tag{4-23}$$

[例 4-9] 请确定图 4-38 所示换热网络中所需要的最小换热单元数。

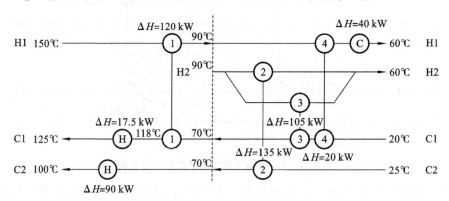

图 4-38 某换热网络图

解 图 4-38 所示的换热网络可沿虚线分为夹点上方和夹点下方两部分。

在夹点上方，有 1 股热物流，2 股冷物流，1 股公用工程加热物流，共 4 股物流；在夹点下方，有 2 股热物流，2 股冷物流，1 股公用工程冷却物流，共 5 股物流。

因此，按照式(4-23)进行计算可得

$$N_{\min} = (N_S - 1)_{夹点上方} + (N_S - 1)_{夹点下方} = (1+2+1-1) + (2+2+1-1) = 3+4 = 7$$

(2)热负荷回路。

从换热网络中任一股物流出发，沿着与其匹配的物流找下去直至回到原来的物流，则这条路径上所有换热单元形成的回路为热负荷回路。当一热负荷回路中包含有 n 股热物流(热工艺物流和公用工程加热物流之和)和 n 股冷物流(冷工艺物流和公用工程冷却物流之和)，则称为 n 级热负荷回路。

[例 4-10] 某换热网络如图 4-39 所示，请识别图中热负荷回路。

解 该换热网络中热负荷回路共 6 个。

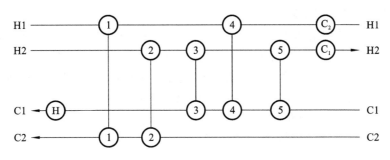

图 4-39　某换热网络图

1 级回路:包含 1 股热物流和 1 股冷物流,H2 和 C1,在换热器 3 和换热器 5 之间形成的热负荷回路,标识为(3,5)。

2 级回路:包含 2 股热物流和 2 股冷物流。

①热物流 H1、H2 和冷物流 C2、C1 之间形成的热负荷回路,即换热器 1、2、3 和 4 之间形成的热负荷回路,标识为(1,2,3,4)。

②热物流 H1、H2 和冷物流 C2、C1 之间形成的热负荷回路,即换热器 1、2、5 和 4 之间形成的热负荷回路,标识为(1,2,5,4)。

③热物流 H1、H2 和 2 股公用工程冷物流之间形成的热负荷回路,即换热器 C_1、5、4 和 C_2 之间形成的热负荷回路,标识为$(C_1,5,4,C_2)$。

④热物流 H1、H2 和 2 股公用工程冷物流之间形成的热负荷回路,即换热器 C_1、3、4 和 C_2 之间形成的热负荷回路,标识为$(C_1,3,4,C_2)$。

⑤热物流 H1、H2 和 2 股公用工程冷物流之间形成的热负荷回路,即换热器 C_1、2、1 和 C_2 之间形成的热负荷回路,标识为$(C_1,2,1,C_2)$。

故图例 4-10 中包含有 1 个 1 级回路,5 个 2 级回路。

热负荷回路的级别反映了热负荷回路的复杂程度和热负荷回路的大小。当换热网络中物流数目较多时,热负荷回路的识别就非常复杂,常需要借助计算机来完成相关工作。

(3)热负荷路径。

在换热网络中,热负荷路径是由换热网络中加热器和冷却器间物流和换热器连接而成。在加热器 H、物流 C1、换热器 4、物流 H1 和冷却器 C_2 之间形成一个热负荷路径$(H,4,C_2)$;在加热器 H、物流 C1、换热器 5、物流 H2 和冷却器 C_1 之间形成一个热负荷路径$(H,5,C_1)$。

换热网络中的热负荷在热负荷路径中进行转移,如热负荷路径$(H,4,C_2)$中的热负荷转移,就是在加热器 H 上增加热负荷 x,或者在换热器 4 上减少热负荷 x,或者在冷却器 C_2 上增加热负荷 x 等等。当热负荷沿热负荷路径转移后,虽然与该路径有关物流的总体热负荷不发生变化,但是该路径中所涉及的换热设备热负荷及其传热温差发生了变化。这样,通过该热负荷路径总体热负荷不发生变化这一事实,可计算出所转移的热负荷 x 及相应换热器的传热温差值。

4.7.2　换热网络调优过程

换热网络调优是基于换热网络中热负荷回路和热负荷路径基本概念,通过热负荷在热负荷路径中转移重新分配热负荷回路中各单元设备热负荷,达到减少换热网络中换热单元设备数的目的。对于任一换热网络而言,若实际换热单元数比通过式(4-23)计算出的最少换热单元数多时,都可进行换热网络调优。

Linnhoff 指出换热网络调优主要思路为当换热网络中实际换热单元数比通过式(4-23)计算出的最少换热单元数每多出一个单元时,则换热网络中针对这多出的换热单元必定存在一个对应的独立热负荷回路。在这一思想指导下,对于一个换热网络,若实际换热单元数比该换热网络最少换热单元数多时,则将多余的换热单元所存在的独立热负荷回路进行断裂,形成热负荷通路;而后,通过能量松弛法将热负荷通过热负荷通路路径进行转移,对整个回路的热负荷重新进行分配,以获得优化的换热网络。

[例4-8]中换热网络进行初步综合后的换热网络方案如图4-40所示,按照 Linnhoff 所提出的换热网络调优思想对该初步换热网络综合方案进行换热网络调优。

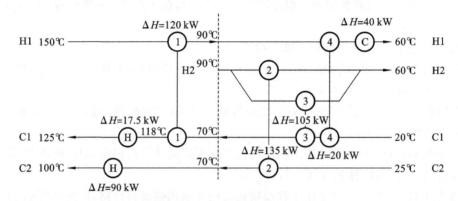

图 4-40　初步换热网络图

换热网络调优过程先从低级回路开始,然后处理高级回路。图 4-40 中热负荷回路为(1,4),即匹配换热器 1 和换热器 4 构成的一个热负荷回路。若将换热器 4 的热负荷向换热器 1 的热负荷转移并将两个换热器合并为 1 个换热器时,就可以减少一个换热设备单元,形成如图 4-41 所示的换热网络:

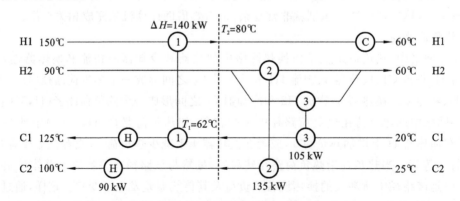

图 4-41　将换热器 1 和 4 合并后的换热网络图

但是,按照图 4-41 所示可得 T_1 和 T_2 之间温度差为(80−62)℃ = 18 ℃,并不满足夹点处冷、热物流间最小允许传热温差为 20 ℃ 的约束条件。从这一点上来看,简单的换热器合并虽然能减少换热单元数目,但是不满足设定的换热条件,而且,也达不到换热网络调优的目的。

为了解决这一问题,在换热器合并过程中,需要借助"能量松弛法"。通过能量松弛法,可在满足减少换热设备单元数目的同时,还满足夹点处冷、热物流间最小允许传热温差约束条件。

所谓能量松弛法,就是将换热网络从最大能量回收的紧张状态松弛下来。即通过调整参数,减少系统的最大能量回收量和增大公用工程消耗量,使冷、热物流间传热温差满足要求。为此,在打开热负荷回路的基础上,寻找热负荷通路,使公用工程加热器和公用工程冷却器在通过不满足最小允许传热温差的换热器匹配中相互连通。

按照这一思路,可从图 4-41 合并一个换热器后的换热网络中获得图 4-42 所示的热负荷能量松弛图:

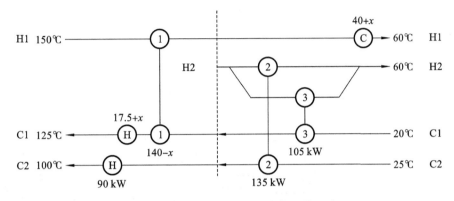

图 4-42　热负荷通路上的热负荷能量松弛

根据传热学原理确定松弛能量 x:

$$Q = 140 - x = CP_{H1}(150 - T_2)$$

其中

$$T_2 = (62 + 20)\ ℃ = 82\ ℃$$

$$CP_{H1} = 2.0\ kW/℃$$

$$x = 4 \tag{4-24}$$

通过能量松弛法,可得到优化后的换热网络,如图 4-43 所示:

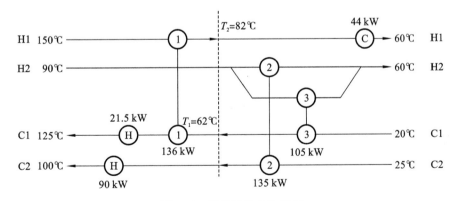

图 4-43　优化后的换热网络

将初步换热网络图 4-40 和优化后换热网络图 4-43 进行比较,可以发现:满足冷、热物流间最小允许传热温差 20 ℃时,换热器个数从初始 7 个减少为 6 个,而减少 1 个换热器的代价是公用工程加热和冷却负荷增加 4 kW。

综上所述,对于满足最大热量回收和最小公用工程用量的换热网络,如果换热单元数不是最少,可采用以下步骤进行优化。

步骤1：在初步换热网络中寻找独立的热负荷回路。

步骤2：沿热负荷回路增加或减少热负荷，以进行热负荷回路的断裂。

步骤3：检查合并后的换热单元是否满足最小传热温差 ΔT_{min} 的要求。

步骤4：若不能满足最小传热温差 ΔT_{min} 的要求，则利用能量松弛法求取最小能量松弛量，恢复冷、热物流满足最小允许传热温差 ΔT_{min} 的要求。

步骤5：对松弛能量进行计算，获得优化后的换热网络。

在实际工程换热网络优化中，独立热负荷回路断开后是否一定要进行能量松弛以满足最小允许传热温差的要求，取决于合并后换热单元的传热温差能否满足上述条件。

4.8　应用实例

在过程系统完成 Aspen Plus 稳态模拟后，将所获得的大量冷、热物流及其相应的热力学性质参数用来进行过程换热网络分析与优化。因此，一般过程系统换热网络往往是将 Aspen Plus 和 Aspen Energy Analyzer 相互关联使用，以实现换热网络夹点分析和最优设计。

以［例4-8］为例，采用 Aspen Energy Analyzer 来进行换热网络优化设计。其步骤如下。

（1）启动 Aspen Energy Analyzer，创建新的案例。

启动 Aspen Plus：按照以下路径打开程序，开始菜单→所有程序→Aspen Tech→Process Modeling V7.2→Aspen Energy Analyzer。点击图标 创建新的案例，或者点击图标 创建新的项目。本例中选择创建新的案例，如图4-44所示：

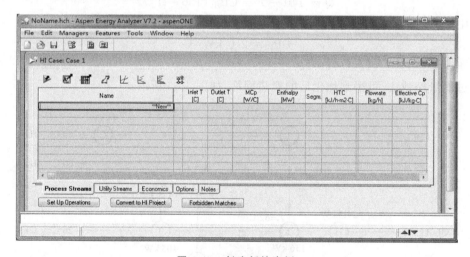

图 4-44　创建新的案例

（2）输入流股信息。

创建新的案例/项目后，开始录入物流信息。Aspen Energy Analyzer 中物流信息可以由 Aspen Plus 或其他模拟软件的模拟结果导入，也可以手动输入。

本例中采用手动输入流股（物流）信息。手动输入流股信息需要输入流股进口温度、出口温度、热量、热容流率四个参数中的三个参数。按照［例4-8］中的参数输入流股信息如图4-45所示：

（3）选择公用工程。

从物流信息中可以看出，冷物流最高温度为125 ℃，故选择中压蒸汽作为热公用工程。热

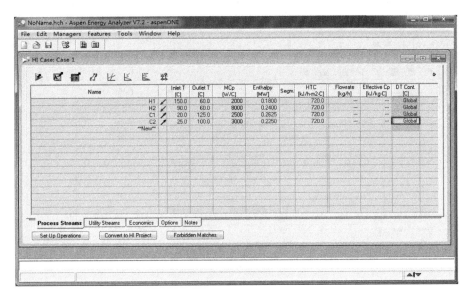

图 4-45　输入物流信息

物流最低温度为 60 ℃,可选择冷却水作为冷公用工程,如图 4-46 所示。

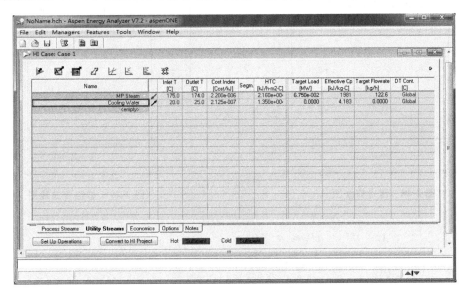

图 4-46　选择公用工程

(4)定义最小温差,查看目标信息。

点击工具栏中的 ,在弹出的窗口中输入最小温差 20 ℃。此时可以看到该最小温差下的能量目标(最低冷/热公用工程消耗量)、所需换热设备个数目标、换热面积目标、总费用目标夹点温度,如图 4-47 所示。本例中夹点温度为冷物流温度 70 ℃、热物流温度 90 ℃。

点击图标 可查看该最小温差下的组合曲线图,如图 4-48 所示;点击图标 可查看该最小温差下的总组合曲线图,如图 4-49 所示。

(5)换热网络设计。

点击 图标进入换热网络网格图窗口,如图 4-50 所示,该窗口显示各冷、热物流和公用

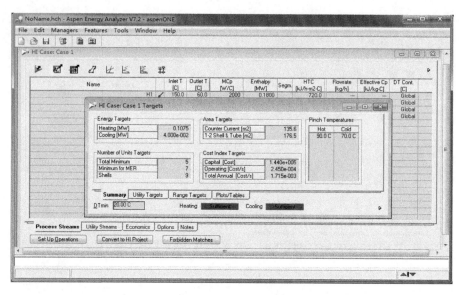

图 4-47　Targets 界面

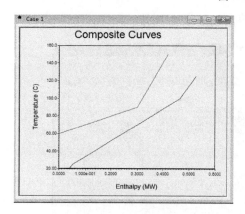

图 4-48　组合曲线图

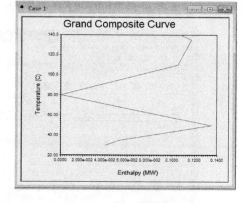

图 4-49　总组合曲线图

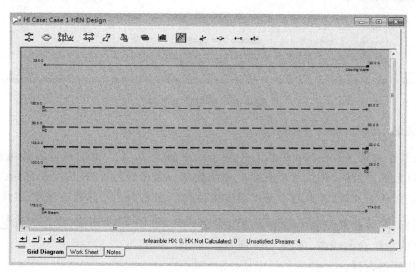

图 4-50　换热网络设计页面

工程的相关信息,而后可采用自动和手动设计换热网络。本例中,采用手动设计换热网络。

在该窗口中单击右键,出现右键菜单如图 4-51 所示,在该菜单中点击 Show/Hide Pinch Lines,则在该网格图中显示夹点线,方便进行换热网络设计,如图 4-52 所示。

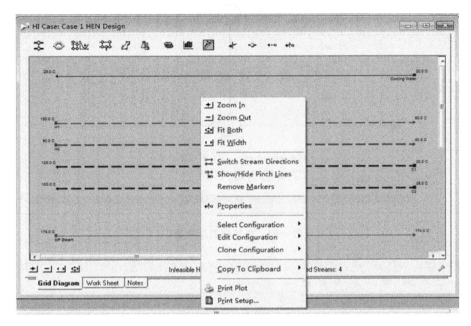

图 4-51　右键菜单

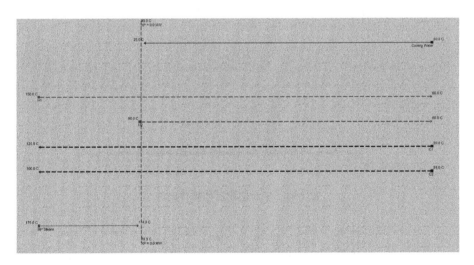

图 4-52　换热网格图

在该窗口中通过鼠标右键拖拽 ⚒ 按钮到物流上可添加换热器,双击换热器图标可进入换热器匹配界面,如图 4-53 所示。

根据夹点设计法的相关原则进行手动匹配,最终得到如图 4-54 所示的换热网络。从图中可以看出经过手动匹配后整个系统的冷公用工程消耗量为 40 kW,热公用工程消耗量为 107.5 kW,达到了图 4-47 所示的能量目标。

手动匹配结果如图 4-55 所示,从图中可以看出换热网络公用工程消耗量和操作费用达到目标指标,但换热器面积和总费用比目标值略高。

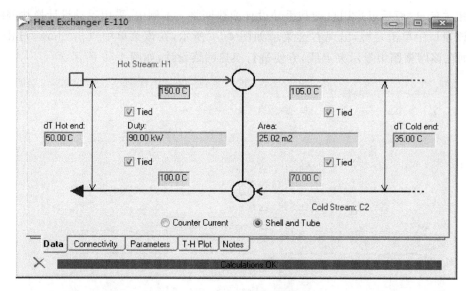

图 4-53　换热器匹配界面

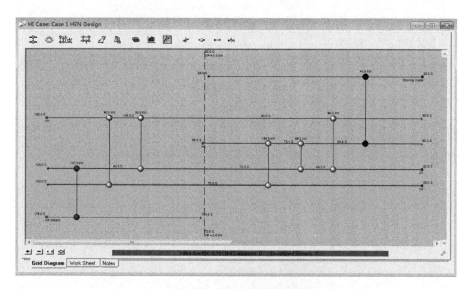

图 4-54　手动匹配后的换热网络

Design	Total Cost Index [Cost/s]	Area [m2]	Units	Shells	Cap. Cost Index [Cost]	Heating [kW]	Cooling [kW]	Op. Cost Index [Cost/s]
Design1	1.777e-003	196.1	7	8	1.500e+005	107.5	40.00	2.450e-004
Targets	1.715e-003	176.5	7	9	1.440e+005	107.5	40.00	2.450e-004

图 4-55　手动匹配结果

（6）换热网络方案选择。

在案例（Case）中只能处理单个换热网络方案，如果需要对比多个换热网络方案以获得较佳的方案时，只能在项目（Project）中进行。已经建立的案例可以点击 Convert to HI Project

按钮将案例转化为项目。

将本案例转化为 Project 后,右键单击 Case 1,弹出菜单如图 4-56 所示,点击 Add Design,添加新的换热网络设计,命名为 Design 2。在 Design 2 中采用手动匹配得到第二种换热网络方案 2,如图 4-57 所示。

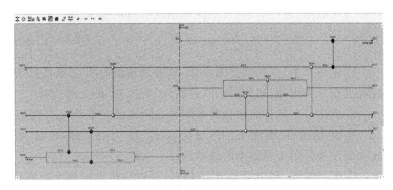

图 4-56 创建新的 Design   图 4-57 换热网络方案 2

点击左边窗口中的 Case 1 目录,然后点击下方的 Design 标签可以看到所有换热网络方案的对比,如图 4-58 所示。从图中可以看出,两种方案的冷/热公用工程消耗量、操作成本指数均相同,但 Design 2 的换热面积、总成本指数比 Design 1 要低,更加接近目标值,故 Design 2 的换热网络方案比 Design 1 更好。

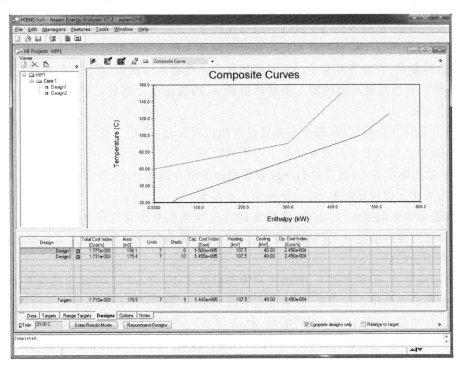

图 4-58 换热网络方案对比

Aspen Energy Analyzer 除了可以手动匹配外,还可通过软件自动匹配推荐换热网络,参见相关参考文献。

本 章 小 结

(1)基本概念。

①有效能损失:对于存在多股热物流和多股冷物流的热交换系统,若假定冷、热物流的比热容为常数,则该冷、热物流的换热系统有效能损失为

$$\sum_j \sum_k \Delta \varepsilon_{jk} = T_0 \left(\sum_j W_j c_j \ln \frac{T_{je}}{T_{ji}} + \sum_k W_k c_k \ln \frac{T_{ke}}{T_{ki}} \right)$$

②夹点技术:以热力学为基础,从宏观角度分析过程系统中能量沿温度的分布状况,从中发现过程系统用能"瓶颈"所在,并给出"解瓶颈"的一种方法。

③夹点:冷、热物流组合曲线的垂直距离满足最小允许传热温差 $\Delta T_{\min}$ 对应的点为夹点。

④温-焓图:以温度 T 为纵坐标,以焓 H 为横坐标,在温-焓图上可以描述过程系统中冷、热物流以及公用工程物流的热特性。

⑤组合曲线:利用温-焓图的特点,分别对热物流和冷物流热流量沿温度的分布进行标绘,组合曲线是进行冷、热物流间匹配换热的前提。

⑥总组合曲线:在温-焓图上,将过程系统中热流量沿温度的分布情况进行标绘即得换热网络总组合曲线,其中热流量为零处即为夹点处。总组合曲线是用于过程系统能量集成的一种有效工具。

⑦虚拟界面温度:通过冷、热物流传热温差贡献值修正后可得到冷、热物流虚拟温度,根据此温度确定过程系统的夹点。

⑧热负荷回路:在换热网络中从任一股物流出发,沿着与其匹配的物流找下去直至回到原来的物流,则这条路径上所有换热单元形成的回路称为热负荷回路。

⑨热负荷路径:在加热器和冷却器间由物流和换热器连接而成,且在热负荷路径上换热器减少热负荷 x,在冷却器和加热器上增加热负荷 x,热负荷沿该路径转移后,并不改变有关物流的总体热负荷。

(2)夹点设计三条原则:原则 1 夹点处没有热流量穿过;原则 2 夹点上方不能有公用工程冷却物流;原则 3 夹点下方不能有公用工程加热物流。

(3)温-焓图确定夹点:搜集数据→绘制各物流的组合曲线→冷、热物流组合曲线满足最小垂直距离为最小允许传热温差 $\Delta T_{\min}$→确定夹点位置。

(4)问题表格法确定夹点:设冷、热物流间匹配换热的最小允许传热温差 $\Delta T_{\min}$→温度区间的标绘→子网络的确定→子网络的热量衡算→列问题表格并提出解决方案→夹点位置和最小公用工程用量的确定。

(5)夹点的意义:①夹点处冷、热物流间传热温差最小,为 $\Delta T_{\min}$,在此传热温差下,可确定最大热回收和最小公用工程用量,获得过程系统用能的"瓶颈"。若是要增大系统能量回收和减少公用工程用量,也就是"解瓶颈"的话,就需对 $\Delta T_{\min}$ 进行优化设计;②夹点处热流量为零处,也是温-焓图上将过程系统的物流分为两个独立部分(夹点上方的热阱部分和夹点下方的热源部分),且两个独立部分之间没有任何热交换。

(6)总组合曲线的意义:①热流量为零处为夹点;②夹点将能量流分为两部分(夹点上方的热阱部分和夹点下方的热源部分),夹点上方需要公用工程加热负荷,夹点下方需要公用工程冷却负荷;③总组合曲线中"热袋"意味着冷、热物流间进行热交换就可以满足换热的工艺要求,不需要外加冷/热公用工程;④充分利用"热袋"中高温位过程物流产生较高品位的中压蒸

汽,而采用低品位的低压蒸汽加热热袋中低温位的过程物流,以达到降低操作费用的目的。

(7)有效能基础上的换热网络综合:搜集过程系统中的各流股质量流量、输入温度、输出温度等数据,并尽量搜集相关的热力学性质和物理性质参数→在温-焓图上对各流股进行标绘,分别构造热物流组合曲线和冷物流组合曲线→根据设定的最小允许传热温差进行夹点位置、$Q_{R,max}$、$Q_{H,min}$ 和 $Q_{C,min}$ 的确定→根据冷、热物流的端点和折点画垂直线,划分换热间隔区间,得出冷、热物流间匹配关系→对初步最小传热面积换热网络进行优化,获得优化后的换热网络。

(8)夹点设计基础上的换热网络综合可行性规则:①可行性规则 1,即冷、热物流流数目不等式规则;②可行性规则 2,即热容流率 CP 不等式规则。

(9)夹点设计基础上的换热网络综合的物流匹配的经验规则:①经验规则 1,即在进行冷、热物流匹配换热时,选择每个匹配的热负荷等于所提供匹配的冷、热物流热负荷较小者,通过一次的匹配换热使热负荷较小者由初始温度达到目标温度,以满足过程系统换热器设备数目最少,减少设备投资费用的目的;②经验规则 2,在进行冷、热物流匹配时,尽量选择热容流率相近的冷、热物流进行匹配换热,以保证换热器结构上相对合理。

(10)夹点设计基础上的换热网络综合步骤:在确定夹点位置后,在夹点位置处将换热系统分割为夹点上方和夹点下方,分别对夹点上方和夹点下方进行换热网络的物流匹配→在夹点上方和夹点下方进行物流匹配时,都先从夹点处开始设计,利用夹点处物流匹配的可行性规则和经验规则进行设计→离开夹点后,冷、热物流的匹配有较大的自由度,在物流匹配的经验规则的基础上,还可以按照专业判断进行物流间的匹配设计。

(11)换热网络调优思路:换热网络调优过程先从低级回路开始,然后处理高级回路→通过热负荷路径重新分配回路中各单元设备的热负荷,以减少换热系统中换热单元设备数,获得优化的过程系统换热网络→被断开的匹配回路采用能量松弛法对热负荷分配进行重新计算,获得优化后的换热网络。

习　　题

4-1　某过程系统中各换热物流数据如表 4-19 表所示。

表 4-19　换热系统中各物流数据一览表

物流编号	物流性质	初始温度/℃	终了温度/℃	热负荷/kW	热容流率/(kW/℃)
H1	热物流	180	80	60.0	0.6
H2	热物流	130	40	108.0	1.2
C1	冷物流	30	120	97.2	1.08
C2	冷物流	60	100	96.0	2.4

设定换热系统中最小传热温差 $\Delta T_{min} = 20$ ℃,

试:(1)利用问题表格法确定夹点温度,并求最小公用工程加热负荷和最小公用工程冷却负荷 $Q_{H,min}$、$Q_{C,min}$;

(2)在温-焓图上确定夹点的位置,并求取过程系统所能达到的最大热回收 $Q_{R,max}$,最小公用工程加热负荷和最小公用工程冷却负荷 $Q_{H,min}$、$Q_{C,min}$。

4-2　某换热系统的工艺物流为两股热物流和两股冷物流,其物流数据如表 4-20 所示。

表 4-20　换热系统中各物流数据一览表

物流编号	物流性质	初始温度/℃	终了温度/℃	热负荷/kW	热容流率/(kW/℃)
H1	热物流	250	40	315	1.5
H2	热物流	200	80	300	2.5
C1	冷物流	20	180	320	2.0
C2	冷物流	140	230	270	3.0

假定换热系统中最小传热温差 $\Delta T_{min} = 10$ ℃。

试:(1)用问题表格法确定该换热系统的夹点位置。

(2)最小公用工程加热负荷、最小公用工程冷却负荷。

(3)当换热系统中最小传热温差 $\Delta T_{min} = 20$ ℃时,求取夹点位置、最小公用工程加热负荷、最小公用工程冷却负荷。

(4)对不同 ΔT_{min} 下计算结果进行讨论。

4-3　在某化工过程中,包含两股热物流和两股冷物流,数据如表 4-21 所示。

表 4-21　换热系统中各物流数据一览表

物流编号	物流性质	初始温度/℃	终了温度/℃	热负荷/kW	热容流率/(kW/℃)
H1	热物流	180	60	360	3.0
H2	热物流	150	30	120	1.0
C1	冷物流	30	135	210	2.0
C2	冷物流	80	140	300	5.0

假定最小传热温差 $\Delta T_{min} = 20$ ℃。

试:(1)用问题表格法确定过程的夹点温度、最小公用工程加热负荷和最小公用工程冷却负荷。

(2)对换热系统进行初步的换热网络综合。

(3)对初步的换热网络进行优化,设计优化后的换热网络。

4-4　某过程系统中冷、热物流的物流数据如表 4-22 所示。

表 4-22　换热系统中各物流数据一览表

物流编号	物流性质	初始温度/℃	终了温度/℃	热负荷/kW	热容流率/(kW/℃)
H1	热物流	180	60	360	3.0
H2	热物流	150	30	120	1.0
C1	冷物流	30	135	210	2.0
C2	冷物流	80	140	300	5.0

请根据表中数据:

(1)绘制冷物流和热物流的组合曲线。

(2)假定最小传热温差 $\Delta T_{min} = 20$ ℃,试绘制总组合曲线。

4-5　在某化工过程中,包含有两股热物流和两股冷物流,数据如表 4-23 所示。

表 4-23 换热系统中各物流数据一览表

物流编号	物流性质	初始温度 /℃	终了温度 /℃	热负荷 /kW	热容流率 /(kW/℃)	传热温差贡献值 /℃
H1	热物流	180	60	360	3.0	10
H2	热物流	150	30	120	1.0	5
C1	冷物流	30	135	210	2.0	10
C2	冷物流	80	140	300	5.0	10

试：(1)用问题表格法确定过程的夹点温度、最小公用工程加热负荷和最小公用工程冷却负荷。

(2)对换热系统进行初步的换热网络综合。

(3)对初步的换热网络进行优化，设计优化后的换热网络。

参 考 文 献

[1] 杨友麒，项曙光. 化工过程模拟与优化[M]. 北京：化学工业出版社，2006.

[2] 姚平经. 过程系统工程[M]. 上海：华东理工大学出版社，2009.

[3] 都健. 化工过程分析与综合[M]. 大连：大连理工大学出版社，2009.

[4] 姚平经. 过程系统分析与综合[M]. 2版. 大连：大连理工大学出版社，2004.

[5] Umeda T, Itoh J, Shiroko K. Heat exchange system synthesis[J]. Chemical Engineering Progressing, 1978, 74(6): 70-76.

[6] 鄢烈祥. 化工过程分析与综合[M]. 北京：化学工业出版社，2010.

[7] 张卫东，孙巍，刘君腾. 化工过程分析与合成[M]. 2版. 北京：化学工业出版社，2011.

第五章　分离序列综合

 本章学习要点

（1）掌握分离序列综合的基本概念、评价方法、分离序列组合的数学问题；

（2）掌握分离序列综合有序直观推断法；

（3）了解分离序列综合调优法和动态规划法；

（4）掌握 Aspen Plus 在精馏塔优化设计中的应用，了解 Aspen Split 软件。

一个典型的化工过程通常由一个或多个反应器以及具有原料预处理、分离中间产物和提纯产品的多个分离设备以及机、泵、换热器等设备构成，其中生产过程中所涉及的分离过程：第一，可为化学反应提供符合质量要求的原料、清除对反应或催化剂有害的杂质以减少副反应和提高产品收率；第二，可通过分离使未反应的反应物循环利用或提纯以获得合乎产品质量要求的合格产品；第三，可处理化工过程中产生出来的"三废"。因此，分离过程在提高化工过程经济效益和产品质量中起着举足轻重的作用。

分离过程在整个化工过程中的装置投资费用和操作费用中均占有相当大的比例，如对于大型石油工业和以化学反应为中心的石油化工过程，分离装置的费用一般占到总投资费用的 $50\% \sim 70\%$，若是对于以分离操作为整个化工过程主要部分的化工过程来讲，分离过程的装置费用和操作费用则会更高，如二甲苯的生产工艺。因此，在分离过程中如何选择合理的分离方法、如何确定最佳分离流程（分离序列、分离方案）和分离操作工艺条件优化问题，一直是工程技术人员和研究人员最关心的问题，也是分离序列综合的主要目的。

在分离过程中，常用的分离方法有以下四种。

（1）机械分离过程：如过滤、沉降、离心分离、旋风分离和静电除尘等。

（2）平衡分离过程：如闪蒸、部分冷凝、精馏、萃取、吸收、吸附等。

（3）速率分离过程：如膜分离、气体分离和渗透蒸发等。

（4）分离耦合或集成过程：如为改善不利的热力学和动力学因素，本着减少设备和操作费用、节约资源和能源的目的，将分离过程和反应过程、分离过程和分离过程进行耦合以及分离过程的集成等。

在众多分离过程中，精馏具有技术成熟、应用领域广泛和较为经济等优势，被列在石油和化工分离过程的首位。在采用精馏塔作为分离过程的基础上，确定最佳精馏塔分离流程和精馏塔优化设计是精馏塔分离序列综合的主要内容。

5.1　分离序列综合的基本概念

分离序列综合定义为：在给定进料流股的条件（包括物料组成、流率、温度和压力）并规定好分离产品要求的情况下，系统化设计出分离过程总费用最小的产品分离方案。分离序列综合的表达式如式（5-1）所示：

$$\min_{I,X} \varphi = \sum_i C_i(x_i) \tag{5-1}$$

式中：i 为可行的分离单元，$i \in I$；I 为 S 的子集，S 为所有能产生目标产品的分离序列集合；C_i 为分离单元 i 的年度总费用（设备费用和操作费用）；x_i 为分离器（分离单元）i 的设计变量；X 为 x_i 的可行域。

表达式(5-1)表明分离序列综合问题是从所有分离序列集合 S 中产生子集 I 的离散决策以及连续变量 x_i 的决策问题，是一类混合整数非线性数学规划问题。换句话说，分离序列综合包含两方面的研究内容：①寻找最优分离序列和分离器（分离设备）的最优性能；②对每一个分离器寻找最优设计变量值，如结构尺寸、操作条件等。若采用精馏塔作为分离过程，则精馏塔分离序列综合包含两个层次的问题，即精馏塔分离序列优化问题和每一个精馏塔优化设计问题。

5.1.1　简单塔

精馏塔分离序列综合问题中涉及的"精馏塔"常指如图 5-1 所示的简单塔。简单塔满足以下条件：

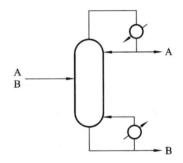

图 5-1　简单塔示意图

(1)有一股进料、两股产品出料。
(2)每个组分只出现在一个产品中，即组分的分离采用锐分离。
(3)塔顶设置全凝器，塔底设置再沸器。

5.1.2　顺序表

进料组分按照一定规律排列起来形成顺序表。顺序表的排列规律是依据与分离方法有关的物性值，如蒸馏或精馏过程中各组分的沸点值、萃取过程中各组分的溶解度、筛分过程中各组分的粒度以及蒸馏、萃取过程中各组分的挥发度等等。

对于精馏塔分离过程而言，常采用组分沸点或挥发度作为排序规律。如一个四组分分离体系的进料顺序表一般表示为

$$\begin{bmatrix} A \\ B \\ C \\ D \end{bmatrix} \text{或(ABCD)}$$

5.1.3　顺式流程

采用简单塔分离三组分混合物,一般会有两种不同的分离流程,如图 5-2 和图 5-3 所示。

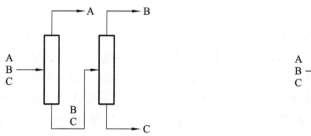 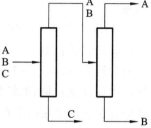

图 5-2　直接序列分离流程　　　　　　　　　图 5-3　非直接序列分离流程

其中,图 5-2 中各组分按照顺序表次序依次将轻组分在每个简单塔塔顶逐个分离出来,称为直接序列分离流程,又称为顺式分离流程;图 5-3 则称为非直接序列分离流程。若所分离混合物中含有较多组分时,常常不可能按照顺序表中的顺序逐个分离。因此,精馏塔分离流程多为非直接序列分离流程。

5.1.4　可能的分离序列数

当采用简单塔将一个三组分混合物分离成 3 个纯组分时,从图 5-2 和图 5-3 可知:分离方案为 2 种,且每种分离方案中包含 2 个简单塔。类似的,当采用简单塔将一个四组分混合物分离成 4 个纯组分时,从图 5-4 可知:分离方案为 5 个,且每种分离方案中包含 3 个简单塔。

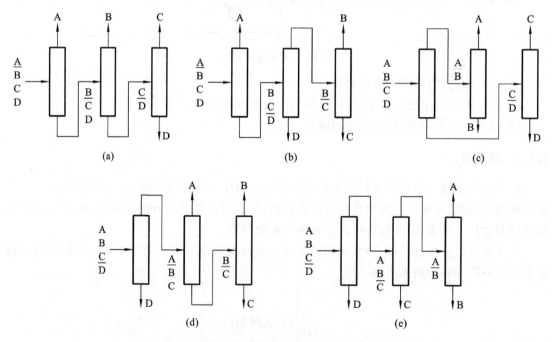

图 5-4　四组分可能的分离序列流程示意图

一般来讲,对于简单锐分离精馏塔分离方法,若将含有 R 个组分的混合物分离成 R 个纯组分产品,其分离序列数 S 可递推推导:对序列中第一个分离器,存在 $(R-1)$ 个分离点(切分点),令出现在塔顶产品中的组分数为 j,出现在塔底产品中的组分数等于 $(R-j)$。如果对于 i 个组分可能的序列数是 S_i,则对于某一个给定第一分离器的分离点情况,分离序列数应该是 $S_j \times S_{R-j}$。在第一个分离器中存在 $(R-1)$ 个不同分离点,因此分离序列的总数目如下式所示:

$$S_R = \sum_{j=1}^{R-1} S_j S_{R-j} = \frac{[2(R-1)]!}{R!(R-1)!} \tag{5-2}$$

若考虑采用多种分离方法 N,则可行的分离序列数 S 计算公式如下式所示:

$$S_R = \frac{[2(R-1)]!}{R!(R-1)!} N^{R-1} \tag{5-3}$$

从式(5-2)和式(5-3)可以看出:分离序列综合是复杂的组合问题。

5.1.5 分离子群

分离多组分进料时,分离序列中每个分离器产生的塔顶和塔底产品常为一些相邻流股形成的流股集合,这一流股集合称为子群。一般情况,R 组分混合物分离序列中分离子群数 G(包括进料)由算术级数求和得到,如式(5-4)所示:

$$G = \sum_{j=1}^{R} j = \frac{R(R+1)}{2} \tag{5-4}$$

[例 5-1] 选择简单塔作为分离方法,请写出(ABC)三组分分离的子群数和子群集合。

解 三组分的分离序列数为 $S=2$,如图 5-5 所示:

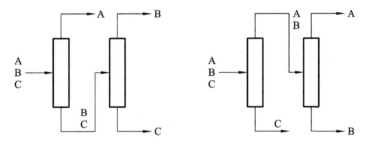

图 5-5 三组分可能的分离序列流程示意图

从图 5-5 可知:三组分分离的子群集合有三组分集合(ABC);二组分集合(BC),(AB);单组分集合(A),(B),(C)。因此,三组分分离的子群数为 $1+2+3=6$。

5.1.6 分离子问题

任一分离序列由不同的分离器组成,因此每个分离子问题都与一个实际分离器相对应,任一分离序列都是分离子问题的不同组合形式。

对于四组分混合物分离为 4 个纯组分的分离问题,由图 5-4 可得:有 $S=5$ 种分离序列,每一种分离序列由 3 个分离器组成,则一共涉及 15 个分离器。但所涉及的 15 个分离器中,仅有 $U=10$ 种是"不重样"的分离器。

所谓"不重样"的分离器是指:在分离混合物的简单塔中,只要任一简单塔分离出的塔顶/塔底组分和其他简单塔不同,即为独立分离单元,又称为不重样分离器。不重样分离器对应的分离问题,又称为分离的子问题。当进行四组分混合物分离时,可得如表 5-1 所示的 10 个分离子问题。

表 5-1　四组分进料的分离子问题

对于第一个分离器的分离子问题	对于后面分离器的分离子问题	
$\begin{bmatrix}A\\\overline{B}\\C\\D\end{bmatrix}$	$\begin{bmatrix}A\\\overline{B}\\C\end{bmatrix}$	$\begin{bmatrix}A\\\overline{B}\end{bmatrix}$
	$\begin{bmatrix}A\\B\\\overline{C}\end{bmatrix}$	$\begin{bmatrix}B\\\overline{C}\end{bmatrix}$
$\begin{bmatrix}A\\B\\\overline{C}\\D\end{bmatrix}$		$\begin{bmatrix}C\\\overline{D}\end{bmatrix}$
	$\begin{bmatrix}B\\\overline{C}\\D\end{bmatrix}$	
$\begin{bmatrix}A\\B\\C\\\overline{D}\end{bmatrix}$	$\begin{bmatrix}B\\C\\\overline{D}\end{bmatrix}$	

对于 R 组分混合物的分离问题,在分离序列中所包含的不重样分离器个数为

$$U = \sum_{j=1}^{R-1} j(R-j) = \frac{R(R-1)(R+1)}{6} \tag{5-5}$$

[例 5-2]　请采用简单塔作为混合物分离方法,对组分数 R 从 2 至 11 的分离序列问题进行以下计算:

(1)分离序列数 S;(2)分离子群数 G;(3)分离子问题数 U;(4)并对 S、G 和 U 随着组分数变化而变化的情况进行讨论。

解　由前述可知:

$$S_R = \sum_{j=1}^{R-1} S_j S_{R-j} = \frac{[2(R-1)]!}{R!(R-1)!}, \quad G = \sum_{j=1}^{R} j = \frac{R(R+1)}{2},$$

$$U = \sum_{j=1}^{R-1} j(R-j) = \frac{R(R-1)(R+1)}{6}$$

将组分数 R 从 2 至 11 依次代入上述公式,计算结果如表 5-2 所示。

表 5-2　组分数 $R=2\sim11$ 的 S、G、U 计算结果

组分数 R	分割点 P	任一序列中分离器个数	分离序列数 S	分离子群数 G	分离子问题数 U
2	1	1	1	3	1
3	2	2	2	6	4
4	3	3	5	10	10
5	4	4	14	15	20
6	5	5	42	21	35
7	6	6	132	28	56
8	7	7	429	36	84
9	8	8	1430	45	120
10	9	9	4862	55	165
11	10	10	16796	66	220

讨论：

①当采用简单塔作为分离方法时，从[例5-2]的计算结果可知：当分离组分数 R 增大时，分离序列数 S、分离子群数 G 和分离子问题数 U 随之增大，其中，分离序列数 S 增大尤为明显。

②若分离方法不局限于简单塔的话，采用式(5-3)计算分离序列数 S，将会面临庞大的组合问题。

5.1.7　目标产物组

在分离过程中确定多组分混合物的分离目标产物，则该目标产物形成相应的目标产物组。在分离过程中，一般目标产物组和相应分离序列的确定出现下面两种情况。

第一种情况：若希望目标产物是纯组分，如混合组分(ABC)分离为纯组分(A)、(B)和(C)，则目标产物组为 3 个纯组分，相应分离序列问题的计算可采用式(5-2)至式(5-5)。

第二种情况：若目标产物不为纯组分时，根据目标产物中的混合组分确定分离序列问题。

(1)若目标产物中混合物为相邻组分，则可将相邻组分的混合物看作一个虚拟组分进行相应分离序列问题的计算。如，将混合组分(ABC)分离为(AB)和(C)，由于 A 和 B 组分为相邻组分，因此可以将(AB)看作一个"虚拟"组分，从而目标产物组可以按照(AB)和(C)两个目标产物进行分离序列数 S、分离子群数 G 和分离子问题数 U 的计算。

(2)若目标产物中混合物不为相邻组分，则需要首先将混合物分离为不同的纯组分后，再进行不相邻纯组分间的混合以形成目标产物组，则该类问题与纯组分的分离序列问题类似。如，将混合组分(ABC)分离为(AC)和(B)，由于 A 和 C 组分不为相邻组分，因此，在分离过程中应首先将混合组分(ABC)分离为纯组分(A)、(B)和(C)后，再将纯组分(A)和(C)进行混合以得到需要的目标产物组，则该分离过程的分离序列综合问题和 3 组分分离序列综合问题计算结果一致。

[例5-3]　将(ABCD)四组分进料分离为(1)(AB)、(C)和(D)三个产物；(2)(A)、(C)和(BD)三个产物。试计算上述两种不同的分离目标产物组的分离序列数 S、分离子群数 G 和分离子问题数 U。

解　(1)AB 为相邻组分，看作一个虚拟组分 A'，则(ABCD)四组分分离问题成为(A'CD)三组分分离问题，因此，$S=2$，$G=6$，$U=4$。

(2)BD 不为相邻组分，因此，只有将四组分的混合物分离为纯组分(A)、(B)、(C)和(D)之后，再将纯组分(B)和纯组分(D)进行混合后获得 3 个目标产物。因此，$S=5$，$G=10$，$U=10$。

5.1.8　分离序列方案评价指标

要想判断获得的分离序列方案是否最优，则需要一种客观的评价分离序列优劣的指标。由于分离序列由不同的分离子问题组成，因此，对分离序列方案评判的过程就是对分离子问题中独立分离单元进行评价的过程。

一般认为，分离序列中各单元设备在最优设计参数下的年度费用(设备折旧费＋操作费用)可以作为判断指标。但在实际过程中，年度费用的计算较为复杂，为简化计算，各学者又提出两种较为简单的判断分离子问题的优化指标：分离易度系数(CES)和分离难度系数(CDS)。

(1)分离易度系数 CES。

$$CES = f \times \Delta \tag{5-6}$$

$$f = \begin{cases} D/W, & D \leqslant W \\ W/D, & D > W \end{cases} \tag{5-7}$$

$$\Delta = |\Delta T_b| \text{ 或 } \Delta = (\alpha - 1) \times 100 \tag{5-8}$$

式中：f 为塔顶与塔底产品的摩尔流量（摩尔分数）比，是个始终不大于 1 的数值；D 为塔顶产品的摩尔流量（摩尔分数）；W 为塔底产品的摩尔流量（摩尔分数）；Δ 为相邻组分沸点差的绝对值，或与相邻组分相对挥发度相关的计算式。

（2）分离难度系数 CDS

$$CDS = \frac{\lg\left[\left(\dfrac{x_{lk}}{x_{hk}}\right)_D \bigg/ \left(\dfrac{x_{lk}}{x_{hk}}\right)_W\right]}{\lg\alpha_{lk,hk}} \times \frac{D}{D+W}\left(1 + \left|\frac{D-W}{D+W}\right|\right) \tag{5-9}$$

式中：$\left(\dfrac{x_{lk}}{x_{hk}}\right)_D$ 为轻、重关键组分在塔顶的摩尔分数比；$\left(\dfrac{x_{lk}}{x_{hk}}\right)_W$ 为轻、重关键组分在塔底的摩尔分数比；$\alpha_{lk,hk}$ 为相邻轻、重关键组分的相对挥发度；D、W 分别为塔顶、塔底产品的摩尔流量。

从分离易度系数和分离难度系数定义可以看出：当分离易度系数越大或分离难度系数越小时，表示轻、重关键组分越容易被分离；反之，当分离易度系数越小或分离难度系数越大时，表示轻、重关键组分越难被分离。另外，相比于分离难度系数 CDS 而言，分离易度系数 CES 计算较为简单。

对于特定的分离序列，分离序列中所有独立分离单元的分离易度系数总和越小或分离难度系数总和越大，则意味着该分离序列就越劣。也就是说，最优分离序列为序列中所有独立分离单元的分离易度系数总和最大或分离难度系数总和最小。

5.1.9　分离序列综合方法

分离序列综合方法大体上可以分为三类：直观推断法、调优法和数学规划法。直观推断法适用于无初始分离方案的分离序列综合，通过直观推断法可以获得局部最优解或近优解的分离序列综合。调优法适用于有初始分离方案的分离序列综合，其初步分离方案往往通过直观推断法获得或参考已有的分离工艺流程，适用于老旧工厂或现有工厂分离工艺流程的技术改造和挖潜改造。数学规划法适用于无初始分离方案的分离序列综合，具有严格的数学理论基础，可获得最优分离序列，但是针对过多组分混合物分离序列综合问题，则会由于计算量过大而导致算法丧失可行性。

5.2　直观推断法

直观推断法是一种简单却带有普遍性经验规则的分离序列综合方法。虽然该方法没有严格的数学理论基础做支撑，但在实际工业过程和应用中具有不可忽视的潜力，尤其是精馏分离序列综合问题。由于直观推断法没有考虑到分离过程的特殊性，因此，所得到的分离序列并非最优分离序列，而是局部最优解或近优解。

在用直观推断法进行分离序列综合时，首先将直观推断规则按照重要程度进行排序，随后按照顺序使用直观推断规则进行分离序列综合，因此，该方法又称为有序直观推断法，"有序"是指将经验规则按照重要程度所进行的排序。

一般来讲，经验规则分为四大类。

(1)M 类规则:关于分离方法的规则。该类规则主要针对某一特定的大量任务,确定最好采用何种分离方法的规则。

(2)D 类规则:关于设计方法的规则。该类规则主要是决定最好采用哪些具有某个特定性质分离序列的规则。

(3)S 类规则:关于组分性质的规则。该类规则主要是根据欲分离组分性质上的不同而提出的规则。

(4)C 类规则:关于分离混合物组成和分离过程经济性的规则。该类规则主要是针对进料组成及产品组成对分离费用影响的规则。

5.2.1　M 类规则

经验规则 1:在所有的分离方法中,优先采用能量分离剂的分离方法,如精馏等,避免采用质量分离剂的分离方法,如萃取、萃取精馏等。若采用质量分离剂的分离方法,应在分离之后的下一步将质量分离剂分离出来。另外,当轻、重关键组分间相对挥发度小于 1.05 时,应采用质量分离剂的分离方法替代能量分离剂的分离方法。

关于经验规则 1 说明如下。

(1)相比于采用能量分离剂的分离方法,采用质量分离剂的分离工艺中每个分离器后面都有一个能将质量分离剂分离出来的分离器。这就意味着,采用质量分离剂的分离方法不单单存在分离器个数增加的问题,而且还存在采用质量分离剂进行分离操作时,分离器流量一般均较大的问题,从而会造成设备费用和操作费用的增加。因此,在分离方法选择中,优先采用能量分离剂的分离方法。

(2)若采用质量分离剂的分离方法可增大分离组分间相对挥发度,或采用质量分离剂的分离方法可直接得到多元目标产物,则可考虑采用质量分离剂的分离方法。

(3)针对特定的分离要求,可通过下式进行半定量分离方法的推断:

$$\max(\alpha_m) \geqslant \max(\alpha_0)^{1.95} \tag{5-10}$$

式中:α_m 为采用质量分离剂的分离方法时轻、重关键组分的相对挥发度;α_0 为采用常规精馏方法时轻、重关键组分的相对挥发度;max 意味着当物流中包含 R 组分时,取相应 α 的最大值。

当满足式(5-10)时,采用质量分离剂的分离方法优于采用能量分离剂的分离方法。一般来讲,当常规精馏中的轻、重关键组分的相对挥发度小于 1.05 时,往往就不考虑采用能量分离剂的分离方法,而采用质量分离剂的分离方法。

经验规则 2:避免分离过程的操作温度和操作压力过于偏离环境条件。如果必须要偏离环境条件,尽量向高温、高压方向,即尽可能避免采用真空精馏和制冷操作。如果不得不采用真空蒸馏,则考虑用液-液萃取分离方法替换;如果需要冷冻操作,则考虑用吸收等分离方法替换。

关于经验规则 2 说明如下。

(1)如果要在偏离环境温度的条件下进行分离操作,往高温、高压方向偏离可以减少分离过程的有效能损失,因此,避免采用真空精馏和制冷操作。

(2)若过程中不可避免要在低温和低压下进行蒸馏分离操作时,需要进行经济性核算以确定能否需要采用其他分离方法进行替代,如液-液萃取分离方法和吸收等分离方法。

5.2.2　D 类规则

经验规则 3:倾向于选择产品集合中元素最少的分离序列。

关于经验规则 3 说明如下。

(1)当产品是单一纯组分时,这一规则不适用。

(2)当产品集合中包含多个多元产品时,倾向于选择得到最少产品种类的分离序列,即相同的产品不要在不同位置分出。如将混合组分(ABC)分离为目标产物组(AB)和(C)时,将(AB)作为一种组分、(C)作为另一种组分进行分离,可获得最少产品种类的分离序列。

(3)产品集合越少,则分离序列中分离单元的数目也就越少,分离过程的总费用也就相应越低。

5.2.3 S 类规则

经验规则 4:首先应移除具有腐蚀性和危险性的组分。

关于经验规则 4 说明如下。

(1)要分离的组分中存在腐蚀性和危险性的组分会造成设备腐蚀和操作安全问题。

(2)设立规则 4 是为了避免后继分离设备中腐蚀和操作安全问题。

经验规则 5:对于难分离的组分一般放在分离序列最后进行分离,特别是当关键组分间的相对挥发度接近 1 时,应当在没有非关键组分存在的情况下进行分离。

关于经验规则 5 说明如下。

(1)设立规则 5 是确保分离净功消耗保持较低水平。

(2)精馏过程所消耗的净功与级间流量及(冷凝器温度倒数－釜温倒数)成正比。其中,级间流量一般与 $(\alpha-1)^{-1}$ 成正比,(冷凝器温度倒数－釜温倒数)与塔顶和塔釜流出物相关。因此,当 α 接近 1 和分离塔不存在非关键组分时,级间流量将很大,若塔顶和塔釜温差保持最小,则分离净功消耗不至过大。

(3)为了更直观地理解这一规则,可通过分离费用与分离塔进料量和分离点两侧相邻两组分间性质差的关系式(5-11)进行简要说明:

$$\text{分离费用 } C \propto \frac{\text{进料量}}{\text{分离点两侧相邻两组分间性质差}} = \frac{F}{\Delta} \tag{5-11}$$

式(5-11)中:若分离塔进料量增大,则分离费用增多;若分离点两侧相邻两组分间的性质差别大,则 Δ 大,说明相邻两组分易于分离,则分离费用减少。

当将(ABCD)四组分混合物分离为(A)、(B)、(C)和(D)四个纯组分时,假设各组分物质的量均相等为 f,各组分沸点差只有相邻组分(BC)间最小,为其他相邻组分沸点差 Δ 的 1/4。上述组分分离序列的分离费用一览表如表 5-3 所示。

表 5-3 四组分不同分离序列的分离费用一览表

分离方案	分离序列示意图	式(5-11)计算分离费用
1		塔 1 成本: $\dfrac{F_1}{\Delta_{AB}} = \dfrac{4f}{\Delta}$; 塔 2 成本: $\dfrac{F_2}{\Delta_{BC}} = \dfrac{3f}{\Delta/4} = \dfrac{12f}{\Delta}$; 塔 3 成本: $\dfrac{F_3}{\Delta_{CD}} = \dfrac{2f}{\Delta}$; 成本合计: $\dfrac{4f}{\Delta} + \dfrac{12f}{\Delta} + \dfrac{2f}{\Delta} = \dfrac{18f}{\Delta}$

分离方案	分离序列示意图	式(5-11)计算分离费用
2		成本合计：$\dfrac{4f}{\Delta} + \dfrac{3f}{\Delta} + \dfrac{2f}{\Delta/4} = \dfrac{15f}{\Delta}$
3		成本合计：$\dfrac{4f}{\Delta/4} + \dfrac{3f}{\Delta} + \dfrac{2f}{\Delta} = \dfrac{21f}{\Delta}$
4		成本合计：$\dfrac{4f}{\Delta} + \dfrac{3f}{\Delta} + \dfrac{2f}{\Delta/4} = \dfrac{15f}{\Delta}$
5		成本合计：$\dfrac{4f}{\Delta} + \dfrac{3f}{\Delta/4} + \dfrac{2f}{\Delta} = \dfrac{18f}{\Delta}$

　　从表5-3可知：分离费用最低为$15f/\Delta$，对应的精馏塔分离序列为方案2和方案4，这两种方案都是将最难分离的(BC)组分间分离放在分离流程的最后。

5.2.4　C类规则

　　经验规则6：若在分离过程中有合理的相对挥发度数值或分离因子，则应首先移除混合物中含量最多的组分。

　　关于经验规则6说明如下。

　　(1)在分离过程中，首先移除含量最多的组分，可避免该组分在后续塔中经过多次汽化和冷凝过程。

　　(2)通过首先移除含量最多的组分，可减小后续塔的分离负荷。

　　经验规则7：当需要分离的组分间性质差异以及组分组成变化范围不大时，分离塔倾向于塔顶和塔底等物质的量分割。

　　然而,这一经验规则在实际应用中很难既考虑等物质的量分割又兼顾分割组分间的合理相对挥发度,为此,在分离塔中组分间的分离往往选择具有最大分离易度系数处作为分离塔组分的分离点。

　　关于经验规则 7 说明如下。

　　(1)当塔顶馏出物物质的量和塔釜产品物质的量相同时,精馏段的回流比和提馏段的蒸发可达到较好的平衡,从而分离费用可能较低。

　　(2)从有效能损失角度来看:当塔顶馏出物物质的量远小于塔釜产品物质的量时,精馏段的操作线要比提馏段的操作线更接近于对角线,精馏段的有效能损失会很大;类似的,若塔釜产品物质的量远小于塔顶馏出物物质的量时,提馏段的有效能损失会很大。

　　(3)为了更直观地理解不能等物质的量分割时,往往选择具有最大分离易度系数处作为分离点,以分离四组分混合物(ABCD)为(A)、(B)、(C)和(D)四个纯组分为例,对不同分离方案的分离费用按照式(5-11)进行计算,结果如表 5-4 所示。

表 5-4　四组分不同分离序列分离费用一览表

分离方案	分离序列示意图	式(5-11)计算分离费用
1		塔 1 成本:$\frac{F_1}{\Delta_{AB}} = \frac{4f}{\Delta}$; 塔 2 成本:$\frac{F_2}{\Delta_{BC}} = \frac{3f}{\Delta}$; 塔 3 成本:$\frac{F_3}{\Delta_{CD}} = \frac{2f}{\Delta}$; 成本合计:$\frac{4f}{\Delta} + \frac{3f}{\Delta} + \frac{2f}{\Delta} = \frac{9f}{\Delta}$
2		成本合计:$\frac{4f}{\Delta} + \frac{3f}{\Delta} + \frac{2f}{\Delta} = \frac{9f}{\Delta}$
3		成本合计:$\frac{4f}{\Delta} + \frac{2f}{\Delta} + \frac{2f}{\Delta} = \frac{8f}{\Delta}$
4		成本合计:$\frac{4f}{\Delta} + \frac{3f}{\Delta} + \frac{2f}{\Delta} = \frac{9f}{\Delta}$

续表

分离方案	分离序列示意图	式(5-11)计算分离费用
5		成本合计：$\dfrac{4f}{\Delta}+\dfrac{3f}{\Delta}+\dfrac{2f}{\Delta}=\dfrac{9f}{\Delta}$

从表 5-4 可得：当精馏塔采取等物质的量分割(方案 3)时的分离费用最低。

直观推断法中,7 条经验规则虽说是按照各规则的重要程度排序,但实际应用过程中有时候会发生规则间的冲突,即根据某一原则该用某一型式的分离器和分离序列,而根据另一原则又要采用另一型式的分离器和分离序列等问题。因此,7 条经验规则在应用过程中,要真正理解直观推断法进行分离序列综合的目的：减少需要对比的分离序列数目,除去大量与上述经验规则根本矛盾的分离序列,获得初步的分离序列综合。

[例 5-3] 一含有 5 种组分的轻烃混合物组成如表 5-5 所示,拟采用常规蒸馏将五组分混合物分离为 5 个纯组分,试进行初步的分离序列综合。

表 5-5　五组分混合物数据

组分	组成(摩尔分数)	相对组分间相对挥发度(37.7 ℃,1.72 MPa)
A 丙烷	0.05	2.0
B 异丁烷	0.15	1.33
C 正丁烷	0.25	2.4
D 异戊烷	0.20	1.25
E 正戊烷	0.35	—

解　(1)组分间 CES 的计算。

按照式(5-6)至式(5-8)进行各组分间 CES 的计算,如表 5-6 所示。

表 5-6　五组分间 CES 计算结果一览表

组分	组成(摩尔分数)	相对组分间相对挥发度 (37.7 ℃,1.72 MPa)	分离易度系数 CES
A 丙烷	0.05	2.0	5.26
B 异丁烷	0.15	1.33	8.25
C 正丁烷	0.25	2.4	114.5
D 异戊烷	0.20	1.25	13.46
E 正戊烷	0.35	—	—

以 AB 间 CES 计算为例：

$$D = 0.05, W = 0.95 \Rightarrow f = 0.05/0.95;$$
$$\Delta = (\alpha - 1) \times 100 = (2.0 - 1) \times 100 = 100$$
$$CES = f \times \Delta = 5.26$$

以 DE 间 CES 计算为例：

$$D = 0.65, W = 0.35 \Rightarrow f = 0.35/0.65;$$
$$\Delta = (\alpha - 1) \times 100 = (1.25 - 1) \times 100 = 25$$
$$CES = f \times \Delta = 13.46$$

（2）采用直观推断法进行分离序列综合。

经验规则 1：由题设，采用常规蒸馏分离方法。

经验规则 2：由于轻组分沸点低，在常规精馏的操作条件确定时，采用加压下冷冻。

经验规则 3：未使用该经验规则。

经验规则 4：未使用该经验规则。

经验规则 5：由于组分 D 和 E 之间 $\alpha = 1.25$，难以分离，因此在分离序列最后进行组分 D 和 E 之间的分离。

经验规则 6：组分 E 的摩尔分数大，为 0.35，应该首先移除，但与经验规则 5 相互冲突。由于经验规则 5 优先于经验规则 6，因此，未使用该经验规则。

经验规则 7：倾向于等物质的量分割，并考虑到相邻组分间 CES 数值，分离点在组分 C 和组分 D 间最合适，因此分离方案为 ABC/DE，此时分割的物质的量之比为 0.45/0.55，CES=114.5，分离方案如图 5-6 所示。

针对混合组分（ABC）的分离，则需要对三组分间 CES 重新进行计算，如表 5-7 所示。

表 5-7　三组分间 CES 计算结果一览表

分离方案	f	Δ	CES=$f\Delta$
A/BC	0.05/0.40	$(2-1) \times 100 = 100$	12.5
AB/C	0.20/0.25	$(1.33-1) \times 100 = 33$	26.4

由表 5-7 可知：混合组分（ABC）分离方案优先选择 AB/C。

（3）五组分分离序列综合如图 5-7 所示。

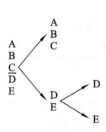

图 5-6　五组分分离的部分分离序列

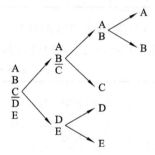

图 5-7　最优分离序列

5.3　调　优　法

以直观推断法为基础获得的分离序列为局部最优解或近优解。在初始分离序列的基础上，采用调优法优化初始分离序列，以确保得到的分离序列更具有实用价值。

所谓调优法，就是按照一定的调优规则和调优策略，对某个初始分离序列进行逐步改进以搜索出最优分离序列的一种方法。调优法包括三方面的内容：第一方面，建立初始分离序列；

第二方面,确定调优规则;第三方面,制定调优策略。

5.3.1　建立初始分离序列

初始分离序列越接近于最优分离序列,则调优过程就越快,也越容易找到最优解。因此,初始分离序列对解决分离序列最优综合问题是十分重要的。

一般情况下,获得初始分离序列的方法有两种。

(1)将直观推断法获得的分离序列综合结果作为初始分离序列。该方法较为简单,也能较快地获得初始分离序列。

(2)对于实施技术改造或挖潜改造的过程系统,采用已有的分离流程方案或现有装置的分离序列作为初始分离序列。

5.3.2　确定调优规则

分离序列调优过程中,首先需要采用一定的调优规则产生所有可能的分离序列,随后,在所有分离序列中选择最优分离序列。

调优规则应具有以下三条性质。

(1)有效性:利用调优规则产生的分离序列应是可行的。

(2)完整性:反复运用调优规则,产生所有可行的分离序列。

(3)直观合理性:相邻的分离序列间不应该存在十分显著的差异。

Stephenpolous 等人在 1976 年提出两条分离序列调优规则。

调优规则 1:相邻层次分离点序列位置变换原则。

交换任意相邻层次分离点所处的序列位置,形成一系列互为相邻的分离序列。在这一原则中,值得注意的是:相邻层次分离点序列位置在进行变换时,为确保相邻分离序列之间差别不大,应在原分离序列的基础上进行微调。

调优规则 2:不同分离方法替代方案原则。

对一定的分离任务,采用新分离方案Ⅱ替代原有分离方案Ⅰ。在这一原则中,值得注意的是:为了保证替代前后分离序列之间差别不大,每次只改变分离序列中某一个分离单元的类型。

5.3.3　制定调优策略

为了尽快获得最优分离序列,在利用调优规则对初始分离序列进行调优时,需要在一定的调优策略下进行。

所谓调优策略,是指用来指导调优逐步朝着最优分离序列发展的搜索方法。调优策略不同,意味着搜索方法不同,得到的优化后分离序列也有可能不同。因此,严格意义上来讲,调优法并不能保证得到的分离序列是最优分离序列。

现有调优策略主要有以下三种。

(1)广度第一策略。

利用各种调优规则从现行分离序列产生全部可行的相邻分离序列,称为广度第一策略。一般情况下,首先,将直观推断法获得的分离序列作为现行的分离序列;其次,利用调优规则产生所有可行相邻分离序列,分别对上述分离序列进行模拟计算获得各分离序列的费用;而后,选择其中费用最低的分离序列作为新的现行分离序列;重复上述步骤,直至找到"最优"的分离序列。

（2）深度第一策略。

利用一种调优规则对现行分离序列进行反复调优，直到找到局部最优分离序列，称为深度第一策略。随后，再改用其他调优规则对所获得的局部最优分离序列进行反复调优，直至无法产生更优的相邻分离序列。

（3）超前策略。

在分离序列总数不多或找到的分离序列为局部最优分离序列时，就可以针对现行分离序列产生相邻分离序列，且对所有相邻分离序列再产生进一步的相邻分离序列，甚至可以向前考察更多层次，称为超前策略。通过模拟计算得到各不同分离序列的费用，其中费用最低的分离序列作为现行的分离序列，重复上述步骤，直至找到最优分离序列。值得注意的是：采用超前策略的前提条件是有足够的时间和空间。

为了节省模拟计算量，可以通过合理的评优判据对现行分离序列进行筛选，随后对少数较优分离序列进行模拟计算以获得最优分离序列，这一思路在实际应用中相当有效。

［例 5-4］ 现将六组分混合物（ABCDEF）分离为 6 个纯组分，混合物数据如表 5-8 所示。在分离过程中，可选用的分离方法有常规精馏 Ⅰ 和萃取精馏 Ⅱ 两种方法，对应的分离组分次序分别为：方法 Ⅰ——ABCDEF；方法 Ⅱ——ACBDEF。

表 5-8　六组分混合物数据一览表

组分	进料组成/(kmol/h)	相邻组分的相对挥发度 α	
		常规精馏 Ⅰ	萃取精馏 Ⅱ
A 丙烷	4.55	$\alpha_{AB} \approx 2.45$	—
B 1-丁烯	15.5	$\alpha_{BC} \approx 1.18$	$\alpha_{CB} \approx 1.17$
C 正丁烷	155.0	$\alpha_{CD} \approx 1.03$	—
D 反-2-丁烯	48.2	$\alpha_{DE} \approx 2.89$	$\alpha_{CD} \approx 1.70$
E 顺-2-丁烯	36.8	$\alpha_{EF} \approx 2.50$	—
F 正戊烷	18.2	—	—

分离工艺操作条件为进料温度 37.8 ℃，进料压力 1.03 MPa，所要求的为 A、BDE、C 和 F 四种目标产物组。

试：（1）采用直观推断法对分离序列进行综合。

（2）使用调优法寻找最优分离序列。

（3）对直观推断法和调优法得到的分离序列进行讨论。

解　（1）采用直观推断法获得初始分离序列。

①经验规则 1：由于 $\alpha_{CD} \approx 1.03$，因此，采用萃取精馏进行 C/DE 分离；其余相邻组分间的 α 均可使相邻组分得到合理分离，因此，剩余组分间分离均采用常规精馏的方法。

②经验规则 2：精馏塔低温操作，压力为常压至中压。

③经验规则 3：由于 D 和 E 在同一目标产物组，因此，应避免 DE 之间分离，若是要得到最少产品集合，应采用将组分 B 和 DE 混合获得（BDE）。

④经验规则 4：分离组分中没有腐蚀和有毒有害组分，未采用该条经验规则。

⑤经验规则 5：由于 C/DE 采用常规精馏较难分离，应该用萃取精馏的方案，因此，这一分

离应放在分离序列的最后进行。

　　⑥经验规则6：组分C为进料中最多的组分，按照经验规则6，应先移除，但经验规则5优于经验规则6，因此，未使用该经验规则。

　　⑦经验规则7：按照进料组成和相对挥发度数值，通过计算两种分离方法（常规精馏Ⅰ和萃取精馏Ⅱ）第一个分离单元CES数值，确定初始分离序列，如图5-8所示。

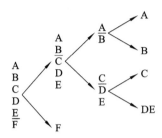

图5-8　初始分离序列

为了方便调优，将图5-8进行分离器定义和相应二元数图的绘制，如图5-9所示。

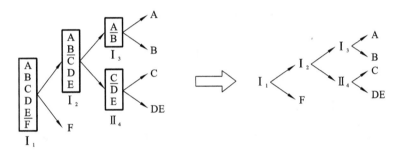

图5-9　初步分离序列

（2）调优寻求最优分离序列。

　　采用调优规则寻求最优分离序列的过程如下：初步分离序列产生所有的近邻分离序列；采用经验规则筛选出有较优希望的近邻分离序列；只对有希望的近邻分离序列进行计算评价，从而产生下轮搜索的分离序列；重复上述步骤，直至没有改进时为止，则获得最优分离序列。

　　第一步：将 I_2 和 II_4 交换位置，产生近邻分离序列（图5-10（a））；同样，将 I_2 和 I_3 交换位置，产生近邻分离序列（图5-10（b））；将 I_1 和 I_2 交换位置，产生近邻分离序列（图5-10（c））。如图5-10所示。

　　图5-10所示的相邻分离序列中：由于图5-10（a）所示方案并未按照直观推断法将萃取精馏放在分离序列的最后，因此，该方案不可取。除图5-10（a）所示方案外，将图5-10（b）所示方案和图5-10（c）所示方案进行模拟计算获得相应年度总费用，如表5-9所示。

表5-9　图5-10所示分离序列年度总费用

分离序列方案	年度总费用/美元
初始分离序列（图5-9）	877572
图5-10（b）所示方案	884828
图5-10（c）所示方案	860400

从表中数据可以看出：图5-10（c）所示方案年度总费用优于初始分离序列，因此，将图5-10

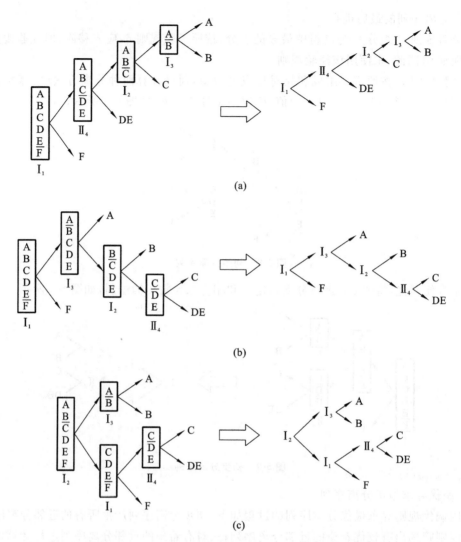

图 5-10　由初步分离序列按照调优规则获得的相邻分离序列

(c)所示方案作为新的现行分离序列，重复上述步骤，进行下一轮搜索。

　　第二步：以图 5-10(c)所示方案作为新的初步分离序列，按照调优规则，产生图 5-11(a)和图 5-11(b)所示的相邻分离序列。

　　将图 5-11 所示相邻分离序列进行模拟计算得到的相应年度总费用列于表 5-10 中。

表 5-10　图 5-11 所示分离序列年度总费用

分离序列方案	年度总费用/美元
图 5-10(c)所示方案	860400
图 5-11(a)所示方案	869475
图 5-11(b)所示方案	880600

　　从表 5-10 中数据可以看出，图 5-11 中分离序列均劣于图 5-10(c)中分离序列，因此，相邻分离序列的搜寻工作停止，将图 5-10(c)作为较好的分离序列，改用局部调优的方法进行寻优。

　　第三步：对图 5-10(c)分离序列采用局部调优法进行寻优。即将某个采用分离方法Ⅰ的分

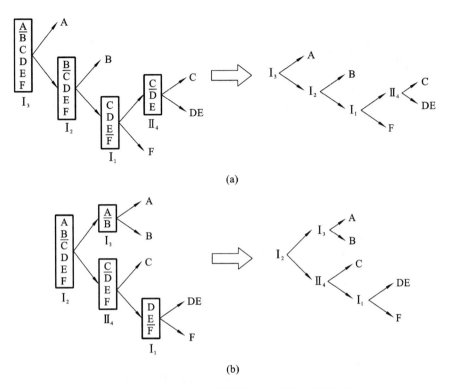

图 5-11　图 5-10 分离序列按照调优规则获得的相邻分离序列

离器更换为采用分离方法Ⅱ的分离器，或者把某个采用分离方法Ⅱ的分离器更换为采用分离方法Ⅰ的分离器。在进行完局部调优后，可获得如图 5-12 所示的分离序列。

将图 5-12 所示的分离序列进行模拟计算获得相应的年度总费用列于表 5-11 中。

表 5-11　图 5-12 所示分离序列年度总费用

分离序列方案	年度总费用/美元
图 5-10(c)所示方案	860400
图 5-12(a)所示方案	3889151
图 5-12(b)所示方案	1574488

从表中数据可以看出：图 5-12 中分离序列均劣于图 5-10(c)中分离序列，因此，寻优工作停止，图 5-10(c)可作为最优或接近最优分离序列。

(3)讨论。

①通过直观推断法的七条经验规则可获得初步分离序列。

②以整个分离序列年度总费用最低为目标函数，对初步分离序列按照一定的调优规则和调优策略进行逐步改进搜索以获得最优或接近最优的分离序列。

③对 $R=5$，$N=2$，按照式(5-3)可得 $S=224$。但是采用调优法，则只产生 8 个可能的分离序列，且通过对 7 个分离序列费用进行详细计算就可获得最优或接近最优的分离序列，大大降低了整个寻优工作量。

④严格意义上来讲，调优法并不能保证得到的分离序列是最优分离序列。

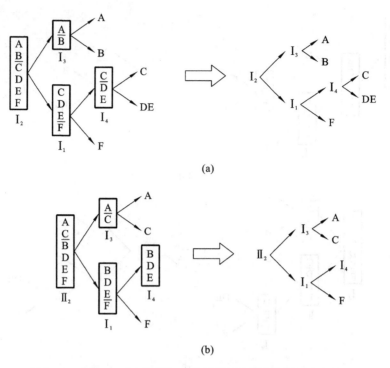

(a)

(b)

图 5-12　由图 5-10(c)分离序列采用局部调优法获得的分离序列

5.4　动态规划法

在寻找最优分离序列的所有方法中,最原始、最基本的方法是枚举法。所谓枚举法就是将混合组分分离中所涉及的每种可能分离序列方案,以式(5-1)作为分离序列的评优目标,从所有可能的分离序列中找出最优分离序列的方法。

从可能分离序列数计算式(5-3)可得:当分离混合物中组分数越多,则分离序列问题呈现爆炸特性,从而导致采用枚举法由于计算工作量过大而无法实施。为了减少计算工作量,又能找到最优分离序列,具有严格数学理论基础的数学规划法是一种较好的方法,可以保证在特定评价指标下得到最优分离序列。

动态规划法是用于精馏分离序列综合的一种常用数学规划方法,是解决多阶段决策过程最优化问题的一种方法。所谓多阶段决策过程指的是将整个过程分为若干阶段(步),在每一阶段中都做出相应的决策以使整个过程取得最优效果。

Hendry 和 Hughes 等人提出动态规划原理:如果一个分离序列是最优的,则综合该分离序列中各步决策也必定是最优的。在该理论基础上,采用动态规划法进行分离序列综合的基本思路:若采用简单锐分离精馏塔,对 R 组分的分离需要 $R-1$ 个分离器,则每选择一个分离器都可以看作是一步决策过程,因此,R 组分的分离序列综合问题就可以看作是 $R-1$ 步的决策过程问题。

如将四组分混合物进料通过锐分离精馏塔分离为 4 个纯组分,则分离序列中独立分离单元数为 10。

（1）四组分分离器：3 个，分别是 $\begin{bmatrix} A \\ B \\ C \\ \overline{D} \end{bmatrix}$ $\begin{bmatrix} A \\ B \\ \overline{C} \\ D \end{bmatrix}$ $\begin{bmatrix} A \\ \overline{B} \\ C \\ D \end{bmatrix}$

　　　　　　　　　　　　　 C_{41}　　C_{42}　　C_{43}

（2）三组分分离器：4 个，分别是 $\begin{bmatrix} A \\ B \\ \overline{C} \end{bmatrix}$ $\begin{bmatrix} A \\ \overline{B} \\ C \end{bmatrix}$ $\begin{bmatrix} B \\ C \\ \overline{D} \end{bmatrix}$ $\begin{bmatrix} B \\ \overline{C} \\ D \end{bmatrix}$

　　　　　　　　　　　　　 C_{31}　　C_{32}　　C_{33}　　C_{34}

（3）二组分分离器：3 个，分别是 $\begin{bmatrix} A \\ \overline{B} \end{bmatrix}$ $\begin{bmatrix} B \\ \overline{C} \end{bmatrix}$ $\begin{bmatrix} C \\ \overline{D} \end{bmatrix}$

　　　　　　　　　　　　　 C_{21}　　C_{22}　　C_{23}

分离器下方 C_{ij} 表示 i 组分子群相应 j 独立分离单元年度总费用。

从上述三类组分分离器中可得，四组分分离序列问题可视为三步决策问题：第一步决策为四组分分离器选择问题，第二步决策为三组分分离器选择问题，第三步决策为二组分分离器选择问题。将四组分混合物（ABCD）设为分离初始状态，4 个纯组分（A）、（B）、（C）和（D）为分离的终止状态，则从四组分混合物到 4 个纯组分物质之间所有可能分离序列如图 5-13 树状结构所示。

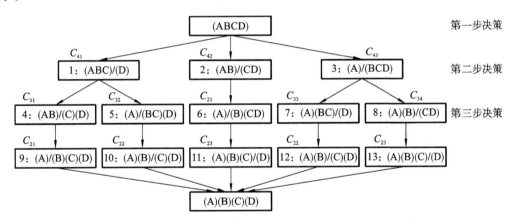

图 5-13　四组分分离序列综合问题多步决策过程树状图

三步决策问题在实施过程中，需要考虑以下两个问题。

第一个问题：在第一步决策过程中，要在费用为 C_{41} 的分离器 1、费用为 C_{42} 的分离器 2 和费用为 C_{43} 的分离器 3 之间选择一个分离器。同时，在选择的过程中，不单单要考虑 C_{41}、C_{42} 和 C_{43} 的费用，还需要考虑后续分离序列的费用。

第二个问题：在费用为 C_{41} 的分离器 1 和费用为 C_{43} 的分离器 3 之后，需要进行第二步决策，而对于费用为 C_{42} 的分离器 2 之后，则不需要进行第二步决策。

动态规划最优原理指出："作为整个过程的最优策略具有如下性质：无论前面的状态和决策如何，对前面决策所形成的状态而言，余下各阶段策略必须构成最优策略"。因此，在决策问题求解时前面的状态和决策对其后面的子问题只不过相当于其初始状态而已，并不影响后续过程的最优策略。因此，多阶段决策问题用于分离序列综合问题的过程可以看作是一个连续递推过程,即由最后一步决策过程向前递推的过程。

N 步决策过程目标函数如式(5-12)所示:

$$\min\phi = \sum_{i=0}^{n-1} C(X_k, U_k) \tag{5-12}$$

式中:X_k 为第 k 阶段决策的终止状态,或第 $k+1$ 阶段决策的起始状态;U_k 为第 $k+1$ 阶段的控制或决策;$C(X_k, U_k)$ 为第 $k+1$ 阶段的费用函数。

若令 $V_j(X_i)$ 表示自 X_i 状态出发经过 j 阶段决策转移到终止状态时目标函数的最小值,则按照动态规划最优化原理可得到递推公式(5-13)和公式(5-14):

$$V_{N-k}(X_k) = \min_{U_k \in U} \{C(X_k, U_k) + V_{N-(k+1)}(X_{k+1})\} \quad (k = 0, 1, \cdots, N-1) \tag{5-13}$$

$$V_0(X_N) = S(X_N) \tag{5-14}$$

式中:$S(X_N)$ 表示不同终止状态对应的费用函数值,一般在分离序列综合问题中,终止状态只有一个,因此 $S(X_N) = 0$。

对于图 5-13 所示的三阶段决策问题,上述递推公式可从最后一个阶段向前递推构造。

①在第三步决策过程中,递推过程分别展开如下。

当 $k=2$ 和 $N=3$ 时,有

$$V_1(X_2) = \min_{U_2 \in U} \{C(X_2, U_2) + V_0(X_3)\} \tag{5-15}$$

$$V_0(X_3) = S(X_3) = 0 \tag{5-16}$$

$$\Rightarrow V_1(X_2) = \min_{U_2 \in U} \{C(X_2, U_2)\} \tag{5-17}$$

对不同节点(状态),有

$$V_1(4) = \min_{U_2 \in U} \{C(4, U_2)\} = C_{21} \tag{5-18}$$

$$V_1(5) = S(7) = C_{22} \tag{5-19}$$

$$V_1(6) = S(8) = C_{23} \tag{5-20}$$

②在第二步决策过程中,递推公式展开如下。

当 $k=1$ 和 $N=3$ 时,有

$$V_2(X_1) = \min_{U_2 \in U} \{C(X_1, U_1) + V_1(X_2)\} \tag{5-21}$$

对于不同节点,有

$$V_2(1) = \min_{U_1 \in U} \{C(1, U_1) + V_1(X_2)\} = \min_{U_1 \in U} \begin{Bmatrix} C_{31} + V_1(4) \\ C_{32} + V_1(5) \end{Bmatrix} = \min_{U_1 \in U} \begin{Bmatrix} C_{31} + C_{21} \\ C_{32} + C_{22} \end{Bmatrix} \tag{5-22}$$

$$V_2(1) = \min_{U_1 \in U} \{C_{21} + C_{23}\} \tag{5-23}$$

$$V_2(1) = \min_{U_1 \in U} \begin{Bmatrix} C_{33} + V_1(7) \\ C_{34} + V_1(8) \end{Bmatrix} = \min_{U_1 \in U} \begin{Bmatrix} C_{33} + C_{22} \\ C_{34} + C_{23} \end{Bmatrix} \tag{5-24}$$

③在第一步决策过程中,递推公式展开如下。

当 $k=0$ 和 $N=3$ 时,有

$$V_3(0) = \min_{U_0 \in U} \{C(0, U_0) + V_2(X_1)\} = \min_{U_0 \in U} \begin{Bmatrix} C_{41} + V_2(1) \\ C_{42} + V_2(2) \\ C_{43} + V_2(3) \end{Bmatrix} \tag{5-25}$$

应用递推公式,从式(5-17)中求解 $V_1(X_2)$,代入式(5-21)求解 $V_2(X_1)$,再代入式(5-25)求解 $V_3(X_0)$,即可得目标函数的最优值。然后,将上述计算过程反演,便可得出各阶段决策,即可获得最优分离序列。

　　动态规划法属于隐枚举法,是一种比枚举法更为有效的算法,其实质是在一个比原搜索空间小得多的空间上进行枚举的一种算法。动态规划法通过构造子问题阶段决策逐步达到问题最优策略,算法有效利用了子问题最优策略,从而显著降低了可能分离序列的组合规模。然而,综合最优分离序列的动态规划法就是在由所有不同分离单元组成的空间中进行枚举的算法,因此,需要详细计算各分离序列中所涉及的全部不同分离器的总费用,因此会导致动态规划法计算工作量非常庞大,这也是动态规划法一个致命的缺点。

　　[例 5-5]　将(ABCD)混合物采用精馏塔分离为(A)、(B)、(C)和(D)四个纯组分,所有可能的分离和分离器的年度成本列于表 5-12 中,请按动态规划法综合出最优分离序列。

表 5-12　四组分分离单元成本数据

组分群	分离点	分离器号	成本/(美元/年)	组分群	分离点	分离器号	成本/(美元/年)
ABCD	A/BCD	1	85000	BCD	B/CD	6	247000
ABCD	AB/CD	2	254000	BCD	BC/D	7	500000
ABCD	ABC/D	3	510000	AB	A/B	8	15000
ABC	A/BC	4	59000	BC	B/C	9	190000
ABC	AB/C	5	197000	CD	C/D	10	420000

　　解　将四组分混合物采用简单锐分离精馏塔分离为 4 个纯组分,需要 10 个不同的独立分离单元,三种不同组分进料的分离器,可看作三阶段决策过程,如图 5-13 所示。

　　结合表 5-12 所示的三阶段决策中所涉及的分离器成本,按照式(5-15)至式(5-25)三阶段决策递推展开式,可得表 5-13 所示各步成本输出值。

表 5-13　三阶段决策问题中各步成本输出值

进料组	分离点	第一步决策成本输出值	第二步决策成本输出值	第三步决策成本输出值
AB	A/B	15000		
BC	B/C	190000		
CD	C/D	420000		
ABC	A/BC		59000＋190000＝249000	
ABC	AB/C		197000＋15000＝212000	
BCD	B/CD		247000＋420000＝667000	
BCD	BC/D		500000＋190000＝690000	
ABCD	A/BCD			85000＋667000＝752000
ABCD	AB/CD			254000＋15000＋420000＝689000
ABCD	ABC/D			510000＋212000＝722000

　　从表 5-13 可以看出:最后决策得到的分离成本最少序列即为最优分离序列,即最低的分离序列成本费用为 689000 美元/年,对应的分离序列如图 5-14 所示。

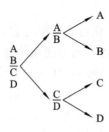

图 5-14　［例 5-5］最优分离序列

5.5　分离序列综合软件及精馏塔的优化设计实例

5.5.1　分离序列综合软件介绍

Aspen Split 是蒸馏系统最优综合工具，可用于初始分离序列的概念设计，也可用于对现有分离工艺进行改进。

（1）混合物物性分析。

运用 Aspen Split 可以研究多组分物系的气-液、气-液-液和液-液等相平衡行为。利用 Aspen Split 提供的分析工具，可确定由热力学模型预测到的所有共沸物的二组分、三组分和四组分相图，从而获得当前物系由于非理想性而形成的精馏区间，以寻找合适的夹带剂来促进当前物系的分离。

（2）设计精馏塔。

输入进料组成和进料流股参数后，对每个组分给定回收率，可进行精馏塔的设计，并提供以下设计信息：分离可行性、所需回流比、给定回流比下的最小理论级数、优选进料位置、全塔组成分布和全塔温度分布等。

（3）精馏塔集成目标。

众所周知，精馏塔能耗较高，可通过 Aspen Split 在多组分精馏最小用能分析的基础上，给出热力学最小用能以预估最小能量需求，从而在不同精馏塔间进行热集成或精馏塔与过程系统中其他单元设备能量集成，以达到节能降耗的目的。

5.5.2　精馏塔的优化设计

采用 Aspen Plus 软件可以进行精馏塔的优化设计。与本书第二章中水和甲醇的精馏塔设计（2.3.2 单元过程稳态模拟实例）不同的是，若要进行精馏塔的优化设计，则需要首先采用严格计算模块进行精馏塔设计，而后在灵敏度分析的基础上，获得精馏塔的优化参数。

以 2.3.2 单元过程稳态模拟实例中水和甲醇分离要求为例，进行精馏塔优化设计，要求塔顶甲醇质量分数达到 0.995 的同时尽量降低再沸器的热负荷，其具体过程如下。

（1）提取简捷计算结果。

采用 2.3.2 单元过程稳态模拟实例中简捷计算结果进行相关数据提取（图 5-15）。

（2）进行精馏塔的严格计算。

将 DSTWU 模块替换为 RadFrac 严格计算模块，并以简捷计算结果作为严格计算的输入参数，如图 5-16 至图 5-18 所示，其他设置不变，计算所得物流结果如图 5-19 所示。

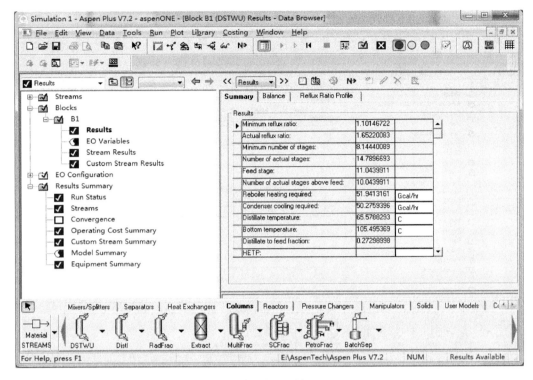

图 5-15　简捷计算结果

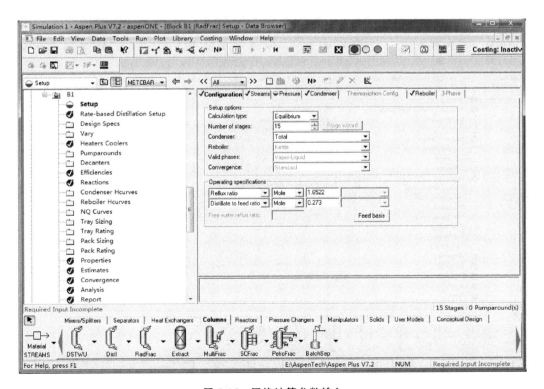

图 5-16　严格计算参数输入

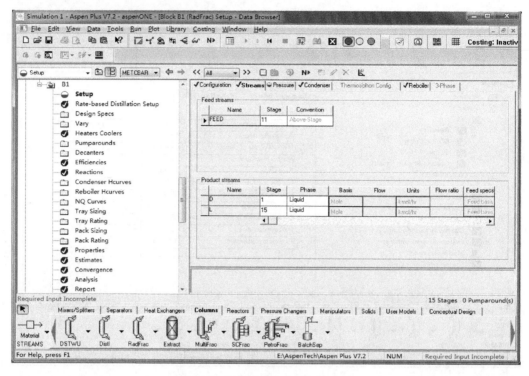

图 5-17　进料位置及产品采出设置

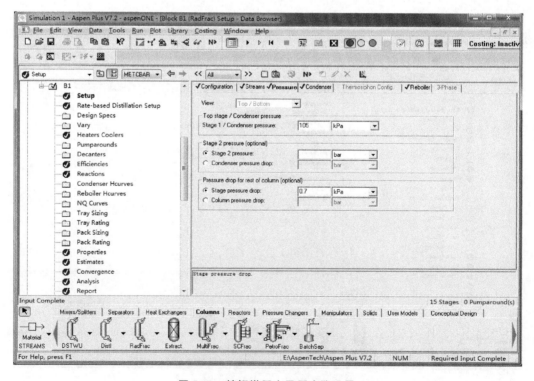

图 5-18　精馏塔压力及压力降设置

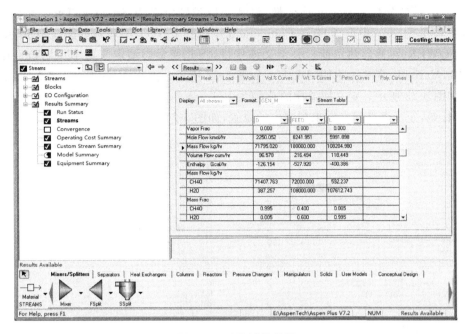

图 5-19　流股计算结果

从结果可以看出在该参数下塔顶产品质量分数已达到要求。为了进一步对该精馏塔进行优化,我们采用灵敏度分析分别考察回流比、理论塔板数和进料位置对塔顶产品质量分数和再沸器热负荷的影响,在保证产品质量的同时尽量降低热负荷。

(3)灵敏度分析。

点击 Data Browser 按钮 🔍 后,在左侧的窗口中点击 Model Analysis Tools 目录下的 Sensitivity。点击 New 新建灵敏度分析模块 S-1,如图 5-20 所示。新建采集变量 PUR(塔顶

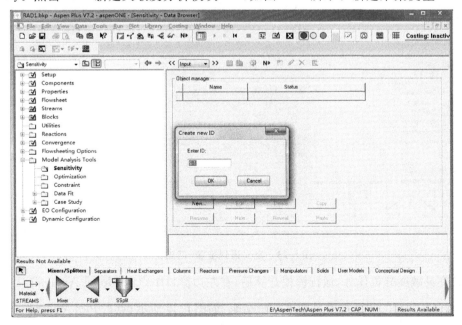

图 5-20　新建灵敏度分析任务

产品中甲醇的质量分数),并定义该变量,将其变量类别定义为 Streams,Type 为 Mass-Frac(质量分数),在 Stream 中选择 D,在 Component 中选择 CH4O(甲醇),如图 5-21 所示。新建采集变量 QWER(再沸器热负荷),并定义该变量,将其变量类型定义为 Block-Var,在 Block 中选择 B1,Variable 定义为 REB-DUTY,如图 5-22 所示。点击 Vary 标签,定义回流比为操纵变量,如图 5-23 所示。定义回流比的范围为 1.1~2.5,步长为 0.1,如图 5-23 所示。点击 Tabulate 标签,定义各变量在结果列表中的位置,如图 5-24 所示。

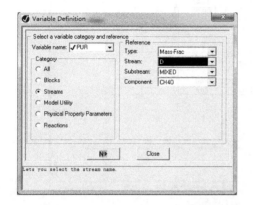
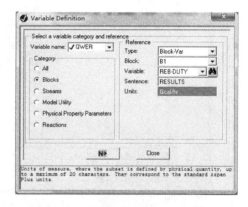

图 5-21　采集变量设置:塔顶产品甲醇质量分数　　　　　图 5-22　采集变量设置:再沸器热负荷

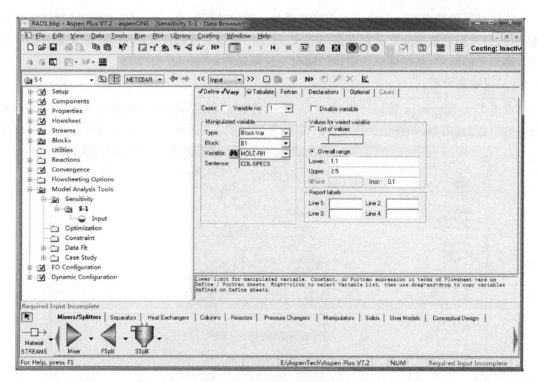

图 5-23　定义操纵变量:回流比

定义完灵敏度分析任务,运行模拟计算后,在左边窗口中点击 Model Analysis Tools 下的 Sensitivity→S-1→Results 查看灵敏度分析结果,如图 5-25 所示;点击 Plot Wizard 按钮可以对灵敏度分析结果绘图,更直观地反映理论塔板数与回流比的关系。在绘图向导中设置回

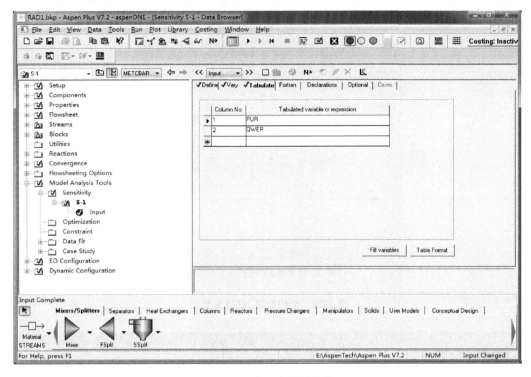

图 5-24　定义变量列位置

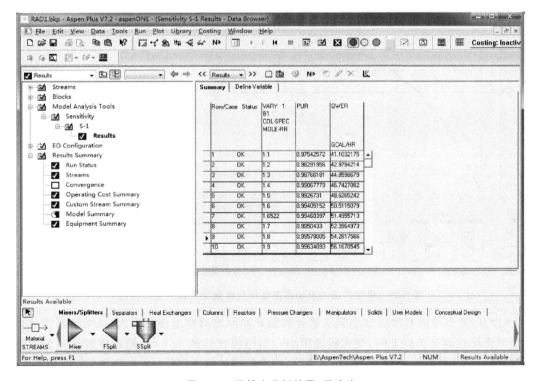

图 5-25　灵敏度分析结果:回流比

流比为 X 轴,塔顶产品质量分数和再沸器热负荷为 Y 轴,如图 5-26 所示;完成绘图向导,得到塔顶产品纯度和再沸器热负荷随回流比的变化曲线,如图 5-27 所示。

图 5-26　绘图向导:设置坐标轴

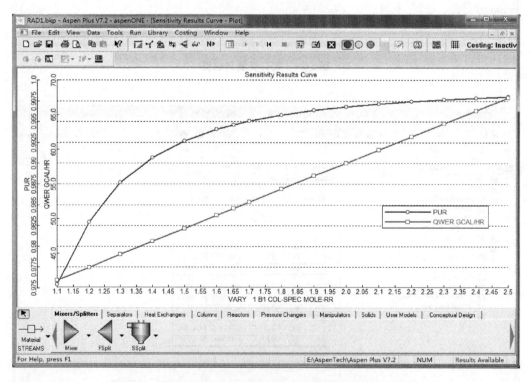

图 5-27　塔顶产品纯度和再沸器热负荷随回流比的变化曲线

　　从图 5-27 中可以看出塔顶甲醇质量分数随着回流比的增加逐渐增大,且增加幅度逐渐减小,当回流比达到 2.1 以上时,变化幅度很小。当回流比达到 1.7 时,塔顶甲醇质量分数达到 0.995,满足产品要求。而再沸器热负荷随回流比的增加线性增大,综合考虑产品质量和能耗, 1.7 是比较合适的回流比。

　　同理,设置回流比为 1.7,采集变量不变,定义理论塔板数为操纵变量,进行灵敏度分析,如图 5-28 所示,所得结果如图 5-29 所示。

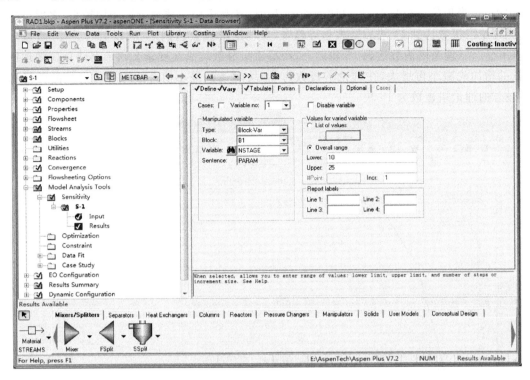

图 5-28　定义操纵变量:理论塔板数

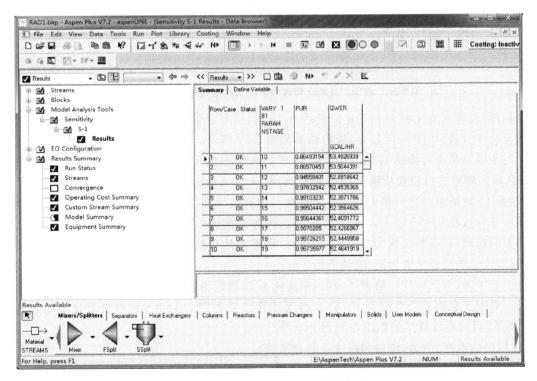

图 5-29　灵敏度分析结果:理论塔板数

对所得结果进行绘图得到塔顶产品纯度和再沸器热负荷随理论塔板数的变化曲线,如图5-30所示。当理论塔板数由 10 块增加到 11 块时,产品中甲醇质量分数增加较小,之后迅速增加,当理论塔板数达到 14 块后增大趋势趋缓,当理论塔板数达到 17 块以上时,甲醇质量分数基本不变。当理论塔板数达到 15 块以上,产品质量分数均满足要求。再沸器热负荷随理论塔板数的增加先减小再增大,在理论塔板数为 15 块时达到最小值。故综合考虑产品质量和能耗,较佳的理论塔板数为 15 块。

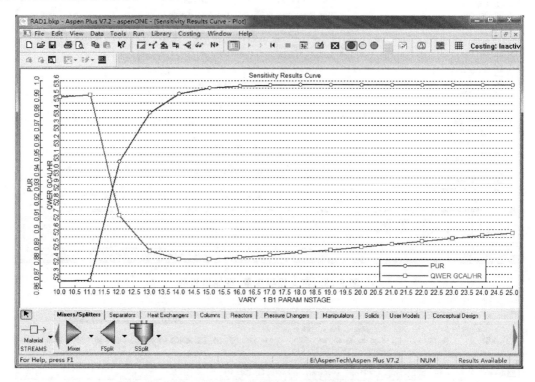

图 5-30　塔顶产品纯度和再沸器热负荷随理论塔板数的变化

同理,设置回流比为 1.7,理论塔板数为 15 块,采集变量不变,定义进料位置为操纵变量,进行灵敏度分析,如图 5-31 所示,所得结果如图 5-32 所示。

对所得结果进行绘图得到塔顶产品纯度和再沸器热负荷随进料位置的变化曲线,如图5-33所示。随着进料位置从第 2 块塔板变到第 14 块塔板时,塔顶产品质量分数先增大后减小,在第 10 块塔板时达到最大值。其中只有当进料位置在第 10 块塔板和第 11 块塔板,塔顶甲醇质量分数在 0.995 以上,满足产品要求。再沸器热负荷随着进料位置的下移,呈现先减小后增大的趋势,在进料位置为第 10 块塔板时,再沸器热负荷达到最小值。综合考虑产品质量和能耗,较佳的进料位置为第 10 块塔板。

综上所述,得到较佳的精馏塔参数:回流比 1.7,理论塔板数为 15 块,进料位置为第 10 块塔板。采用该参数进行严格计算,得到物流计算结果如图 5-34 所示,冷凝器计算结果如图5-35所示,再沸器计算结果如图 5-36 所示。

(4)塔内温度、压力、流量和组成等的分布情况。

此外在 Blocks→B1→Profiles 目录下还可以查看塔内温度、压力、流量、组成分布等,如图5-37 所示。

根据绘图向导对温度分布作图,如图 5-38 所示;选择 Temp,得到塔内温度分布曲线,如图

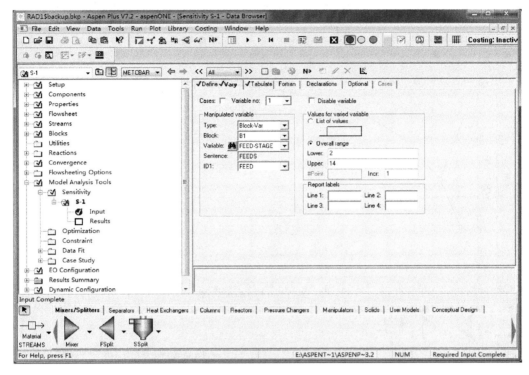

图 5-31　定义操纵变量:进料位置

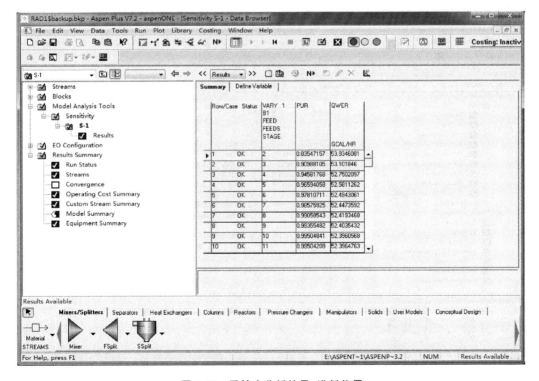

图 5-32　灵敏度分析结果:进料位置

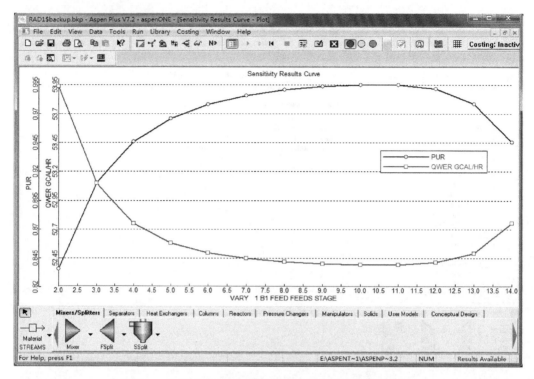

图 5-33　塔顶产品纯度和再沸器热负荷随进料位置的变化

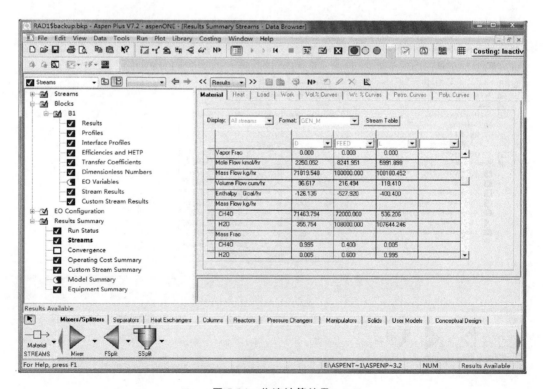

图 5-34　物流计算结果

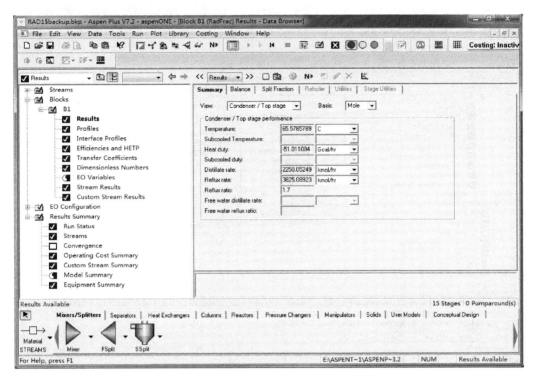

图 5-35　冷凝器计算结果

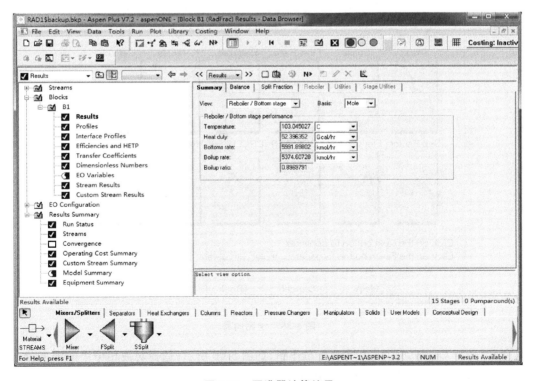

图 5-36　再沸器计算结果

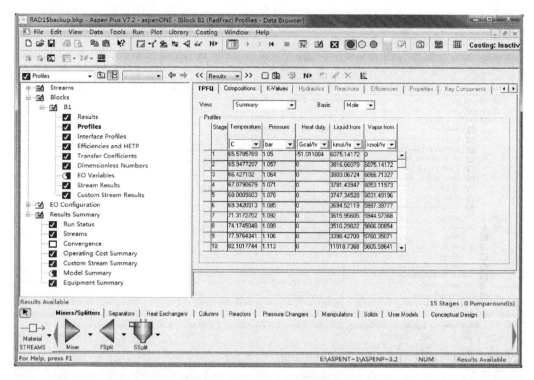

图 5-37　塔内温度、压力、组成分布

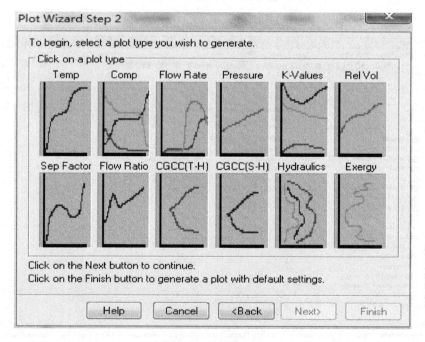

图 5-38　绘图向导

5-39 所示;选择 Comp 可对塔内质量分布作图,如图 5-40 所示;选择对液相中甲醇浓度分布作图,得到如图 5-41 所示塔内甲醇质量分数分布曲线。

至此,满足分离精度要求的水-甲醇精馏塔操作参数优化完成。

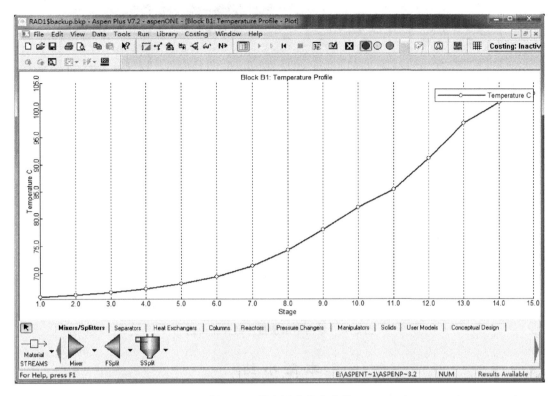

图 5-39　塔内温度分布曲线

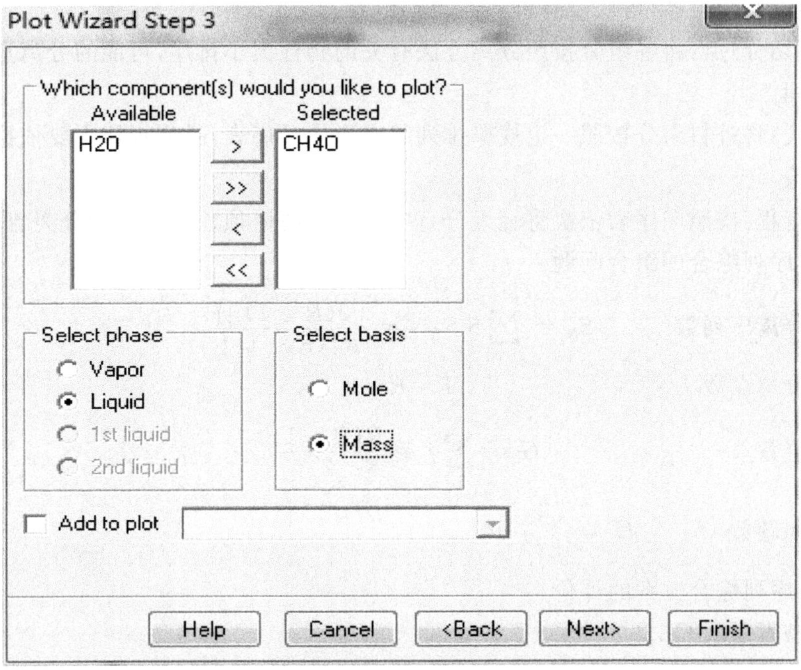

图 5-40　绘图向导:质量分布

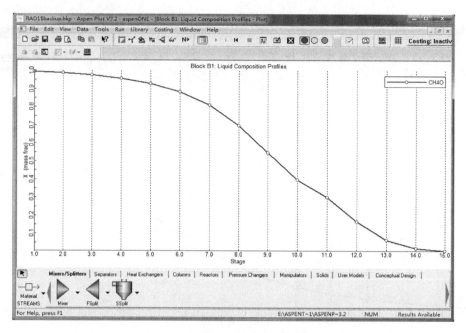

图 5-41　塔内甲醇质量分数分布曲线

本 章 小 结

（1）分离序列综合的基本概念。

①简单塔：有一股进料、两股产品出料；每个组分只出现在一个产品中，即组分的分离采用锐分离；塔顶设有全凝器，塔底设有再沸器。

②分离（切分）点：将各组分按照分离方法有关的物性大小排序，可能的分离点只能存在于相邻组分之间。

③顺序表：将进料组分按照一定规律排列起来形成顺序表，排列规律主要依据与分离方法有关的物性值。

④顺式流程：按照顺序表依次将轻组分直接在简单塔塔顶逐个引出的分离流程。

（2）分离序列综合的组合问题。

可行的分离序列数 $\quad S_R = \sum_{j=1}^{R-1} S_j S_{R-j} = \dfrac{[2(R-1)]!}{R!(R-1)!}$

可能的分离点数 $\quad P = R-1$

分离子群数 $\quad G = \sum_{j=1}^{R} j = \dfrac{R(R+1)}{2}$

分离子问题数 $\quad U = \sum_{j=1}^{R-1} j(R-j) = \dfrac{R(R-1)(R+1)}{6}$

（3）分离序列综合方案的评价。

①分离易度系数 CES。

$$CES = f \times \Delta$$
$$f = \begin{cases} D/W, & D \leqslant W \\ W/D, & D > W \end{cases}$$

$$\Delta = |\Delta T_b| \ 或\ \Delta = (\alpha - 1) \times 100$$

②分离难度系数 CDS。

$$CDS = \frac{\lg\left[\left(\frac{x_{lk}}{x_{hk}}\right)_D \Big/ \left(\frac{x_{lk}}{x_{hk}}\right)_W\right]}{\lg \alpha_{lk,hk}} \times \frac{D}{D+W}\left(1 + \left|\frac{D-W}{D+W}\right|\right)$$

③当分离易度系数越大或分离难度系数越小时,表示轻、重关键组分越容易被分离;反之,当分离易度系数越小或分离难度系数越大时,表示轻、重关键组分越难被分离。

④最优分离序列为序列中所有独立分离单元的分离易度系数总和最大或分离难度系数总和最小。

(4)直观推断法。

将经验规则按照重要程度进行排序,由 4 大类、7 条经验规则组成。

①有关分离方法的 M 类规则:主要是针对某一特定的大量任务,确定最好采用何种分离方法,包括 2 条经验规则。

②关于设计方法的 D 类规则:主要是决定最好采用哪些具有某个特定性质的分离序列,包括 1 条经验规则。

③与组分性质有关的 S 类规则:根据欲分离组分性质上的不同而提出的规则,包括 2 条经验规则。

④与分离混合物组成和分离过程经济性有关的 C 类规则:分离过程中考虑进料组成及产品组成对分离费用的影响,包括 2 条经验规则。

(5)调优法。

①按照一定的调优规则和调优策略,对某个初始分离序列进行逐步改进以搜索出最优分离序列的一种方法。从严格意义上来讲,调优法并不能保证得到最优分离序列。

②调优法包括三方面的内容:建立初始分离序列、确定调优规则和制定调优策略。

③调优规则具有三条性质:有效性、完整性和直观合理性。

④调优策略有广度第一策略、深度第一策略和超前策略。

(6)动态规划法。

①动态规划法是解决多阶段决策过程最优化问题的一种方法。

②动态规划的最优原理:如果要找到一组最优策略,使系统从初始状态转移到终止状态,则一个转移策略是这样的,不论系统的初始状态和初始决策如何,其余的决策对于初始状态和初始决策一起导致的第一步状态来讲,必须构成一个最优策略。

习　题

5-1　分离序列综合直观推断法的规则有哪些?分为几大类?

5-2　当 $R=6$ 时,请计算可能的分离序列数,分离子群数,分离子问题数。

5-3　一个含有五种组分的轻烃类混合物的组成如表 5-14 所示。

表 5-14　五组分轻烃混合物一览表

组分	组成(摩尔分数)	相对组分间相对挥发度(37.7 ℃,1.72 MPa)
A 丙烷	0.10	2.00
B 异丁烷	0.15	1.33

续表

组分	组成(摩尔分数)	相对组分间相对挥发度(37.7 ℃,1.72 MPa)
C 正丁烷	0.15	2.40
D 异戊烷	0.20	1.25
E 正戊烷	0.40	

拟采用常规蒸馏分离上述五组分为 5 个纯组分,试对分离序列进行综合。

5-4　试确定下表中混合物的分离序列,混合物的组成如表 5-15 所示。

表 5-15　七组分混合物一览表

代号	流量/(kmol/h)	标准沸点/℃	相邻组分沸点差/℃
A	18	−253	92
B	5	−161	57
C	24	−104	16
D	15	−88	40
E	14	−48	6
F	6	−42	41
G	8	−1	

拟采用常规蒸馏分离上述七组分混合物 6 个目标产物:(AB)、(C)、(D)、(E)、(F)、(G),试对分离序列进行综合。

5-5　一个四组分(ABCD)混合物被分离成 4 个纯组分,拟采用常用的精馏塔分离,组分按照挥发度下降的顺序排列,所有可能的分离和分离器的年度成本列于表 5-16 中。

表 5-16　三阶段决策问题中各步成本输出值

组分群	分离点	分离器号	成本/(万美元/年)	组分群	分离点	分离器号	成本/(万美元/年)
ABCD	A/BCD	1	14	BCD	B/CD	4	27
	AB/CD	2	27		BC/D	5	12
	ABC/D	3	13	AB	A/B	6	8
ABC	A/BC	8	10	BC	B/C	10	23
	AB/C	9	25	CD	C/D	7	10

请按动态规划法综合该分离序列。

参 考 文 献

[1] 刘家祺.分离过程[M].北京:化学工业出版社,2002.

[2] 姚平经.过程系统工程[M].上海:华东理工大学出版社,2009.

[3] 都健.化工过程分析与综合[M].大连:大连理工大学出版社,2009.

[4] 鄢烈祥.化工过程分析与综合[M].北京:化学工业出版社,2010.

[5] 张卫东,孙巍,刘君腾.化工过程分析与合成[M].2 版.北京:化学工业出版社,2011.

［6］ Bisgaard T,Huusom J K,Abildskov J. Modeling and analysis of conventional and heat integrated distillation columns[J]. Aiche Journal,2015,61(12):4251-4263.

［7］ Nadgir V M,Liu Y A. Studies in chemical processes design and synthesis:Part V,A simple heuristic method for systematic synthesis of initial sequences for multi-component separation[J]. Aiche Journal,1983,29(6):926-934.

［8］ 都健. 化工过程分析与综合[M]. 北京:化学工业出版社,2017.

［9］ Hendry J E,Hughes R R. Generating separation process flowsheets[J]. Chemical Engineering Progress,1972,68(6):71-76.

第六章　过程系统集成

本章学习要点

（1）了解过程系统能量集成的基本概念，掌握蒸馏塔在过程系统中的合理设置和过程系统能量集成策略，掌握热机和热泵在过程系统中的合理设置，掌握全局过程组合曲线、全局夹点，了解全局能量集成加减原则和夹点分析法在过程系统能量集成中的应用。

（2）了解过程系统质量交换网络综合的基本概念，掌握使用组合曲线法和浓度间隔图表法进行质量交换网络综合的思路和步骤，了解质量交换网络的优化策略和集成策略。

（3）了解水系统集成的基本概念，掌握使用夹点法确定最小新鲜水用量目标的水系统集成思路和步骤，了解使用最小新鲜水用量目标进行水系统集成策略。

过程系统集成是相对于过程系统综合而言的一个概念。相对于过程系统综合而言，过程系统集成的研究对象范围更大、研究层次和结构也更为复杂。目前，对于过程系统集成没有统一的定义，仅从实际应用角度而言，将过程系统集成定义为：过程系统集成是以过程系统间的"信息集成"为基础，通过过程系统间的过程重构或协调进一步消除过程系统中各种冗余和非增值的子系统以及由人为因素和资源问题等造成的影响过程效率的一切障碍，使企业过程系统全局达到最优化的过程。

过程系统集成的研究对象是大规模具有强交互作用的复杂过程系统，有可能导致集成后过程系统中各单元设备间耦合关系变得更为复杂，同时也给各过程单元装置的操作控制带来一定困难。因此，过程系统集成是一个复杂的系统工程，一方面要考虑理论上各个量的充分利用，另一方面也要兼顾实际生产过程的操作控制。

在化工过程中，能量和物料的高效利用本质上都是过程系统的集成问题。其中，能量集成主要侧重于整个过程系统的能量流，质量集成侧重于整个过程系统的物质流。由于化工过程多具有非线性特征，因此，过程系统集成是一个大规模混合整数非线性规划问题，也是一个多目标优化问题。在过程系统集成中优化目标多为整个过程系统的经济性、操作性、可控性、安全性、可靠性以及清洁生产和环境保护等相关因素。

常用于过程系统集成的方法主要有直观推断法、夹点分析法、人工智能法和数学规划法。

6.1　过程系统能量集成

化工过程系统中生产工艺过程、换热网络和公用工程都涉及能量消耗问题，节约能量是过程系统能量集成的一种有效方法。过程系统的能量集成就是以合理利用能量为目标的全过程系统综合问题，即从总体上，一方面考虑过程系统中能量的供求关系，另一方面对过程系统结构和操作参数进行调优以合理匹配能量间供求关系，达到全过程系统能量的优化综合。

过程系统能量集成主要内容包括：蒸馏过程与过程系统的能量集成、公用工程与过程系统的能量集成以及全局能量集成等。

6.1.1　蒸馏过程与过程系统的能量集成

蒸馏过程的能量消耗占整个化工过程系统中总能耗的比重为 $60\%\sim90\%$，是整个过程系统的能耗大户。在过程系统能量集成中，将蒸馏过程与过程系统中其他过程一并考虑，可大大减少过程系统的能量消耗。

(1)蒸馏塔在温-焓图中的表示。

蒸馏塔的塔底需要再沸器提供热量、塔顶需要冷凝器移走热量，故蒸馏塔塔底温度高于离开再沸器蒸汽的露点温度，塔顶温度低于馏出液的泡点温度。在温-焓图中，常用多边形表示普通蒸馏过程，如图 6-1 所示。

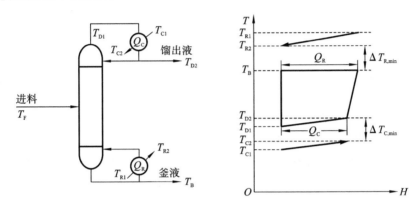

图 6-1　蒸馏塔在温-焓图中的表示

蒸馏塔在温-焓图中的多边形表示同样具有温-焓图上的热特征：多边形可在温-焓图中水平移动而不改变原操作条件，也可对其垂直或水平切割成不同温位下对应的热负荷。相对于再沸器或冷凝器的相变潜热来说，蒸馏塔进料和出料显热部分焓的变化较小，因此，实际应用过程中蒸馏塔可简化表示为图 6-2 所示的矩形。除了蒸馏塔自身热负荷以外，在过程系统集成时需要考虑蒸馏塔再沸器和冷凝器的热负荷。

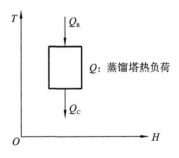

图 6-2　蒸馏塔在温-焓图中的简化表示

(2)蒸馏塔在温-焓图中的合理设置。

由于蒸馏塔能耗较高，因此，蒸馏塔在过程系统中位置不同将会导致不同的过程系统能量集成效果，如图 6-3 所示。

当蒸馏塔在过程系统中位置处于夹点上方时，则蒸馏塔塔底再沸器所需热量来自过程物流，塔顶冷凝器移走热量可与夹点上方较低温度的冷物流进行热量匹配，如图 6-3(a)所示。由图 6-3(a)可知：蒸馏塔位于夹点上方位置时可满足过程系统最大热回收、最小公用工程加热和冷却负荷，因此，蒸馏塔在过程系统中可设置在夹点上方。

当蒸馏塔在过程系统中位置正好穿过夹点时，则蒸馏塔塔底再沸器从过程系统夹点上方获得热量，塔顶冷凝器从过程系统夹点下方移走热量，如图 6-3(b)所示。由图 6-3(b)可知：蒸馏塔穿过夹点位置时，全过程系统所需的公用工程加热和冷却负荷都增加了，即当蒸馏塔穿过夹点时，该蒸馏塔与过程系统集成在能量上并没有节省。因此，蒸馏塔在过程系统中若设置在穿过夹点时为无效热集成。

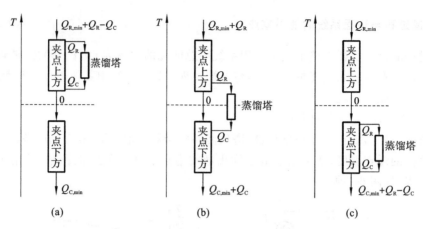

图 6-3　蒸馏塔在温-焓图中位置

当蒸馏塔在过程系统中位置处于夹点下方时,则蒸馏塔塔底再沸器所需热量可来自过程物流,塔顶冷凝器移走热量可与夹点下方较低温度冷物流进行热量匹配,如图 6-3(c)所示。由图 6-3(c)可知:蒸馏塔位于夹点下方位置时可满足过程系统最大热回收、最小公用工程加热和冷却负荷,因此,蒸馏塔在过程系统中可设置在夹点下方。

综上所述,蒸馏塔和过程系统进行能量集成时,蒸馏塔穿过夹点将会导致公用工程加热和冷却负荷的增加,为无效热集成;只有当蒸馏塔单独设置于夹点上方或夹点下方时才是有效热集成。

(3)蒸馏塔之间的能量集成。

若分离过程采用若干个蒸馏塔或精馏塔时,则精馏塔之间可进行能量集成。

如将(ABC)混合组分通过精馏塔 1 和精馏塔 2 分离为(A)、(B)和(C)三个纯组分的直接序列中,若增加精馏塔 1 的压力使精馏塔 1 冷凝器为精馏塔 2 再沸器提供热量,则为向"前"热集成;若增加精馏塔 2 的压力使精馏塔 2 冷凝器能为精馏塔 1 再沸器提供热量,则为向"后"热集成。

无论采用哪一种热集成方式,都可通过蒸馏塔之间的能量集成减少外界提供给两个精馏塔的热量,达到节能的目的。

(4)蒸馏过程与过程系统的能量集成。

理论上来讲,蒸馏塔与过程系统进行能量集成时,蒸馏塔应严格设置在夹点上方或夹点下方才能保证过程系统回收能量最大、公用工程负荷最小。但是,在实际生产过程中,蒸馏塔的操作条件可能满足不了使蒸馏塔的位置恰好位于夹点上方或夹点下方。针对这一工业生产实际,应调整蒸馏塔的操作条件以满足蒸馏塔在温-焓图中的合理设置。

为了使蒸馏塔满足蒸馏过程与过程系统的能量有效集成,常用的方法有:改变蒸馏塔操作压力、采用多效蒸馏技术、采用热泵技术、设置蒸馏塔中间再沸器或中间冷凝器等。

方法一:改变蒸馏塔操作压力。

改变蒸馏塔操作压力,实质是改变蒸馏塔塔底再沸器和塔顶冷凝器的温位,增加蒸馏塔与过程系统能量集成的机会,如图 6-4 所示。

图 6-4 中,将一股进料分为两股进料后分别进入两个操作压力不同的蒸馏塔,分别将蒸馏塔 2 设置于夹点上方、蒸馏塔 1 设置于夹点下方,就可达到节约能量的目的,且该热集成中一个蒸馏塔位于夹点上方,一个蒸馏塔位于夹点下方,是有效热集成。

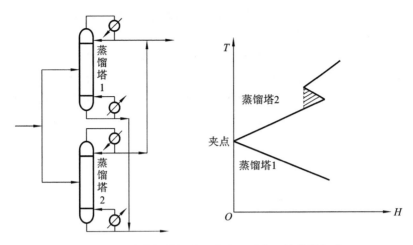

图 6-4　改变蒸馏塔操作压力实现过程系统能量集成

另外,还可通过改变蒸馏塔操作压力,提高过程系统中某些热容流率较大的热物流温位作为公用工程加热热源,减少公用工程用量,同样可以达到减少能量消耗的目的。

方法二:采用多效蒸馏技术。

由两塔或多塔组成的分离系统中,如蒸馏塔 1 塔顶排出的蒸汽温位满足蒸馏塔 2 再沸器热源的需要,且热流量也较为适宜的话,则可将蒸馏塔 1 塔顶蒸汽作为蒸馏塔 2 再沸器的热源,使蒸馏塔 1 冷凝器与蒸馏塔 2 再沸器合并为一个,使蒸馏塔 1 底部加入的热量在蒸馏塔 1 和蒸馏塔 2 之间逐级使用,这种能量集成的方式称为多效蒸馏。

多效蒸馏工艺流程有两种不同的能量集成方式,如图 6-5 所示。

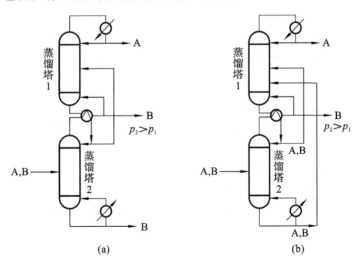

图 6-5　双效蒸馏流程

多效蒸馏虽然可进行蒸馏塔和过程系统之间的热量集成,但也增加了蒸馏塔设备及设备控制系统的投资,提高了蒸馏塔操作和控制的难度。

方法三:采用热泵技术。

热泵,又称冷机,是将能量由低温处传送到高温处的装置,同时,可以提供给高温处的能量之和要大于自身运行所需要的能量。在蒸馏塔中,热泵技术主要通过外部输入的能量做功来提高排出热量的温位,再返回塔底以满足再沸器的用能需要,而不必改变蒸馏塔的操作压力。

直接蒸汽压缩式热泵是最简单、最经济的热量集成方式,如图 6-6 所示。但是在工业生产过程中,常常由于蒸馏塔塔顶蒸汽不适合直接压缩,如存在产物聚合、分解、腐蚀性、安全性等要求的限制,往往采用辅助介质进行热泵循环,如图 6-7 所示。在辅助介质热泵循环系统中,离开压缩机的高压辅助介质蒸气进入蒸馏塔塔底再沸器作为热源加热塔底釜液,辅助介质本身放热后冷凝,经节流阀闪蒸并降温,该低温液相辅助介质作为制冷剂进入蒸馏塔塔顶冷凝器对蒸馏塔塔顶蒸汽进行冷凝,辅助介质本身吸收热量后又汽化,重新被吸入压缩机,如此循环工作,不断把热量通过辅助介质从温度较低的物体转移给温度较高的物体。

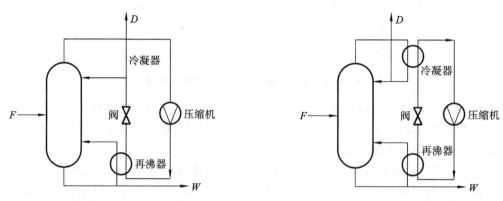

图 6-6　直接蒸汽压缩式热泵流程示意图　　　　图 6-7　辅助介质热泵精馏系统示意图

辅助介质热泵精馏技术的关键在于辅助介质的选择。辅助介质需满足:辅助介质的蒸汽在一合适(不太高)压力下的冷凝温度高于蒸馏塔塔底釜液的泡点温度,辅助介质的液相在一合适(不太低)压力下的蒸发温度低于蒸馏塔塔顶蒸汽的露点温度,以保证具有一定的传热温差。另外,辅助介质在选择时,还需要考虑价格、安全性、腐蚀性、热稳定性及其对环境的影响等等。在实际工业生产中,常用的辅助介质有水、氨等制冷剂。

一般情况下,采用热泵技术需要具备以下条件:①具有廉价的热源,如过程系统中有过剩的低压蒸汽或热水;②蒸馏塔塔顶与塔底之间温差不超过 40 ℃;③尤其适用于分离沸点接近的、分离要求高的大型精馏装置,即精馏塔塔顶和塔底温差较小、回流比大和能耗高的精馏装置。

方法四:设置蒸馏塔中间再沸器或中间冷凝器。

在蒸馏塔中设置中间再沸器或中间冷凝器,可改变蒸馏塔在温-焓图中的形状,从而增加蒸馏过程与过程系统间进行能量集成的机会,这也是实现蒸馏过程与过程系统能量集成的有效方法。

在蒸馏塔中设置中间再沸器,可改变塔中热负荷分布,就有可能利用较低温位的热源在中间再沸器中替代部分蒸馏塔塔底再沸器中公用工程的高温热源,如图 6-8(a)所示。然而,在蒸馏塔中设置中间再沸器虽然可以节能,但是降低了中间再沸器位置以下蒸馏塔塔段的分离效果。同样的,在蒸馏塔中设置中间冷凝器,虽然节省了蒸馏塔塔顶冷凝器的低温冷却公用工程费用,但也导致中间冷凝器以上塔段的分离效果降低,如图 6-8(b)所示。

6.1.2　公用工程与过程系统的能量集成

公用工程是向过程系统提供动力、热量等的子系统,包括较为简单的蒸汽、冷却水和复杂

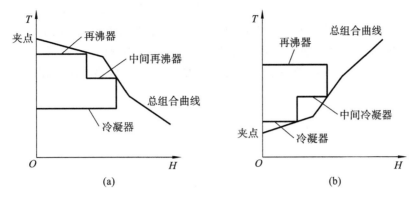

图 6-8　设有中间再沸器和中间冷凝器的蒸馏塔温-焓图

的热机、热泵等动力系统。

在化工过程系统中,最常用、最简单的热公用工程为多等级的加热蒸汽,如高压蒸汽、中压蒸汽、中间蒸汽和低压蒸汽,更高温度的加热负荷则需要燃烧炉烟气或热油回路。最常用的冷公用工程为制冷剂、冷却水、空气、燃烧炉空气预热、锅炉给水预热以及蒸汽发生器等。进行上述冷、热公用工程配置时,根据换热网络总组合曲线中不同温位的能量流,提供不同的能量回收方案。在众多可选择的能量回收方案中,选择具有最小操作费用的公用工程方案。

简单公用工程与过程系统的能量集成参见换热网络综合章节(第四章),复杂公用工程指的是复杂的热-动力系统以及热机、热泵系统。

(1)热机的热集成特性。

利用热能产生动力的装置为热机。简单的热机是从温度为 T_1 的热源吸收热量 Q_1 向温度为 T_2 的热阱排放热量 Q_2,产生功 W。热机的工作原理如图 6-9(a)所示。

(2)热泵的热集成特性。

利用动力提供一定温度的热能的装置为热泵。热泵与热机的操作方向相反,是从温度为 T_2 的热源吸收热量 Q_2 向温度为 T_1 的热阱排放热量 Q_1,消耗功 W。热泵的工作原理如图 6-9(b)所示。

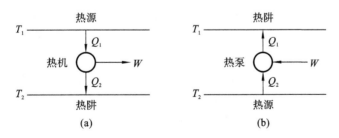

图 6-9　热机和热泵的工作原理

(3)热机在温-焓图中的合理位置。

若一过程系统的最小公用工程加热与冷却负荷分别为 $Q_{H,min}$ 和 $Q_{C,min}$,夹点处热流量为 0。若热机设置在夹点上方,热机则从热源吸收热量 Q,向外做功 W,排出的热量为 $Q-W=Q_{H,min}$,即从热源吸收热量 Q 中的 $(Q-Q_{H,min})100\%$ 转变为功 W,比在过程系统中单独使用热机效率要高,因此,热机设置在夹点上方合理,是有效热集成,如图 6-10(a)所示。若热机设置在穿过夹点位置,表示热机从高温热源吸收热量做功,但排出流股的温度低于夹点温度,排放的热量($Q-W$)则加到夹点下方,导致了公用工程冷却负荷的增加,与过程系统中单独使用热机的效率相同,因此,热机设置在穿过夹点位置不合理,是无效热集成,如图 6-10(b)所示。若热机设置在夹点下方,类似于热机设置在夹点上方,可以认为热转变为功的效率为 100%,减少了公用工程冷却负荷,因此,热机设置在夹点下方合理,是有效热集成,如图 6-10(c)所示。

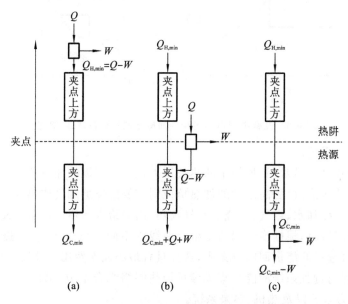

图 6-10　热机在过程系统温-焓图中的不同位置

(4)热泵在温-焓图中的合理位置。

已知一过程系统的最小公用工程加热与冷却负荷分别为 $Q_{H,min}$ 和 $Q_{C,min}$,夹点处热流量为 0,若热泵设置在夹点上方,则相当于用功 W 替代了 W 数量的公用工程加热负荷,这是不值得的,因此,热泵设置在夹点上方是不合理的,是无效热集成,如图 6-11(a)所示。若热泵设置在穿过夹点位置时,则热量从夹点下方传递到夹点上方,加入 W 的功,公用工程加热和冷却负荷分别减少了($Q+W$)和 Q,因此,热泵设置在穿过夹点的位置是合理的,是有效热集成,如图 6-11(b)所示。若热泵设置在夹点下方,有 W 的功将要从夹点下方变为废热量排出,增加了公用工程的冷却负荷,因此,热泵设置在夹点下方的位置是不合理的,是无效热集成,如图 6-11(c)所示。

从图 6-10 和图 6-11 的分析可知:若将公用工程中热机和热泵与过程系统能量进行集成,则热机在过程系统中应设置在夹点上方或夹点下方,而不能穿过夹点;热泵在过程系统中应设置在穿过夹点的位置,而不能设置在夹点上方或夹点下方。

6.1.3　全局能量集成

所谓全局,指的是多个工艺过程和公用工程系统所构成的集合体。要想获得能量的最优综合利用,应从全局的角度考虑各个工艺过程之间以及与公用工程之间的相互影响,对能量产生和消耗的供需关系进行优化和能量集成,以获得投资需求最少或能量使用最少的全局能量设计方案。

(1)基本概念。

全局温-焓曲线:将各工艺过程总组合曲线上表示的热源和热阱分别组合在一起,可获得

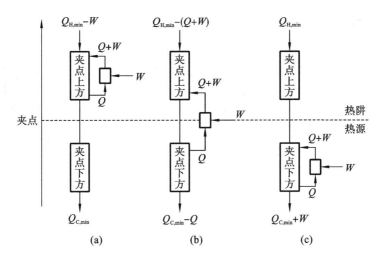

图 6-11　热泵在过程系统温-焓图的不同位置

过程全局系统与公用工程系统相关的温-焓曲线,如图 6-12 所示。在图 6-12 的全局热阱线中,HP 表示高压蒸汽,MP 表示中压蒸汽,IP 表示中间蒸汽,LP 表示低压蒸汽。

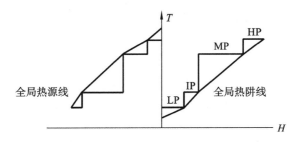

图 6-12　全局热源和热阱温-焓曲线

全局温-焓曲线给出了各工艺过程与公用工程相联系的热源和热阱分布情况。同时,从该曲线可确定做功用的热负荷和各个等级蒸汽的需求量,从而给出全局用能优化目标。

全局组合曲线:固定过程全局热源线,将过程全局热阱线向左水平移动,用热源产生出来的蒸汽作为热阱的加热蒸汽,使全局热源线和热阱线相互靠近,直至与局部公用工程负荷线相连接而阻止进一步移动产生重叠的可能性,从而得到全局组合曲线,如图 6-13 所示。从全局组合曲线中可得出热源部分的剩余热量和热阱部分的需求热量。在实际生产过程中,从各单元装置间的可控性和可操作性等方面考虑,一般通过热源部分的剩余热量产生蒸汽,而热阱部分需要的热量则通过相应的蒸汽加热获得。

全局夹点:全局组合曲线中的连接点为全局夹点,如图 6-14 所示。全局夹点图中曲线水平投影重叠部分表示过程全局热源和热阱之间通过公用工程传递的热回收量。在确定全局夹点后,过程全局的热回收量 Q_{REC} 最大,夹点上方需要加热公用工程负荷,夹点下方需要冷却公用工程负荷。全局夹点的位置表示全局热回收的瓶颈。从图 6-14 可得:全局夹点不是全局热源和热阱组合曲线相切的部位,而是位于公用工程之间不可能再产生重叠的部位。因此,全局夹点的位置取决于所选择的公用工程,即在过程系统中选择不同的蒸汽等级和温位,则全局夹点的位置也会不同。因此,可对蒸汽等级和温位进行优化以增加全局的 Q_{REC}。

全局夹点将全局组合曲线分为两部分:全局夹点上方和全局夹点下方。在全局夹点上方的所有工艺过程应使用高于夹点温度的蒸汽等级,在此区间,所有热源都用来满足热阱加热需

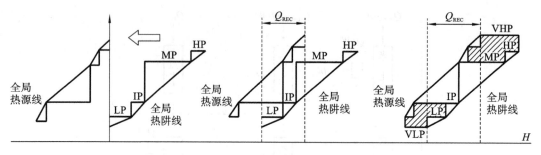

图 6-13　全局组合曲线

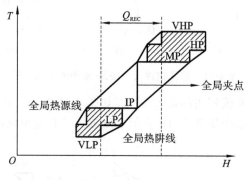

图 6-14　全局夹点

要;若不能提供能满足所有热阱加热需要的热负荷,则必须消耗燃料产生超高压蒸汽(VHP)来提供,因此 VHP 负荷直接与燃料需求有关。同样的,在全局夹点下方有剩余蒸汽存在时,可利用这些蒸汽产生更低压的蒸汽(VLP)或用冷却水冷却。另外,蒸汽产生负荷和蒸汽使用负荷间形成的阴影部分面积与公用工程系统联产功大小成正比。全局夹点处不能有热量传递。

(2)全局能量集成加/减原则。

由于燃料和联产功是影响全局费用的关键点,因此,通过在全局组合曲线上全局夹点处改变各级蒸汽的温度或蒸汽的等级,消除原有夹点而使曲线进一步水平位移靠拢,找到新的夹点以最大限度增大热回收量、减少公用工程消耗。从这一意义上讲,各等级蒸汽参数的选择对过程能回收的热量和公用工程的消耗至关重要。

在消除原有夹点形成新夹点的过程中应遵循两条基本原则:全局系统蒸汽负荷加/减原则和热负荷移动原则。

原则 1:全局系统蒸汽负荷加/减原则。

全局中各个工艺过程的产、用汽负荷与公用工程系统的燃料消耗、联产功之间的关系非常重要。一个工艺过程的改进或公用工程的改进都可导致全局能量产生两方面的结果:一方面是全局燃料的节省;另一方面是相同燃料消耗下联产功的增加。上述两个结果对全局费用具有不同的影响。工艺过程的改进或公用工程的改进引起全局热阱蒸汽需求减少的情况如图 6-15 所示。

热阱蒸汽需求减少的蒸汽等级位于全局夹点上方时,由于全局夹点上方的所有工艺过程均已使用了高于夹点温度的蒸汽等级,因而热阱蒸汽需求减少量等同于 VHP 负荷减少量。另外,VHP 负荷直接与燃料的需求有关,因此,VHP 负荷减少意味着燃料量的减少,同时,联

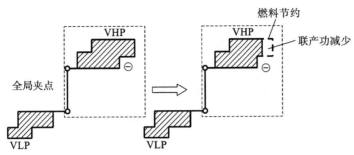

(a)全局夹点上方蒸汽需求减少

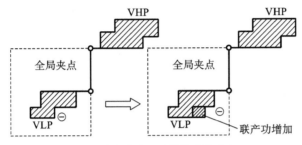

(b)全局夹点下方蒸汽需求减少

图 6-15　热阱蒸汽需求变化与燃料消耗、联产功之间关系示意图

产功的减少量如图 6-15(a)没有阴影部分的面积所示,等于燃料节约部分的面积。

热阱蒸汽需求减少的蒸汽等级位于全局夹点下方时,由于全局夹点下方本身有过剩蒸汽,因此,导致蒸汽的过剩量增加。这一增加部分的过剩蒸汽若膨胀到最低蒸汽等级 VLP,将导致联产功增加,如图 6-15(b)中窄细斜线部分所示。由于热阱蒸汽需求减少的蒸汽等级位于夹点下方,因此对夹点上方的热平衡没有丝毫影响,所以,燃料的消耗并没有发生改变。

综上所述,全局夹点上方,任一等级蒸汽产生量的增加或蒸汽需求量的减少将会节省燃料,同时引起联产功的减少;全局夹点下方,任一等级蒸汽产生量的增加或蒸汽需求量的减少都会引起联产功的增加,同时燃料消耗不变。

同样的,工艺过程改进或公用工程改进引起全局热源产生蒸汽增加的情况在全局夹点上方和全局夹点下方也会得到相同的结论。

原则 2:热负荷移动原则。

对工艺过程进行改进或消除公用工程的不合理使用都可以将原来采用高品位蒸汽加热的热阱改为采用低品位蒸汽加热的热阱以满足要求。使用蒸汽的变化表现为蒸汽负荷移动,即热负荷移动原则。当全局组合曲线在 MP 和 IP 等级蒸汽处形成全局夹点后,就可以在不同等级蒸汽之间通过原则 2 移动蒸汽负荷达到减少总公用工程费用的目的。

在蒸汽等级之间移动蒸汽负荷的方式有两种:一是在全局夹点同一侧移动蒸汽负荷;二是穿越全局夹点移动蒸汽负荷。

当在全局夹点的同一侧移动蒸汽负荷时,即用 MP 代替 HP 加热时,透平膨胀到更低等级的蒸汽量增加,联产功增加,如图 6-16(a)中阴影部分所示。由于采用 MP 代替 HP,因此全局夹点上方 HP 减少,导致燃料消耗量减少;但 MP 需要量增加,并导致燃料消耗量增加。

综上所述,在全局夹点上方,HP 量的减少引起燃料消耗减少,MP 量的增加引起燃料消耗增加,而减少量和增加量相等,因此全局燃料消耗没有改变,但联产功增加。

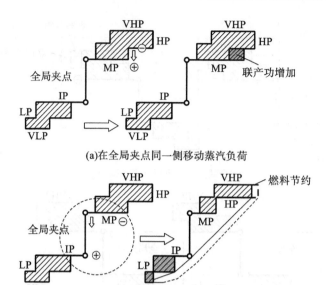

(a)在全局夹点同一侧移动蒸汽负荷

(b)穿越全局夹点移动蒸汽负荷

图 6-16　全局系统热负荷移动原则

当采用穿越全局夹点移动蒸汽负荷时,即用 IP 代替 MP 加热时,热负荷会穿越全局夹点进行移动。这一移动导致全局热源和热阱线进一步水平移动,产生新的全局夹点,如图 6-16(b)所示。由于用夹点下方的 IP 代替夹点上方的 MP 进行加热,因此,夹点上方 MP 量减少,燃料用量减少;但夹点下方 IP 量增加,导致联产功减少。综上所述,夹点上方 MP 量的减少引起燃料消耗的减少,夹点下方 IP 量的增加引起联产功的减少。

从原则 1 和原则 2 可得到全局负荷移动原则:如果蒸汽负荷移动涉及的蒸汽等级在全局夹点的同一侧,则联产功增加;如果蒸汽负荷移动涉及的蒸汽等级穿越全局夹点,则在节约燃料的同时引起联产功的减少。

无论是应用全局系统蒸汽负荷加/减原则还是热负荷移动原则,都可在全局热负荷分布曲线上确定:一个工艺过程的改进或公用工程的改进到底是引起燃料节省还是引起联产功的增加。

6.1.4　夹点分析在过程系统能量集成中的应用

夹点分析在过程系统能量集成中的应用非常广泛。在过程系统能量集成中采用夹点分析的基本思路为从全局中识别出过程系统用能的"瓶颈"所在,然后采用调优策略对系统用能进行优化,以"解瓶颈"。

(1)过程系统用能一致性原则。

过程系统用能一致性原则是利用热力学原理,将反应、分离、换热、热机和热泵等单元过程的能量按照"等当量原则"转化为相当的换热网络中的冷、热物流,从而按照换热网络系统中的冷、热物流间匹配原则,将全过程的能量优化综合问题转化为有约束的换热网络综合问题。

在过程系统用能一致性原则中,采用的等当量能量转化的方法为:在热力学基础上,分析化工过程中各单元过程的用能状况及换热器、换热网络流股间的匹配和能量的转移情况,将各单元过程的能量需求情况转化为相当的冷、热物流。

常见的无相变换热器、蒸馏塔、反应器的温-焓图如图 6-17 所示。

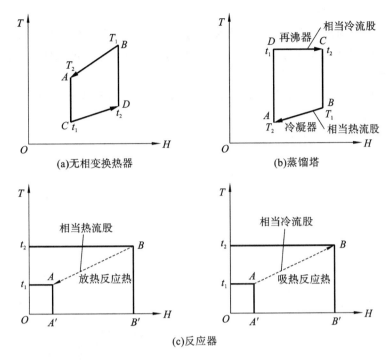

(a)无相变换热器　(b)蒸馏塔

(c)反应器

图 6-17　无相变换热器、蒸馏塔和反应器的温-焓图

（2）参与夹点分析的过程流股及相关参数的确定。

为了进行过程系统的夹点分析，首先，应在过程工艺流程的基础上，对参与夹点分析的过程流股进行确定；而后，根据热力学和化工原理传热学的理论知识，对参与夹点分析的过程流股确定其相关参数。

在确定参与夹点分析的过程流股时，一般遵循以下原则。

原则1：过程系统中所有匹配换热物流应作为参与过程夹点分析的流股。

原则2：不参与过程换热的过程流股一般不列入夹点分析的流股中。

原则3：热负荷较小的过程流股或对过程系统能量分布影响不大的流股一般不列入夹点分析的流股中。

原则4：参与流股间匹配换热的隐含流股可作为虚拟过程流股计入夹点分析，如再沸器内循环的釜液、釜液在循环中吸热汽化后进入塔内的隐含流股。

原则5：对于一些直接混合的过程流股应做具体分析，看能否还原后增加热量回收，从而再决定是否进行流股还原后提取。

原则6：对于能量驱动的单元过程，如反应器、蒸馏塔、压缩机、热机和热泵等，可采用过程系统用能一致性原则转化为等当量的冷、热流股后参与夹点分析。

原则7：在确定参与夹点分析过程流股的同时，还应提取与过程流股相匹配的公用工程流股。

尽管在确定参与夹点分析的过程流股时需要遵循上述原则，但是上述原则并非是一成不变的，应在实际工作中灵活运用。

根据热力学和化工原理传热学的理论知识确定的参与夹点分析的过程流股相关参数一般有流股数量、流股组成、热容流率、热负荷、流股初始、终了温度和传热温差贡献值等。

在过程流股及相关流股参数确定中，特别注意的是流股确定和相关参数确定的准确性。

（3）过程系统用能分析。

采用夹点分析法对过程系统的用能情况进行分析和诊断的主要目的：一是对现有装置或设计方案中能量使用情况进行分析，以发现用能的薄弱环节和不合理之处；二是在对过程系统用能分析的基础上，对过程系统用能进行调优。

采用夹点分析法进行过程系统用能中，常采用的分析工具有两种：过程系统冷、热物流组合曲线和总组合曲线、格子图。

方法一：过程系统冷、热物流的组合曲线和总组合曲线。

当过程系统确定了换热网络最小允许传热温差时，可在过程系统冷、热物流组合曲线（图6-18）中获得过程系统的最大热回收量、最小公用工程加热和冷却负荷。另外，图6-18中所示的组合曲线只给出了公用工程量的大小，并没有提供所使用的公用工程的温位（品位）。

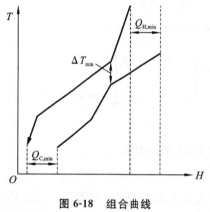

图 6-18　组合曲线　　　　　　　　　　图 6-19　总组合曲线

过程的总组合曲线可以反映出过程系统的公用工程在温位的选择上是否合理，如图6-19所示。从图6-19可得：①热流量为零处为夹点；②夹点将能量流分为夹点上方的热阱和夹点下方的热源，其中热阱部分的热负荷可采用不同压力等级的蒸汽或燃料加热，热源部分的热负荷由公用工程冷却；③图6-19中"热袋"表示过程系统中物流间进行热交换就可以满足换热的工艺要求，且不需要外加冷/热公用工程；④为了达到降低操作费用的目的，有时过程设计人员用"热袋"中高温位的过程物流产生高品位的中压蒸汽，用低品位的低压蒸汽加热"热袋"中低温位的过程物流。

方法二：格子图。

格子图是一种基于夹点分析方法的换热网络能量使用分析工具。在问题表格法确定过程系统夹点位置后，分别在夹点两侧绘制冷、热物流格子图。在每一侧，均将热物流绘制于格子图上方，冷物流绘制于格子图下方，如图6-20所示。

利用格子图：第一，可对现有装置或设计方案中的能量使用情况进行分析和诊断；第二，可判断换热网络中是否有违背夹点设计三条原则的地方，即判断过程系统中是否有能量使用不合理的地方。

（4）过程系统用能调优。

过程系统用能调优是通过改进各物流间匹配换热的传热温差贡献值以及对物流工艺参数进行调优，获得合理的过程系统热流量，降低公用工程负荷，减少换热单元数目，达到降低能耗、减少费用的目的。

在实际生产工艺流程中，可以采用如下措施对过程系统用能进行调优。

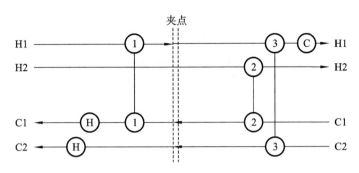

图 6-20　换热网络格子图

措施 1：对于换热网络，可以恰当地减小过大的传热温差，降低有效能损失。

措施 2：对于能量子系统，可以改变工艺条件使其在总系统中处于合理位置。

措施 3：对于蒸馏塔，可通过改变蒸馏塔的操作压力，采用多效蒸馏、热泵精馏以及引入中间再沸器和中间冷凝器等方法，进行蒸馏过程与过程系统能量集成。

措施 4：通过选择或改变蒸汽的等级，改变热回收量、过程全局燃料消耗量或热电联产做功量，对过程系统的用能进行集成。

措施 5：改进过程系统的工艺流程，采用高效能量转化设备，提高能量利用率。

6.2　过程系统的质量集成

在化工过程中，过程系统的质量集成主要是指过程系统中物质流的集成。通过过程系统的质量集成，整个过程系统建立极少"产生废料和污染物"的工艺或技术。目前，质量交换网络综合的质量集成方法已成为质量集成和实现清洁生产的主要方法。

6.2.1　质量交换网络综合的基本概念

在分离操作过程中，如吸收-解吸、萃取、吸附等分离过程，除了使用能量分离剂（ESA，energy separating agent）外，还常常使用质量分离剂（MSA，mass separating agent）。基于此，1989 年由 Manousiouthakis 等人首次提出了质量交换网络综合的概念：质量交换网络综合是一个能够选择性地将特定物质从富流股（富物流）转移到贫流股（贫物流），且以经济效益最优为目标的质量交换网络的形成过程，即利用质量分离剂，将过程富流股（y）中的溶质（S）转移到贫流股（x）的质量分离剂中，随后，再从含有溶质的质量分离剂中除去溶质使质量分离剂能被再次利用的过程，如图 6-21 所示。

图 6-21 中，富流股 y 是指富含特定溶质 S 的过程流股；贫流股 x 是接受溶质的流股，可以是过程系统内部的过程流股，如过程贫流股或过程质量分离剂，也可以是过程系统外的贫流股或外部质量分离剂，如吸收剂、萃取剂等。

（1）质量交换网络综合的目标。

质量交换网络综合的目标通常为外部质量分离剂用量最小和年度总费用最小。年度总费用由操作费用和固定投资费用组成。其中，操作费用主要是质量分离剂的成本费用，固定投资费用主要是各种质量分离单元的设备费用。

（2）质量交换网络综合方法。

质量交换网络综合的常用方法一般有目标设定法和数学规划法。

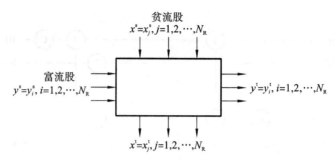

图 6-21　质量交换网络示意图

目标设定法是最常用的质量交换网络综合方法,它具有两大优点:第一,在每一个设计阶段,问题范围被缩小到可以处理的尺度内;第二,可以对系统的运行和特征有更深入的了解。目标设定法相对简单,但未考虑到各阶段之间的耦合关系,有可能通过经验规则得到的质量交换网络并不是最优网络。

数学规划法是提出一个包含所有可能有意义解的总体框架,理论上一定能从框架中得到全局最优解。基于数学规划法的质量交换网络综合问题通常建立在整数非线性规划数学模型的基础上,因此,常常受到计算机技术和数学求解方法的制约。

目标设定法由于简单易行而广为应用,也是获得初步质量交换网络的主要方法。对于数学规划法而言,随着数学科学和计算机技术的发展,数学规划法将逐渐成为主要的质量交换网络综合研究方法。本节以目标设定法为主进行质量交换网络综合。

(3)利用目标设定法进行质量交换网络综合的方法。

利用目标设定法进行质量交换网络综合的方法主要有图形法和表格法,其中图形法是采用浓度组合曲线的夹点分析法,表格法是采用浓度间隔图表法。

(4)利用目标设定法进行质量交换网络综合的一般步骤。

步骤 1:确定质量交换网络的最小允许传递浓度差 $\Delta x_{\min}$,其中 $\Delta x_{\min}$ 对设备费用和操作费用有很大影响,应进行优化设计或处理。

步骤 2:确定最小外部质量分离剂目标。

步骤 3:设计出满足最小外部质量分离剂目标的质量交换网络。

步骤 4:对质量交换网络进行优化。在优化的过程中,有可能减少了质量交换器的数目而增加了质量分离剂的消耗量。因此,在调优过程中应权衡设备费用和操作费用以满足质量交换网络综合的目标。

(5)最小浓度差。

热力学分析表明:物质在贫、富流股间的传递受到传质相平衡关系的约束,即某一物质在富流股 i 和贫流股 j 间的传质相平衡关系满足下式:

$$y_i = f_i^*(x_j^*) \tag{6-1}$$

式(6-1)在一定操作范围内是线性的,如下所示:

$$y_i = m_j x_j^* + b_j \tag{6-2}$$

式中:m_j 和 b_j 均为常数,取决于贫、富流股本身的性质以及操作条件。

相对于富流股浓度 y_i,贫流股所能达到的最大浓度为 x_j^*,此时传质过程达到平衡。在这种情况下,体系需要使用无限多的传质平衡级数才能达到分离要求,因此相应的设备费用也将无限高。这一点与费用最小化的质量网络综合目标相违背,因此,应在系统中引入一个正推动力"最小浓度差 Δx_{min}",类似于换热网络综合中的最小允许传热温差 ΔT_{min}。

在引入最小浓度差 Δx_{min} 之后,贫、富流股之间的传质相平衡方程式如下:

$$y_i = m_j(x_j^* + \Delta x_{min}) + b_j \tag{6-3}$$

引入 Δx_{min} 是为了保证贫、富流股间传质过程具有足够大的推动力。Δx_{min} 的取值对质量交换过程操作费用和投资费用有直接的影响:当 Δx_{min} 取值较大时,过程中的操作费用增多而设备费用减少;当 Δx_{min} 取值较小时,过程中的操作费用减少而设备费用增多。因此,Δx_{min} 的取值应进行优化设计或处理。

(6)组成(浓度)标度。

传热过程中冷、热温位的变化情况可在温度坐标图(温度表)上进行标绘,即在一条温度坐标轴上进行标绘。类似的,质量传递过程中贫、富流股浓度的变化情况也应能在浓度坐标图(浓度表)上进行标绘,即在一条浓度坐标轴上进行标绘。

通过将式(6-3)进行数学变形可得到贫、富流股浓度的尺度关系式:

$$x_j = \frac{y_i - b_j}{m_j} - \Delta x_{min} \tag{6-4}$$

对于稀溶液来讲,可以忽略富流股性质对平衡关系的影响,而只考虑贫流股,则式(6-4)进一步简化为

$$x_j = \frac{y - b_j}{m_j} - \Delta x_{min} \tag{6-5}$$

根据式(6-5),可标绘多条同向坐标表示富流股浓度 y 和贫流股浓度 x_j 之间的对应关系。

[**例 6-1**]　一个含有两条贫流股的传质过程系统中,y 线和 x_1 和 x_2 线之间的对应关系满足式(6-5),试在浓度坐标图上标绘:可实现质量交换的最小富流股浓度和可进行质量交换的最大贫流股浓度。

解　y 和 x_1 之间的关系、y 和 x_2 之间的关系满足式(6-5),即分别表示如下。

$$x_1 = \frac{y - b_1}{m_1} - \Delta x_{1,min} \qquad x_2 = \frac{y - b_2}{m_2} - \Delta x_{2,min}$$

由任意一条 x 轴上的任一点向上作垂线交于 y 轴,就可以得到对应贫流股浓度。可实现质量交换的最小富流股浓度为 $m_j(x_j + \Delta x_{min}) + b_j$。同时,若由 y 轴上的任一点向下作垂线交于任意一条 x 轴,则可得到对应富流股浓度,可进行质量交换的最大贫流股浓度为

$$\frac{y - b_j}{m_j} - \Delta x_{j,min}$$

因此,可得到如图 6-22 所示浓度坐标。

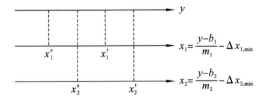

图 6-22　浓度坐标

通过富流股和贫流股在相同浓度坐标图上的标绘,可以为合理选择贫、富流股的匹配关系提供依据,并且能够进一步通过质量组合曲线法和浓度间隔图表法确定过程系统夹点及最小外部质量分离剂用量。

6.2.2　利用组合曲线法确定传质过程夹点

在质量交换系统中包含的流股有过程富流股、贫流股（过程 MSA）和外加质量分离剂（外部 MSA）。设富流股质量流量为 G_i，经过质量交换后，富流股浓度从初始浓度 y_i^s 转化为目标浓度 y_i^t。同样的，贫流股质量流量为 L_j，经过质量交换后，贫流股浓度从初始浓度 x_j^s 转化为目标浓度 x_j^t。

在确定传质过程夹点时，一般遵循以下假设。

（1）系统内各流股流量保持不变。

（2）系统内部不允许流股再循环。

（3）在所研究问题的浓度范围内，传质平衡关系满足线性关系。

基于上述假设，与换热网络在温-焓图中确定夹点的方法和步骤类似，利用质量组合曲线法确定传质过程夹点的步骤如下。

步骤 1：构建负荷-浓度（M-c）图，其中纵坐标表示目标组分的质量负荷，横坐标表示浓度，富流股和贫流股各有一条浓度坐标轴。

步骤 2：根据各流股传质负荷大小及其进出口浓度绘制各富流股和贫流股线段，并在相同的浓度间隔内分别对贫流股和富流股进行组合曲线的绘制，其过程与冷、热物流组合曲线的绘制方法相同。

步骤 3：在纵坐标方向上垂直移动两条组合曲线，直至除交点外，同一水平线上贫流股组合曲线上的各点均在富流股的组合曲线上各点的左侧，则该点为夹点，对应一组浓度值（y，x）。

步骤 4：确定夹点后，两条曲线在纵轴上重合部分即对应系统的最大内部质量回收量，两端分别对应过程 MSA 未使用的回收能力和需要外部 MSA 脱除的最小质量负荷，称为过程 MSA 过剩能力和最小外部 MSA 负荷，如图 6-23 所示。

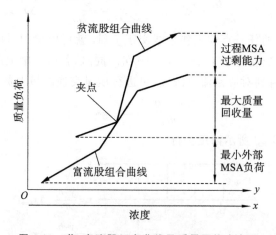

图 6-23　贫、富流股组合曲线及质量网络夹点图

从图 6-23 可得：夹点将过程系统分隔为夹点上方和夹点下方两部分，为了最大限度使用 MSA 从富流股中脱除目标组分而使留给外部 MSA 去脱除的负荷最小，需要遵循以下三条基本原则。

原则 1：夹点处无质量流穿过。

原则 2：夹点上方不能引入外部 MSA 负荷。

原则 3：夹点下方不能提供过程 MSA 过剩能力。

质量夹点图可以非常直观地表示所能达到的最大质量回收量和需要外部 MSA 最小传质负荷，且可通过式（6-6）计算出所选定外部 MSA 的最小用量：

$$L_j = W_j / (x_j^t - x_j^s) \tag{6-6}$$

式中：W_j 表示外部 MSA 流股 j 所承担的传质负荷。

[例 6-2]　某过程系统中包含：一条富流股 R，两条贫流股 L1 和 L2，1 条外部贫流股 L3。现欲用贫流股脱除富流股中的溶质 S，流股的流量、初始与目标浓度列于表 6-1 中。

表 6-1　过程系统中流股数据

富流股				贫流股			
流股	流量 G /(kmol/s)	初始浓度 y^s /[mol(S)/mol]	目标浓度 y^t /[mol(S)/mol]	流股	流量 L /(kmol/s)	初始浓度 x^s /[mol(S)/mol]	目标浓度 x^t /[mol(S)/mol]
				L1	0.08	0.003	0.006
R	0.2	0.0020	0.0001	L2	0.05	0.002	0.004
				L3		0.0008	0.0100

溶质 S 在 L1、L2 和 L3 中的溶解关系分别是

$$L1: y = 0.25x_1 \quad L2: y = 0.50x_2 \quad L3: y = 0.10x_3$$

设最小的浓度差 $\Delta x_{min} = 0.0010$，试通过组合曲线法确定传质过程夹点位置及最小外部贫流股用量。

解　（1）引入最小浓度差 $\Delta x_{min} = 0.0010$ 后，则溶质 S 在 L1、L2 和 L3 中的溶解关系为

$$L1: y = 0.25(x_1 + 0.0010)$$
$$L2: y = 0.50(x_2 + 0.0010)$$
$$L3: y = 0.10(x_3 + 0.0010)$$

（2）根据引入最小浓度差后的溶解关系式构建负荷-浓度（M-c）图，在图中分别进行富流股组合曲线和三个贫流股组合曲线的绘制，如图 6-24 和图 6-25 所示。

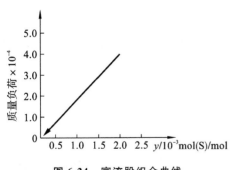

图 6-24　富流股组合曲线

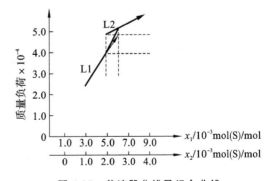

图 6-25　贫流股曲线及组合曲线

（3）确定夹点位置：在纵坐标方向上垂直移动两条组合曲线，直至贫流股组合曲线正好完全位于富流股组合曲线的左侧，两条曲线的交点即为夹点，如图 6-26 所示。

从图 6-26 中可得：

①夹点处对应的浓度（y, x_1, x_2）为（0.0010, 0.0030, 0.0010）；最大质量回收量为 2.0×

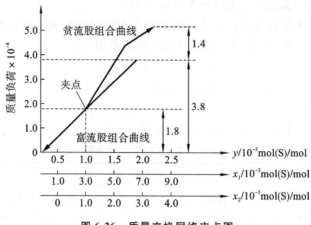

图 6-26   质量交换网络夹点图

10^{-4} kmol/s,最小外部 MSA 负荷为 1.8×10^{-4} kmol/s,过程 MSA 过剩能力为 1.4×10^{-4} kmol/s。

②夹点下方的负荷需要全部用外部质量分离剂 L3 进行脱除。

(4)最小外部贫流股用量。

由夹点位置可知,当 $\Delta x_{\min} = 0.0010$ 时,富流股入口浓度为 $y = 0.0010$,按照 L3 的溶解关系式 $y = 0.10(x_3 + 0.0010)$,从而获得 $x_3 = 0.009$,因此,L3 的入口浓度为 0.0008,出口浓度为 0.009,因此,最小外部贫流股用量为

$$L3: L = 1.8 \times 10^{-4} / (0.009 - 0.0008) \text{ kmol/s} = 0.02195 \text{ kmol/s}$$

6.2.3   利用浓度间隔图表法确定传质过程夹点

浓度间隔图表法,又称为组成区间图表法,是 El-Halwagi 和 Manousiouthakis 等在 1989 年提出的用于确定传质过程夹点的一种方法。利用浓度间隔图表法可以很简便地计算出质量交换网络所需要的最小外部 MSA 量。该方法和换热网络综合中的问题表格法具有类似性,易于用计算机语言编程进行计算,实际应用要比组合曲线法更加便捷和广泛。

利用浓度间隔图表法确定传质过程夹点的具体步骤如下。

步骤 1:构造浓度间隔图。

建立富流股浓度组成坐标 y,并利用式(6-7)为过程 MSA 建立 N_{sp} 个相应的浓度组成坐标:

$$x_j = \frac{y_i - b_j}{m_j} - \Delta x_{\min} \tag{6-7}$$

在浓度间隔图中建立浓度组成坐标的方法:首先,将每个过程物流表示为一个垂直箭头,箭头的尾端对应流股的初始组成,箭头的头端对应流股的目标组成;其次,在箭头的头端和尾端画水平线,可定义一系列组成区间;最后,从上到下对浓度间隔区间编号,如区间 1、区间 2 等。

步骤 2:构造可交换负荷表。

构造可交换负荷表可确定每个浓度间隔区间内过程物流的质量交换负荷。

第 i 个富流股通过第 k 个浓度间隔区间可交换的溶质质量负荷用式(6-8)进行计算;第 k 个浓度间隔区间内富流股的累计负荷为通过这个浓度间隔区间内的所有富流股的负荷之和,

如式(6-9)所示；第 j 个过程 MSA 流股通过第 k 个浓度间隔区间可交换的负荷用式(6-10)进行计算，第 k 个浓度间隔区间贫流股的累计负荷计算如式(6-11)所示；第 k 个浓度间隔区间内富流股累计负荷与过程 MSA 累计负荷之差如式(6-12)所示：

$$W_{i,k}^{\mathrm{R}} = G_i(y_{i,k-1} - y_{i,k}) \tag{6-8}$$

$$W_k^{\mathrm{R}} = \sum_i W_{i,k}^{\mathrm{R}} \tag{6-9}$$

$$W_{j,k}^{\mathrm{S}} = L_j(x_{j,k-1} - x_{j,k}) \tag{6-10}$$

$$W_k^{\mathrm{S}} = \sum_j W_{j,k}^{\mathrm{S}} \tag{6-11}$$

$$\Delta W_k = W_k^{\mathrm{R}} - W_k^{\mathrm{S}} = \sum_i W_{i,k}^{\mathrm{R}} - \sum_j W_{j,k}^{\mathrm{S}} \tag{6-12}$$

式中：$y_{i,k-1}$ 和 $y_{i,k}$ 分别为第 i 个富流股进入和离开第 k 个浓度间隔区间的浓度组成；$x_{j,k-1}$ 和 $x_{j,k}$ 分别为第 j 个过程 MSA 流股进入和离开第 k 个浓度间隔区间的浓度组成。

将每个浓度间隔区间的计算结果列于可交换负荷表中，即可得到富流股和贫流股可交换负荷表。

另外，对第 k 个浓度间隔区间，根据式(6-13)做溶质组分的质量平衡：

$$\delta_k = \delta_{k-1} + \Delta W_k \tag{6-13}$$

式中：δ_{k-1} 和 δ_k 为进入和离开第 k 个浓度间隔区间的溶质剩余质量。

在第一个浓度间隔区间以上，由于没有富流股的存在，因此 $\delta_0 = 0$。

步骤 3：质量交换网络中夹点和最小外部 MSA 量的确定。

在第二个浓度间隔区间之后，从"溶质不能从低浓度区间向高浓度区间传递"的热力学角度出发，若计算得出 $\delta_k > 0$，说明此浓度间隔区间过程 MSA 的容量小于富流股的容量，可行；若计算得出 $\delta_k < 0$，说明此浓度间隔区间过程 MSA 的容量大于富流股的容量，则不可行。同时，δ_k 的最小负值的绝对值意味着过程 MSA 在去除溶质上的过剩能力，因此，该过剩能力应通过降低一个或多个 MSA 流率或出口组成来减少。

按照上述浓度间隔图表法确定传质过程夹点的步骤，在除去过程 MSA 过剩能力后，初始的可交换负荷表就形成了一个"修改后的可交换负荷表"以确保每个浓度间隔区间均满足 $\delta_0 \geqslant 0$。修改后的可交换负荷表中，剩余质量为零处即为传质过程的夹点，同时，在表格中最下面浓度间隔区间的剩余质量则必须通过外部 MSA 除去，即最小外部 MSA 用量。

[例 6-3]　在一循环装置中将富流股 R1 和 R2 中溶质 S 进行脱除，在过程系统中可用的贫流股有两条：L1 和 L2。其中 L1 为过程 MSA，L2 为外部 MSA。四条流股流量和浓度参数列于表 6-2 中。

表 6-2　过程系统中富流股和贫流股数据一览表

富流股				贫流股			
流股	流量 G /(kmol/s)	初始浓度 y^{s} /[mol(S)/mol]	目标浓度 y^{t} /[mol(S)/mol]	流股	流量 L /(kmol/s)	初始浓度 x^{s} /[mol(S)/mol]	目标浓度 x^{t} /[mol(S)/mol]
R1	0.9	0.0700	0.0003	L1	2.3	0.0006	0.0310
R2	0.1	0.0510	0.0001	L2		0.0002	0.0035

S 在 L1 和 L2 的平衡关系可表示如下：

$$y = 1.45x_1 \qquad y = 0.26x_2$$

设最小浓度差 $\Delta x_{min} = 0.0001$，试采用浓度间隔图表法进行传质过程夹点位置的确定，并求取最小外部 MSA 用量。

解　（1）由于最小浓度差 $\Delta x_{min} = 0.0001$，则 S 在 L1 和 L2 的平衡关系改写为

$$y = 1.45(x_1 + 0.0001) \quad y = 0.26(x_2 + 0.0001)$$

（2）构造浓度间隔区间图。

本题中涉及两股富流股 R1、R2，两股贫流股 L1、L2，其中 L1 为过程 MSA，L2 贫流股为外部 MSA，而夹点及最小外部 MSA 用量是通过分析富流股和贫流股之间的关系来确定的。因此，构造浓度间隔区间图中仅涉及两股富流股（R1、R2）和一股贫流股（L1）。

首先，将每个过程流股表示为一个垂直的箭头，箭头尾端对应于该流股的初始组成，箭头头端对应于该流股的目标组成；其次，在箭头的头端和尾端画水平线，可定义一系列的浓度间隔区间；最后，从上到下对浓度间隔区间编号，得到图 6-27 所示浓度间隔区间图。

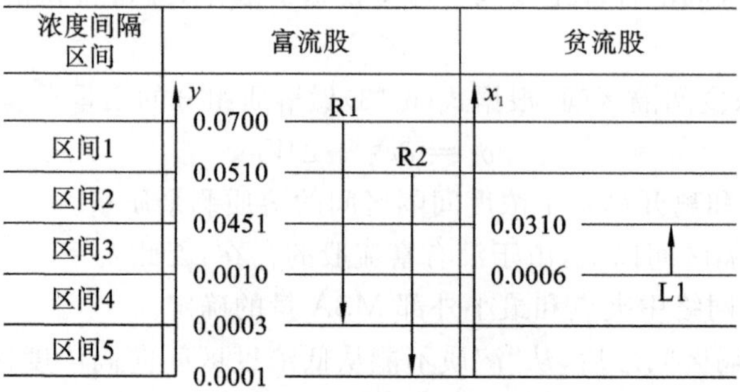

图 6-27　浓度间隔区间图

（3）列浓度间隔区间表。

对每一个浓度间隔区间按照式(6-8)至式(6-12)进行计算。

浓度间隔区间 1：
$$W_{1,1}^R = G_1(y_{1,0} - y_{1,1}) = 0.9 \times (0.0700 - 0.0510) = 0.01710$$
$$W_1^R = 0.01710$$
$$W_1^S = 0$$
$$\Delta W_1 = W_1^R - W_1^S = 0.01710$$

浓度间隔区间 2：
$$W_{1,2}^R = G_1(y_{1,1} - y_{1,2}) = 0.9 \times (0.0510 - 0.0451) = 0.00531$$
$$W_{2,2}^R = G_2(y_{2,1} - y_{2,2}) = 0.1 \times (0.0510 - 0.0451) = 0.00059$$
$$W_2^R = 0.00531 + 0.00059 = 0.00590$$
$$W_2^S = 0$$
$$\Delta W_2 = W_2^R - W_2^S = 0.00590$$

浓度间隔区间 3：
$$W_{1,3}^R = G_1(y_{1,2} - y_{1,3}) = 0.9 \times (0.0451 - 0.0010) = 0.03969$$
$$W_{2,3}^R = G_2(y_{2,2} - y_{2,3}) = 0.1 \times (0.0451 - 0.0010) = 0.00441$$
$$W_3^R = 0.03969 + 0.00441 = 0.04410$$
$$W_{1,3}^S = L_1(x_{1,2} - x_{1,3}) = 2.3 \times (0.0310 - 0.0006) = 0.06992$$
$$W_3^S = 0.06992$$

$$\Delta W_3 = W_3^R - W_3^S = 0.04410 - 0.06992 = -0.02582$$

浓度间隔区间 4：

$$W_{1,4}^R = G_1(y_{1,3} - y_{1,4}) = 0.9 \times (0.0010 - 0.0003) = 0.00063$$

$$W_{2,4}^R = G_2(y_{2,3} - y_{2,4}) = 0.1 \times (0.0010 - 0.0003) = 0.00007$$

$$W_4^R = 0.00063 + 0.00007 = 0.00070$$

$$W_4^S = 0$$

$$\Delta W_4 = W_4^R - W_4^S = 0.00070$$

浓度间隔区间 5：

$$W_{2,5}^R = G_2(y_{2,4} - y_{2,5}) = 0.1 \times (0.0003 - 0.0001) = 0.00002$$

$$W_5^R = 0.00002$$

$$W_5^S = 0$$

$$\Delta W_5 = W_5^R - W_5^S = 0.00002$$

注：本例中 W 的单位均为 kmol/s，为简化过程，在相关计算过程中未一一列出。

将上述计算结果列于表 6-3 中。

表 6-3　浓度间隔区间负荷表

间隔区间	第一列	第二列	第三列
	$\Delta W/(\text{kmol/s})$	质量负荷传递量/(kmol/s)	
		入口	出口
区间 1	0.01710	0	0.01710
区间 2	0.00590	0.01710	0.02300
区间 3	−0.02582	0.02300	−0.00282
区间 4	0.00070	−0.00282	−0.00212
区间 5	0.00002	−0.00212	−0.00210

（4）修改可交换负荷表。

从表 6-3 可知，过剩负荷量为 0.00282 kmol/s，因此，需要通过减少 L1 的用量或者目标浓度的方法将其降至 0。若要求通过减少 L1 的用量，则调整后的 L1 流量应为

$$L_1' = L_1 - \frac{\text{过剩负荷量}}{x_1^t - x_1^s}$$

$$L_1' = \left(2.3 - \frac{0.00282}{0.0310 - 0.0006}\right) \text{kmol/s} = 2.2072 \text{ kmol/s}$$

对每一个浓度间隔区间按照式(6-8)至式(6-12)重新进行计算。

浓度间隔区间 1：

$$W_{1,1}^R = G_1(y_{1,0} - y_{1,1}) = 0.9 \times (0.0700 - 0.0510) = 0.01710$$

$$W_1^R = 0.01710$$

$$W_1^S = 0$$

$$\Delta W_1 = W_1^R - W_1^S = 0.01710$$

浓度间隔区间 2：

$$W_{1,2}^R = G_1(y_{1,1} - y_{1,2}) = 0.9 \times (0.0510 - 0.0451) = 0.00531$$

$$W_{2,2}^R = G_2(y_{2,1} - y_{2,2}) = 0.1 \times (0.0510 - 0.0451) = 0.00059$$

$$W_2^R = 0.00531 + 0.00059 = 0.00590$$

$$W_2^S = 0$$

$$\Delta W_2 = W_2^R - W_2^S = 0.00590$$

浓度间隔区间 3：

$$W_{1,3}^R = G_1(y_{1,2} - y_{1,3}) = 0.9 \times (0.0451 - 0.0010) = 0.03969$$

$$W_{2,3}^R = G_2(y_{2,2} - y_{2,3}) = 0.1 \times (0.0451 - 0.0010) = 0.00441$$

$$W_3^R = 0.03969 + 0.00441 = 0.04410$$

$$W_{1,3}^S = L_1'(x_{1,2} - x_{1,3}) = 2.2072 \times (0.0310 - 0.0006) = 0.06710$$

$$W_3^S = 0.06710$$

$$\Delta W_3 = W_3^R - W_3^S = 0.04410 - 0.06710 = -0.02300$$

浓度间隔区间 4：

$$W_{1,4}^R = G_1(y_{1,3} - y_{1,4}) = 0.9 \times (0.0010 - 0.0003) = 0.00063$$

$$W_{2,4}^R = G_2(y_{2,3} - y_{2,4}) = 0.1 \times (0.0010 - 0.0003) = 0.00007$$

$$W_4^R = 0.00063 + 0.00007 = 0.00070$$

$$W_4^S = 0$$

$$\Delta W_4 = W_4^R - W_4^S = 0.00070$$

浓度间隔区间 5：

$$W_{2,5}^R = G_2(y_{2,4} - y_{2,5}) = 0.1 \times (0.0003 - 0.0001) = 0.00002$$

$$W_5^R = 0.00002$$

$$W_5^S = 0$$

$$\Delta W_5 = W_5^R - W_5^S = 0.00002$$

将重新计算的数据形成修改后的可交换负荷表，如表 6-4 第四列至第六列所示：

表 6-4 修改后的可交换负荷表

间隔区间	第一列	第二列		第三列	第四列	第五列	第六列
	ΔW /(kmol/s)	质量负荷传递量/(kmol/s)			调整后的 ΔW /(kmol/s)	调整后的质量负荷传递量/(kmol/s)	
		入口	出口			入口	出口
区间 1	0.01710	0	0.01710		0.01710	0	0.01710
区间 2	0.00590	0.01710	0.02300		0.00590	0.01710	0.02300
区间 3	−0.02582	0.02300	−0.00282		−0.02300	0.02300	0
区间 4	0.00070	−0.00282	−0.00212		0.00070	0	0.00070
区间 5	0.00002	−0.00212	−0.00210		0.00002	0.00070	0.00072

(5)夹点位置的确定和最小外部质量分离剂用量。

从表 6-4 可知：

①传质过程夹点位置在浓度间隔区间 3 和区间 4 之间，对应的 $y = 0.0010 \text{ mol(S)/mol}$，$x_1 = 0.0006 \text{ mol(S)/mol}$。

②最小外部 MSA 负荷对应表格中最后一个间隔区间中的 0.00072 kmol/s，该部分只能用外部 MSA 即贫流股 L2 除去。因此，所需要的最小流量为

$$L_2 = 0.00072 / (0.0035 - 0.0002) \text{ kmol/s} = 0.2182 \text{ kmol/s}$$

6.2.4　质量交换网络综合

基于夹点法的质量交换网络综合必须遵循夹点法的三条基本原则：①夹点处无质量流穿过夹点；②夹点上方不能引入外部 MSA；③夹点下方不能提供过程 MSA 过剩能力。

与换热网络综合类似，在过程系统质量交换网络综合时：首先，以夹点为分界线，将整个质量交换网络分为夹点上方和夹点下方；而后，按照一定规则分别对夹点上方和夹点下方的质量流股进行匹配，形成夹点上方子网络综合图和夹点下方子网络综合图；最后，将两个子网络综合图在夹点处合并即获得外部质量分离剂负荷最小的质量交换网络综合图。

在利用夹点法进行质量交换网络综合的过程中，应遵循如下匹配规则。

(1)夹点匹配可行性规则 1：流股分割。

在进行质量交换网络综合过程中，夹点上方的任何质量交换在夹点侧最小浓度差的影响下起作用。对于夹点上方的夹点匹配，每个富流股(包括其分支)数不大于贫流股(包括其分支)数，即满足式(6-14)：

$$N_R \leqslant N_S \tag{6-14}$$

同样的，对于夹点下方的夹点匹配，每个富流股(包括其分支)数不小于贫流股(包括其分支)数，即满足式(6-15)：

$$N_R \geqslant N_S \tag{6-15}$$

式中：N_R 为富流股(包括其分支)数；N_S 为贫流股(包括其分支)数。

值得注意的是：若夹点上方或夹点下方的富流股和贫流股数不能满足上述关系式的要求时，则需要对富流股或贫流股进行流股分割。

(2)夹点匹配可行性规则 2：热力学约束条件。

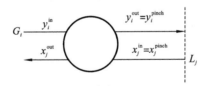

图 6-28　夹点上方质量交换器及相关物流关系

当富流股与贫流股在质量交换器中进行逆流操作时，其夹点上方质量交换器及相关物流关系如图 6-28 所示。其中，流量为 G_i 的富流股进口质量分数为 y_i^{in}，出口质量分数为 y_i^{pinch}；流量为 L_j 的贫流股进口质量分数为 $x_j^{in}=x_j^{pinch}$，出口质量分数为 x_j^{out}。

对图 6-28 所示的质量交换器进行关于溶质的质量物料衡算，如式(6-16)所示：

$$G_i(y_i^{in}-y_i^{pinch}) = L_j(x_j^{out}-x_j^{pinch}) \tag{6-16}$$

另外，在夹点处富流股与贫流股趋于相平衡：

$$y_i^{pinch} = m_j(x_j^{pinch}+\Delta x_{min})+b_j \tag{6-17}$$

为了保证在交换器中夹点上方热力学上可行，应满足式(6-18)的条件：

$$y_i^{in} > m_j(x_j^{out}+\Delta x_{min})+b_j \tag{6-18}$$

将式(6-17)和式(6-18)代入式(6-16)中：

$$G_i\{m_j(x_j^{out}+\Delta x_{min})+b_j-[m_j(x_j^{pinch}+\Delta x_{min})+b_j]\} \leqslant L_j(x_j^{out}-x_j^{pinch}) \tag{6-19}$$

整理式(6-19)可得，在夹点上方，对于每一个富流股的夹点匹配来讲，应满足如式(6-20)所示的热力学约束条件：

$$L_j/m_j \geqslant G_i \quad 或者 \quad L_j/G_i \geqslant m_j \tag{6-20}$$

同理,在夹点下方,对于每一个贫流股的夹点匹配来讲,应满足如式(6-21)所示的热力学约束条件:

$$L_j/m_j \leqslant G_i \quad 或者 \quad L_j/G_i \leqslant m_j \tag{6-21}$$

值得注意的是:在夹点处需要满足可行性规则,但离开夹点后,富流股和贫流股的匹配则不受可行性规则的限制,可根据相关理论知识自由选择物流的匹配。

(3)夹点匹配经验规则。

采用夹点法进行质量交换网络综合中,应遵循夹点匹配的经验规则:为了保证最少数目的质量交换单元,减少设备投资费用,应选择每个匹配的负荷等于该匹配的富流股和贫流股中负荷较小者,使之一次匹配就可以满足负荷要求。

[例 6-4] 某一流程中含有两股富流股 R1 和 R2,三股贫流股 L1、L2 和 L3,其中 L3 为外部 MSA,上述流股的物流数据如表 6-5 所示。

表 6-5　富流股和贫流股相关数据一览表

富流股				贫流股			
流股	流量 G /(kmol/s)	初始浓度 y^s /[mol(S)/mol]	目标浓度 y^t /[mol(S)/mol]	流股	流量 L /(kmol/s)	初始浓度 x^s /[mol(S)/mol]	目标浓度 x^t /[mol(S)/mol]
R1	2.0	0.0500	0.0100	L1	5.0	0.0050	0.0150
R2	1.0	0.0300	0.0060	L2	3.0	0.0100	0.0300
				L3		0.0000	0.1100

S 在 L1 和 L2 中的平衡关系可用下式表示:

$$y = 2.0x_1 \quad y = 1.53x_2$$

设最小浓度差 $\Delta x_{\min} = 0.0001$,试采用浓度间隔图表法对该工艺中流股进行质量交换网络综合。

解 (1)由于最小浓度差 $\Delta x_{\min} = 0.0001$,则平衡关系可改写为

$$y = 2.0(x_1 + 0.0001) \quad y = 1.53(x_2 + 0.0001)$$

(2)构造浓度间隔图,如图 6-29 所示。

(3)修改可交换负荷表。

对每一个浓度间隔区间按照式(6-8)至式(6-12)进行计算,并将计算结果列于表 6-6 第一列到第三列。

从前三列中可得到过剩负荷量为 0.0184 kmol/s,当确定通过降低 L2 的流率将该值降为 0 时,调整后的 L2 流率为

$$L_2' = L_2 - \frac{过度负荷量}{x_2^t - x_2^s}$$

$$L_2' = \left(3.0 - \frac{0.0184}{0.0300 - 0.0100}\right) \text{kmol/s} = 2.0800 \text{ kmol/s}$$

重新对每一个浓度间隔按照式(6-8)至式(6-12)进行计算,并将计算结果列于表 6-6 第四

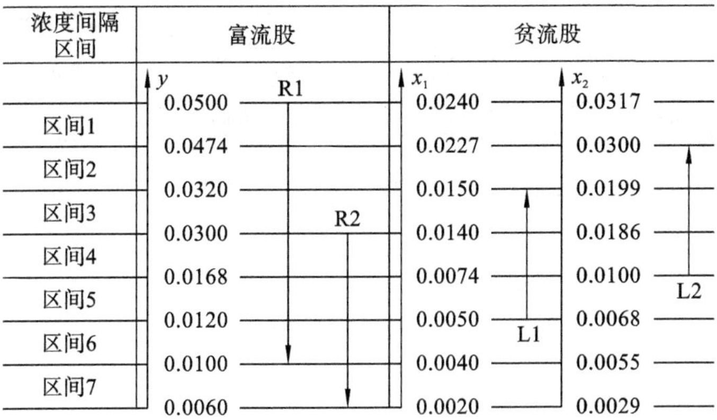

图 6-29　浓度间隔图

列到第六列。

表 6-6　修改后的可交换负荷表

间隔区间	第一列	第二列		第三列	第四列	第五列		第六列
	ΔW /(kmol/s)	质量负荷传递量/(kmol/s)			调整后的 ΔW /(kmol/s)	调整后的质量负荷传递量/(kmol/s)		
		入口	出口			入口		出口
区间 1	0.0052	0	0.0052		0.0052	0		0.0052
区间 2	0.0005	0.0052	0.0057		0.0098	0.0052		0.0150
区间 3	−0.0049	0.0057	0.0008		−0.0037	0.0150		0.0113
区间 4	−0.0192	0.0008	−0.0184		−0.0113	0.0113		0
区间 5	0.0024	−0.0184	−0.0160		0.0024	0		0.0024
区间 6	0.0060	−0.0160	−0.0100		0.0060	0.0024		0.0084
区间 7	0.0040	−0.0100	−0.006		0.0040	0.0084		0.0124

（4）夹点的位置。

从可交换负荷表中可得：

①夹点位置在区间 4 和区间 5 边界处。

②夹点处对应的浓度为

$$y=0.0168 \text{ kmol/s}, x_1=0.0074 \text{ kmol/s}, x_2=0.0100 \text{ kmol/s}$$

③表格最后一个间隔剩余的 0.0124 kmol/s 为最小外部 MSA 负荷，采用外部 MSA：

$$L_3=0.0124/(0.1100-0) \text{ kmol/s}=0.1127 \text{ kmol/s}$$

④表格中的 0.0184 kmol/s，相当于过程 MSA 过剩能力。若想通过降低 L2 的质量流率消除剩余质量负荷，则 L2 的质量流率应调整为

$$L_2'=\left(3.0-\frac{0.0184}{0.030-0.010}\right) \text{ kmol/s}=2.08 \text{ kmol/s}$$

（5）过程系统质量交换综合。

夹点分解图如图 6-30 所示：

①夹点上方。

可行性规则 1：存在两个富流股和两个贫流股，满足可行性规则 1。

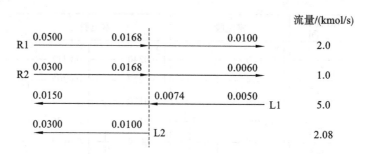

图 6-30 富流股和贫流股夹点分解图

可行性规则 2：通过比较 L_j/m_j 与 G_i 的数值，容易推断出 L1 与 R1 和 R2 均可匹配，L2 只能与 R2 匹配。

根据可行性规则，在夹点上方进行夹点匹配时：L1 与 R1 匹配，L2 与 R2 匹配。为了满足最大负荷匹配的经验规则，L1 和 R1 匹配中应将负荷较小的 L1 匹配完，即 R1 和 L1 交换的质量负荷为 0.0380 kmol/s；同样的，R2 和 L2 匹配中应将负荷较小的 R2 全部匹配完，即 R2 和 L2 交换的质量负荷为 0.0132 kmol/s。

在离开夹点之后，物流间的匹配不受质量交换可行性规则的约束。R1 和 L2 均有剩余负荷且均等于 0.0284 kmol/s，因此，可将 R1 与 L2 进行匹配，获得如图 6-31 所示的夹点上方质量交换网络设计图。

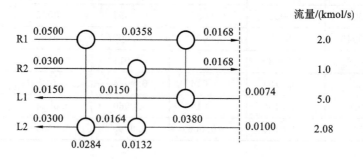

图 6-31 夹点上方质量交换网络设计图

②夹点下方。

可行性规则 1：存在两个富流股和一个贫流股，满足可行性规则 1。

可行性规则 2：通过比较 L_j/m_j 与 G_i 的数值，容易推断出 L1 不能与 R1 和 R2 匹配。因此，若是要满足夹点下方的匹配规则，则需要将 L1 进行流股分割，使之满足可行性规则 1 和可行性规则 2。

在进行 L1 流股分割时，可有不同的流股分割方式，这里以最简单的一种分割方式为例，进行夹点下方的匹配：将贫流股 L1 按照 R1 和 R2 的相同比例进行分割，即 L1 分割为 L1-1 (3.33 kmol/s) 和 L1-2 (1.67 kmol/s) 两流股。进行流股分割后可同时满足可行性规则 1 和可行性规则 2，随后按照经验规则进行夹点下方的匹配，得到如图 6-32 所示的夹点下方质量交换网络设计图。

综上所述，将夹点上方和夹点下方进行合并，可获得整个过程系统质量交换网络综合图（图 6-33）。

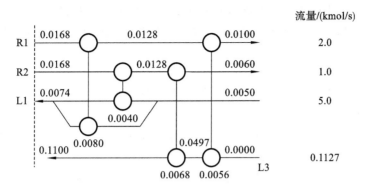

图 6-32 夹点下方质量交换网络设计图

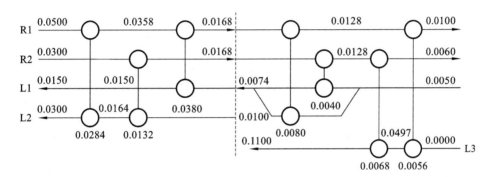

图 6-33 整个过程系统质量交换网络综合图

6.2.5 质量交换网络的优化

最优的质量交换网络应满足外部质量分离剂用量最小和年度总费用最小。其中,年度总费用包括操作费用和固定投资费用,而操作费用主要是质量分离剂的成本费用,固定投资费用主要是各种质量分离单元的设备费用。

在初步质量交换网络综合的基础上,对其进行调优以满足质量交换网络综合的目的。在调优的过程中,一方面通过降低外部质量分离剂用量和成本费用,另一方面通过减少质量交换器个数,以达到外部质量分离剂用量最小和年度总费用最小。一般情况下,外部质量分离剂成本费用相对于质量交换器设备费用来讲均较低,因此,常常通过减少质量交换器个数以达到质量交换网络优化的目的。

(1)质量交换器的最少数目。

质量交换器最少数目 $N_{MX,min}$ 如式(6-22)所示:

$$N_{MX,min} = N_R + N_S - 1 \tag{6-22}$$

式中:N_R 为富流股数目;N_S 为贫流股数目。

为了满足最小外部质量分离剂目标,将质量网络综合问题分解为夹点上方和夹点下方两个子网络设计问题。因此,质量交换器最少数目问题也可以分解为夹点上方和夹点下方质量交换器最少数目问题,如式(6-23)所示:

$$N_{MX} = N_{MX}^{上} + N_{MX}^{下} \tag{6-23}$$

式中:$N_{MX}^{上}$ 和 $N_{MX}^{下}$ 分别为满足外部质量分离剂用量最小时夹点上方和夹点下方的质量交换器数目。

当质量交换网络中的质量交换器数目超过式(6-23)中最少数目时,则$(N_{MX} - N_{MX,min})$为独立回路数目。而当独立回路断开时,外部质量分离剂用量将会增加,但可以减少质量交换器个数。

(2)质量负荷回路。

在质量交换网络中从一股流股出发,沿着与其匹配的流股进行搜索重新回到原来流股时,这些匹配单元之间构成质量负荷回路。

在质量负荷回路中,可以依次从一个质量交换器减去某一个负荷值,然后将其加到另一个质量交换器上,而不改变该回路的质量平衡。如果将回路中负荷最小的质量交换器负荷转移到其他质量交换器上,则可以将该质量交换器从质量交换网络中除去。

值得注意的是:质量交换器负荷的转移会改变质量交换器出口流股组成,但不能改变质量负荷回路的质量平衡。

(3)质量负荷路径。

从某一质量分离剂流股开始,沿着匹配的流股可搜索到另一个质量分离剂流股为止,在这之间所形成的路径称为质量负荷路径。在质量负荷路径中所涉及的质量分离剂可以是过程质量分离剂,也可以是外部质量分离剂。通过沿质量负荷路径转移的质量负荷,虽然可以减少质量交换器的个数,但是以增加外部质量分离剂负荷为代价的。

下面举例说明在初步质量交换网络的基础上对其进行优化以获得质量交换器最少数目的质量交换网络。

[**例 6-5**] 图 6-34 为外部 MSA 最小时的质量交换网络,L2 为外部质量分离剂。该质量交换网络中有质量交换器 4 个,若将整个质量交换网络作为一个整体考虑,试对该质量交换网络进行质量交换器数目最少的优化。

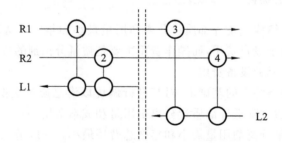

图 6-34 外部 MSA 最小时质量交换网络图

解 (1)确定质量负荷回路。

图 6-34 中夹点上方有 2 个质量交换器,夹点下方有 2 个质量交换器,则根据式(6-23)可得

$$N_{MX} = N_{MX}^{\perp} + N_{MX}^{\top} = 2 + 2 = 4$$

若将整个质量交换网络作为一个整体考虑,则根据式(6-22)可得

$$N_{MX,min} = N_R + N_S - 1 = 2 + 2 - 1 = 3$$

$$N_{MX} - N_{MX,min} = 4 - 3 = 1$$

从 $N_{MX} - N_{MX,min} = 1$ 可得,整个质量交换网络中存在一个质量负荷回路。

(2)减少质量交换器的质量交换网络优化。

寻找质量负荷回路:经识别,在图 6-34 中存在一个质量负荷回路,为(1,2,4,3)。因此,若质量负荷回路中 3 为最小质量交换器,则将该质量交换器除去,即得质量交换网络优化图

（图 6-35）。

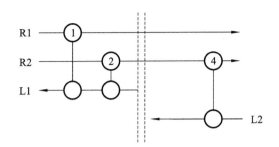

图 6-35　减少质量交换器后的质量交换网络优化图

6.2.6　过程系统的质量集成网络

过程系统的质量集成是整个过程系统中确定物质流股、流股产生与分离以及流动路径的总体方法。在确定集成目标的情况下,通过质量集成可优化流股和物质的产生、分配和分离。同时,通过过程系统的质量集成还可深化对过程系统中总体物质流动的基本理解。

质量集成是进行废物最小化流程综合的理想方法。质量集成的核心是废物截断分配网络。废物截断分配综合问题可描述如下:对最终废物流股(包括气相流股和液相流股)中含有一定污染物的过程,确定过程中间污染物处理的最小费用策略,采用质量集成方法,减小最终废物流股中污染物的负荷与浓度,以达到环境要求的水平。在实际应用中,对废物截断分配网络进行建模求解,可获得整个过程系统的质量集成网络。

6.3　水系统集成

水系统集成技术在节水和减少废水排放中起着非常重要的作用,也是解决水资源短缺和水污染问题的关键环节。水系统集成是将过程用水和废水处理作为一个整体系统进行研究,利用系统中水流股的回用和循环,实现降低新鲜水用量和废水排放量的目的。

自 1980 年开始对水系统进行研究以来,水系统集成的研究经历了从单一杂质组分到多个杂质组分、用水网络和废水处理网络的序贯优化研究,再到水系统网络的集成研究等的过程。

6.3.1　水系统集成的基本概念

（1）水系统集成问题。

水系统集成问题可描述为:一个由 N_R 个水源和 N_S 个水阱组成的水系统,已知每个水阱所需要的进料流率和允许的杂质组成、每个水源的流率和杂质组成,通过水源和水阱的匹配,达到系统新鲜水用量最小的水系统集成目的。

（2）水源-水阱图。

水源-水阱图是以流率为纵坐标,杂质浓度为横坐标,水源以圆圈标注,水阱用方框标注,如图 6-36 所示。

（3）水阱组合曲线。

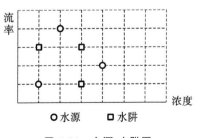

图 6-36　水源-水阱图

按照最大允许组成的升序排列水阱浓度：$z_1^{max} \leqslant \cdots \leqslant z_j^{max} \leqslant \cdots \leqslant z_{N_S}^{max}$，根据水阱浓度和水阱流率得到水阱最大负荷：$M_j^{sink,max} = G_j z_j^{max} (j = 1, 2, \cdots, N_S)$。根据每个水阱最大负荷及对应流率之间关系绘图，并按照水阱组成升序排列顺序对各个水阱进行叠加，得到水阱组合曲线图，如图 6-37 所示。

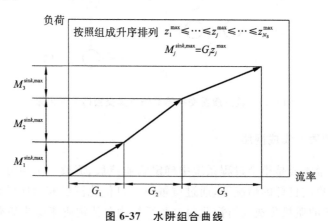

图 6-37　水阱组合曲线

（4）水源组合曲线。

按照最大允许组成的升序排列污染物的浓度：$y_1 \leqslant \cdots \leqslant y_i \leqslant \cdots \leqslant y_{N_R}$，根据水源浓度和水源流率得到水源负荷：$M_i^{source} = W_i y_i (i = 1, 2, \cdots, N_R)$。根据每个水源负荷及对应流率之间关系绘图，并按照水源组成升序排列顺序对各个水源进行叠加，得到水源组合曲线，如图 6-38所示。

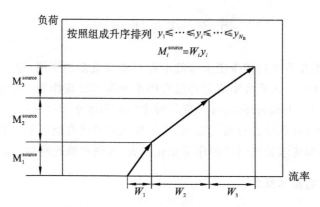

图 6-38　水源组合曲线

（5）水源混合杠杆规则。

已知：a 和 b 两个水源，质量流率分别为 W_a 和 W_b，组成分别为 y_a 和 y_b。若两个水源混合后组成为 y_s 时，则 y_s 满足式（6-24）：

$$y_s(W_a + W_b) = y_a W_a + y_b W_b \tag{6-24}$$

式（6-24）变形后可得式（6-25）至式（6-27）：

$$\frac{W_a}{W_b} = \frac{y_b - y_s}{y_s - y_a} \tag{6-25}$$

$$\frac{W_a}{W_a + W_b} = \frac{y_b - y_s}{y_b - y_a} \tag{6-26}$$

$$\frac{W_b}{W_a + W_b} = \frac{y_s - y_a}{y_b - y_a} \tag{6-27}$$

式(6-25)至式(6-27)为水源混合杠杆规则。

(6)新鲜水用量杠杆规则。

如图6-39所示,当某个水阱需要有新鲜水加入以满足进口物流杂质组成限制时,则进入水阱的新鲜水流率用式(6-28)计算可得。

$$\frac{\text{进入水阱的新鲜水流率}}{\text{进入水阱的总流率}} = \frac{y_a - z_F}{y_a - y_F} \tag{6-28}$$

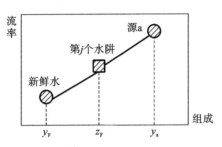

图 6-39　新鲜水用量杠杆规则示意图

若进入水阱的新鲜水为纯净新鲜水,则 $y_F = 0$。

(7)水系统集成的步骤。

与换热系统网络综合和质量交换网络综合相似,一般水系统集成步骤如下。

步骤1:确定最小新鲜水用量目标或者最小废水排放量目标。

步骤2:设计满足最小新鲜水用量目标或最小废水排放量目标的水系统网络。

步骤3:对水网络进行优化,减少水源和水阱匹配的数目,达到优化目标。值得注意的是:在减少水源和水阱数目的过程中,有可能导致新鲜水消耗量的增加。

6.3.2　夹点法确定最小新鲜水用量目标

水系统集成的主要目的是将过程水进行最大化循环回用以减少新鲜水消耗量,即水系统集成的主要目标是最小新鲜水用量目标。在夹点技术的理论基础上,常用于确定最小新鲜水用量目标的方法是组合曲线法和累计负荷区间表格法。

水夹点技术是由 Wang 和 Smith 等人针对用水目标最小化问题而提出的,其主要思想是:在 Linnhoff 提出的用于系统能量回收中夹点概念的基础上,引入 El-Halwag 等人提出的传质网络综合思想。

(1)组合曲线法。

组合曲线法是水系统集成的重要方法和手段。利用该方法可在不进行水系统集成前就确定出水系统的最大回用量、最小新鲜水用量和最小废水排放量目标。

组合曲线法的一般步骤如下。

步骤1:绘制水阱组合曲线。

步骤2:绘制水源组合曲线。

步骤3:在杂质负荷-流率图上,水阱组合曲线置于左侧,水源组合曲线置于右侧,水平移动水源组合曲线和水阱组合曲线直至有接触点,该接触点为水循环/回用的夹点。

当确定水循环/回用的夹点后,可得以下参数。

最大回用量:水源组合曲线和水阱组合曲线间重叠部分,重叠部分的水源和水阱可进行匹配,实现水系统集成。

最小新鲜水用量目标:超出水源组合曲线起点部分的水阱组合曲线,由于没有水源可以利用,则需要使用新鲜水源进行匹配,即为最小新鲜水用量目标。

最小废水排放量目标:超出水阱组合曲线终点部分的水源组合曲线,由于没有水阱可用,因此这部分水量无法回用,只能排放,即为最小废水排放量目标。

采用组合曲线法确定夹点、最小新鲜水用量目标和最小废水排放量目标,如图 6-40 所示。

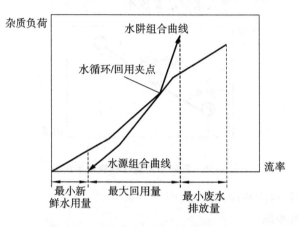

图 6-40　水源-水阱组合曲线确定夹点

[例 6-6]　某过程系统由 4 个单元过程组成,原设计均使用新鲜水,总的新鲜用水量为 150 kg/d。单元过程的水性质数据如表 6-7 所示,水系统流程如图 6-41 所示。试用组合曲线法确定该系统的最小新鲜水用量目标。

表 6-7　单元过程的水性质数据

单元过程	杂质负荷 M/(kg/d)	入口浓度 z/(mg/kg)	出口浓度 y/(mg/kg)	流率 G/(kg/d)
1	2	0	100	20
2	3	50	100	60
3	10	50	300	40
4	6	300	500	30

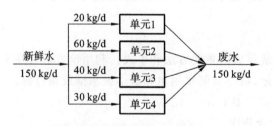

图 6-41　过程系统水系统流程

解　①按照最大允许组成 z 的升序排列水阱,并计算其最大负荷,如表 6-8 所示。

表 6-8　水阱及最大负荷计算结果一览表

$z/(\text{mg/kg})$	$G/(\text{kg/d})$	$M=Gz/(\text{g/d})$	$\sum G/(\text{kg/d})$	$\sum M/(\text{g/d})$
			0	0
0	20	0	20	0
50	60	3	80	3
50	40	2	120	5
300	30	9	150	14

②按照 y 组成的升序排列水源,并计算其负荷,如表 6-9 所示。

表 6-9　水源及负荷计算结果一览表

$y/(\text{mg/kg})$	$W/(\text{kg/d})$	$M=Wy/(\text{g/d})$	$\sum W/(\text{kg/d})$	$\sum M/(\text{g/d})$
			0	0
100	20	2	20	2
100	60	6	80	8
300	40	12	120	20
500	30	15	150	35

③绘制水源组合曲线和水阱组合曲线。

按照组合曲线的绘制方法,在负荷-流率图上绘制水源组合曲线和水阱组合曲线,如图 6-42 所示。

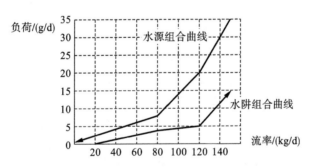

图 6-42　水源组合曲线和水阱组合曲线

④水夹点、最小新鲜水用量和最小废水排放量的确定。

水阱组合曲线在左侧、水源组合曲线在右侧,水平方向移动水源组合曲线直至与水阱组合曲线产生接触点,即为夹点,如图 6-43 所示。

从图 6-43 中可得:水夹点位置对应流率为 120 kg/d,负荷为 5 g/d;最小新鲜水用量为 70 kg/d,最小废水排放量为 70 kg/d。

采用组合曲线法进行水夹点位置、最小新鲜水用量和最小废水排放量的确定具有简单和直观的优点,也具有作图较为烦琐且不够精确的缺点。

（2）累计负荷区间表格法。

相对于组合曲线法而言,采用累计负荷区间表格法进行水夹点位置确定时,更易于用计算机语言编程进行相关计算。因此,在实际应用中,累计负荷区间表格法要比组合曲线法使用更加便捷和广泛。

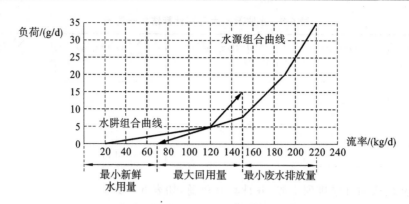

图 6-43 水夹点图

累计负荷区间表格法的计算步骤如下。

步骤 1：用式(6-29)和式(6-30)计算每个水阱最大负荷和每个水源负荷。

$$M_j^{sink,max} = G_j z_j^{max} \quad (j = 1, 2, \cdots, N_S) \quad (6\text{-}29)$$

$$M_i^{source} = W_i y_i \quad (i = 1, 2, \cdots, N_R) \quad (6\text{-}30)$$

步骤 2：按照最大允许组成升序排列计算水阱的累计流率和相应累计负荷，在进行计算时，均以 0 作为基准。

$$\sum_{k=1}^{j} G_k \quad \sum_{k=1}^{j} M_k^{sink} \quad (j = 1, 2, \cdots, m) \quad (6\text{-}31)$$

步骤 3：按照污染物组成升序排列计算水源的累计流率和相应累计负荷，均以 0 作为基准。

$$\sum_{k=1}^{i} W_k \quad \sum_{k=1}^{i} M_k^{source} \quad (i = 1, 2, \cdots, n) \quad (6\text{-}32)$$

步骤 4：将水源累计负荷和水阱累计负荷一起按升序排列，得到累计负荷区间。

步骤 5：进行负荷区间计算，从最小累计负荷开始向累计负荷增加的区间方向移动，分别计算出区间边界上水源累计流率、水阱累计流率和两者差值。

步骤 6：夹点、最小新鲜水用量和最小废水排放量的确定，负荷区间表格中最大负值的绝对值即为最小新鲜水用量；将该值从第一个累计负荷区间加到水源累计流率中重新计算，水源最终累计流率与水阱最终累计流率之差即为最小废水排放量；边界上累计流率之差为 0 的位置，即为水夹点。

[例 6-7]　采用累计负荷区间表格法对[例 6-6]水系统进行夹点位置的确定，最小新鲜水用量和最小废水排放量的确定。

解　①按照最大允许组成 z 的升序排列水阱，并计算其最大负荷，如表 6-10 所示。

表 6-10　水阱及最大负荷计算结果一览表

$z/(mg/kg)$	$G/(kg/d)$	$M = Gz/(g/d)$	$\sum G/(kg/d)$	$\sum M/(g/d)$
			0	0
0	20	0	20	0
50	60	3	80	3
50	40	2	120	5
300	30	9	150	14

②按照 y 组成的升序排列水源，并计算其负荷，如表 6-11 所示。

表 6-11　水源及负荷计算结果一览表

y/(mg/kg)	W/(kg/d)	$M=Wy$/(g/d)	$\sum W$/(kg/d)	$\sum M$/(g/d)
			0	0
100	20	2	20	2
100	60	6	80	8
300	40	12	120	20
500	30	15	150	35

③累计负荷表：将水源累计负荷和水阱累计负荷计算值放在一起进行升序排序，如表6-12 中第一列，并在表格中列出累计负荷区间上对应的水源累计流率值和水阱累计流率值，如表 6-12 中"初始累计负荷"一列中所示。

表 6-12　累计负荷区间及对应的累计负荷

累计负荷区间	初始累计负荷		
	$\sum W$/(kg/d)	$\sum G$/(kg/d)	$(\sum W - \sum G)$/(kg/d)
0	0	20	−20
2	20		
3		80	
5		120	
8	80		
14		150	
20	120		
35	150		

表 6-12 中累计负荷区间"3"，只有表 6-11 中 $\sum G$ 的数值，而无 $\sum W$ 的数值。针对这种情况，则对表 6-11 中的负荷区间及累计负荷采用线性插值的方法获得其对应的 $\sum W$ 值，如区间"2"对应的 $\sum W=20$，区间"8"对应的 $\sum W=80$，按照线性插值法，可得区间"3"对应的 $\sum W=30$。同理，可得表 6-13 结果，其中线性插值后的计算结果用括号表示。

表 6-13　线性插值后累计负荷区间及对应的累计负荷

累计负荷区间	初始累计负荷		
	$\sum W$/(kg/d)	$\sum G$/(kg/d)	$(\sum W - \sum G)$/(kg/d)
0	0	20	−20
2	20	(60)	−40
3	(30)	80	−50
5	(50)	120	−70
8	80	(130)	−50

续表

累计负荷区间	初始累计负荷		
	$\sum W/(\mathrm{kg/d})$	$\sum G/(\mathrm{kg/d})$	$(\sum W - \sum G)/(\mathrm{kg/d})$
14	(100)	150	−50
20	120		
35	150		

④修改累计负荷表:从表 6-13 中获得 $\sum W - \sum G$ 列中的最大负值为 70 kg/d,其绝对值即为最小新鲜水用量目标。

同时,将表 6-13 表格中 $\sum W$ 和 $(\sum W - \sum G)$ 初始累计负荷均加上 70 kg/d,得到修改后的累计负荷表,如表 6-14 所示。

表 6-14　修改后的累计负荷表

累计负荷区间	初始累计负荷			修改后的累计负荷		
	$\sum W/(\mathrm{kg/d})$	$\sum G/(\mathrm{kg/d})$	$(\sum W - \sum G)/(\mathrm{kg/d})$	$\sum W/(\mathrm{kg/d})$	$\sum G/(\mathrm{kg/d})$	$(\sum W - \sum G)/(\mathrm{kg/d})$
0	0	20	−20	70	20	50
2	20	(60)	−40	90	60	30
3	(30)	80	−50	100	80	20
5	(50)	120	−70	120	120	0
8	80	(130)	−50	150	130	20
14	(100)	150	−50	170	150	20
20	120			190		
35	150			220		

从表 6-14 可得:水夹点为累计负荷等于 5 g/d 的边界上,最小新鲜水用量为 70 kg/d,最小废水排放量为修改后 $\sum W$ 最大值与 $\sum G$ 最大值之差,即 $\sum W - \sum G = (220 - 150)$ kg/d = 70 kg/d。

另外,采用累计负荷区间表格法所获得的计算结果与水源-水阱组合曲线法结果一致。

(3)水夹点的意义。

水夹点是水源组合曲线和水阱组合曲线的交点,将水网络分为夹点之上和夹点之下两部分,在夹点处对应最小传质推动力。夹点上方,称为浓端,浓端的水阱只能与过程水源进行匹配,不能与新鲜水进行匹配,因此该部分只能作为废水排放。夹点下方,称为稀端,稀端的水源只能与水阱进行匹配,不应排放,因此该部分只能采用新鲜水进行匹配。

与换热网络综合和质量交换网络综合类似,水夹点具有如下意义。

①不应有水流量穿过夹点。

②夹点之上,任何水阱都不应使用新鲜水。

③夹点之下,不应从水源排放废水。

6.3.3　最小新鲜水用量目标的水系统集成

对最小新鲜水用量目标的水系统集成就是以新鲜水用量为最小时的过程系统水源和水阱之间的匹配关系。目前，最简单和最形象的一种方法为水源-水阱图法。

使用水源-水阱图法进行最小新鲜水用量目标的水系统集成的过程是在水源-水阱图上，通过水源和水阱的分布及其之间的相对位置，采用水源混合杠杆规则、新鲜水用量杠杆规则和水源优先使用规则对过程系统中的水源和水阱进行匹配。

水源优先使用规则：针对过程系统中某一个水阱存在多个候选水源时，应该优先选用哪一个水源的规则。规则如下：若过程系统中第 j 个水阱有多个可以匹配的候选水源时，为了使新鲜水源的用量最少，与第 j 个水阱匹配的过程水源优先次序应从杂质组成与水阱的进口杂质组成最为接近的水源开始。

[例 6-8]　采用水源-水阱图对[例 6-6]水系统进行水源与水阱间的匹配，并对最小新鲜水用量目标的水网络进行集成。

解　(1)绘制水源-水阱图：将[例 6-6]中水源和水阱在水源-水阱图中进行标绘。标绘结果如图 6-44 所示。

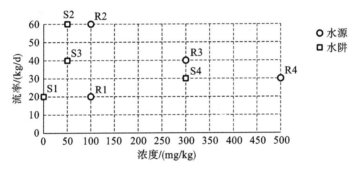

图 6-44　水源-水阱关系图

(2)按照杠杆规则和水源优先使用规则对水源和水阱进行匹配。

按照图 6-44 中从左到右、从下至上的顺序确定水阱的匹配。

①从水阱 S1 开始：由于 S1 进口允许杂质浓度为 0 mg/kg，所以只能用新鲜水，所需要的新鲜水量为 20 kg/d。

②对水阱 S3：根据水源使用优先的规则，水源 R1 和水源 R2 的组成与水阱 S3 的组成最为接近，应首先使用水源 R1 和水源 R2。由于水源 R1 和水源 R2 的浓度均大于水阱 S3 的进料组成，因此，需要加入新鲜水以满足 S3 的匹配，加入的新鲜水量采用新鲜水用量杠杆规则计算。

$$\frac{\text{进入水阱的新鲜水流率}}{\text{进入水阱的总流率}} = \frac{y_a - z_F}{y_a - y_F} \Rightarrow \frac{W_{F-S3}}{40} = \frac{100 - 50}{100 - 0} \Rightarrow W_{F-S3} = 20$$

通过新鲜水用量杠杆规则计算得到：需要加入的新鲜水量为 20 kg/d，则需要水源 R1 或水源 R2 量为(40−20) kg/d＝20 kg/d，恰好和水源 R1 量相同，因此，采用 S3 和 R1 进行匹配。

③对水阱 S2：根据水源使用优先的规则，应使用水源 R2 与之匹配。但由于水源 R2 组成大于水阱 S2 进料组成，因此需要补充新鲜水以满足 S2 匹配需求，加入的新鲜水量采用新鲜水用量杠杆规则进行计算。

$$\frac{\text{进入水阱的新鲜水流率}}{\text{进入水阱的总流率}} = \frac{y_a - z_F}{y_a - y_F} \Rightarrow \frac{W_{F-S2}}{60} = \frac{100 - 50}{100 - 0} \Rightarrow W_{F-S2} = 30$$

通过新鲜水用量杠杆规则计算得到：需要加入的新鲜水量为 30 kg/d，则需要水源 R2 的量为(60−30) kg/d＝30 kg/d，此数值小于 R2 的量，因此，将 R2 的量回用到 S2 后，还剩余(60−30) kg/d＝30 kg/d。

④对于水阱 S4：由于水源 R2 杂质浓度小于水阱 S4 进口浓度，因此，R2 可直接提供给 S4，所需量为 30 kg/d，因而，R2 在经过回用后还剩余(30−30) kg/d＝0 kg/d。

综上所述，水阱 S1、S2、S3 和 S4 全部匹配完毕，且水源 R3 和 R4 都没有进行回用，因此，和剩余 R2 一起进行下一步水处理环节。

(3)新鲜水最小目标的水系统集成。

从(2)可以获得，水系统所需要的新鲜水用量为(20＋20＋30) kg/d＝70 kg/d；废水的排放量为[0(R2 余下的)＋40(R3)＋30(R4)] kg/d＝70 kg/d，因此，[例 6-8]水系统集成图如图 6-45 所示。

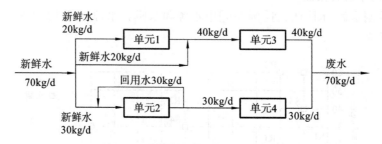

图 6-45　新鲜水最小目标的水系统集成图

本 章 小 结

(1)过程系统能量集成的定义：过程系统能量集成是以合理利用能量为目标的全过程系统综合问题，从总体上考虑过程系统中能量的供求关系以及过程系统结构、操作参数的调优处理，以获得全过程系统能量的优化综合。

(2)蒸馏过程与过程系统的能量集成：通过改变蒸馏塔操作压力、采用多效蒸馏技术、采用热泵技术、设置蒸馏塔中间再沸器或中间冷凝器等方法，使蒸馏塔置于夹点上方或下方，以满足蒸馏过程与过程系统的能量有效集成，降低能量消耗。

(3)全局能量集成：从全局的角度考虑各个工艺过程之间以及与公用工程之间的相互影响，对能量产生和消耗的供需关系进行优化和能量集成，以获得投资需求最少或能量使用最少的全局能量设计方案。

(4)过程系统的质量综合：一个以能够选择性地将特定物质从富流股转移到贫流股且经济效益最优为目标质量交换网络的生成过程，即利用质量分离剂，将过程富流股中的溶质转移到贫流股质量分离剂中，而后再从含有溶质的质量分离剂中除去溶质使质量分离剂再次被利用的过程。

(5)质量交换网络综合方法：目标设定法是基于夹点法的最常用质量交换网络综合方法，分为采用浓度组合曲线法和浓度间隔图表法获得质量交换网络的综合。质量交换网络综合的目标为外部质量分离剂用量最小和年度总费用最小，其中年度总费用包括操作费用和固定投资费用。

(6)水系统集成问题可描述为：一个由 N_R 个水源和 N_S 个水阱组成的水系统，已知每个水阱所需要的进料流率和允许的杂质组成、每个水源的流率和杂质组成，通过水源和水阱的匹配，达到系统新鲜水用量最小的水系统集成目的。

(7)确定最小新鲜水用量目标：常用于确定最小新鲜水用量目标的方法主要有组合曲线法和累计负荷区间表格法，均是以夹点技术为基本理论的方法。

习　题

6-1　表 6-15 为以给定过程系统在 $\Delta T_{\min}=10\ ℃$ 下的问题表格法热级联的数据：

表 6-15　以给定过程系统在 $\Delta T_{\min}=10\ ℃$ 下的问题表格法热级联的数据

温度/℃	热流量/kW	温度/℃	热流量/kW
160	100	80	130
150	0	40	140
130	110	10	180
110	140	−10	190
100	90	−30	220

可用的公用工程如：(1)200 ℃中压蒸汽；(2)从 60 ℃的锅炉进水(质量热容为 4.2 kJ/(kg·K)，汽化潜热为 2238 kJ/kg)加热到 107 ℃的低压蒸汽；(3)温度为 20 ℃的冷却水；(4)0 ℃的制冷剂；(5)−40 ℃的制冷剂。

对于过程和制冷剂之间的匹配，$\Delta T_{\min}=10\ ℃$，试画出过程组合曲线并设定公用工程目标。

6-2　试利用温-焓图说明采用多效蒸馏是一种有效的节能手段。

6-3　蒸馏过程与过程系统进行能量集成的方法有哪些？

6-4　蒸馏塔、热机、热泵如何在温-焓图中进行合理设置？

6-5　某过程系统中有 2 个富流股和 1 个贫流股，其数据如表 6-16 所示：

表 6-16　过程系统中各流股数据一览表

富流股				贫流股			
流股	流量 G /(kmol/s)	初始浓度 y^s /[mol(S)/mol]	目标浓度 y^t /[mol(S)/mol]	流股	流量 L /(kmol/s)	初始浓度 x^s /[mol(S)/mol]	目标浓度 x^t /[mol(S)/mol]
R1	0.5	0.10	0.03	L1	1.5	0.00	0.05
R2	1.0	0.07	0.03				

设定 $\Delta x_{\min}=0.0010$，且富流股 R1、R2 和贫流股的平衡关系为 $y=0.8x_1$，$y=1.0x_2$。

(1)采用组合曲线法求取最小外部 MSA 用量。

(2)采用浓度间隔图表法求取最小外部 MSA 用量。

(3)对上述富流股和贫流股进行质量交换网络综合。

6-6　某过程系统中有 1 个富流股和 3 个贫流股，其中有一股贫流股为外部 MSA，其数据如表 6-17 所示。

表 6-17　过程系统中各流股数据一览表

富流股				贫流股			
流股	流量 G /(kmol/s)	初始浓度 y^s /[mol(S)/mol]	目标浓度 y^t /[mol(S)/mol]	流股	流量 L /(kmol/s)	初始浓度 x^s /[mol(S)/mol]	目标浓度 x^t /[mol(S)/mol]
R1	0.2	0.002	0.0001	L1	0.08	0.003	0.006
				L2	0.05	0.002	0.004
				L3		0.0008	0.0100

设定 $\Delta x_{min}=0.0010$，且富流股 R1 和 3 个贫流股的平衡关系为 $y_1=0.25x$，$y_2=0.5x$，$y_3=0.1x$。

(1)确定过程的夹点，并采用浓度间隔图表法求取最小外部 MSA 用量。

(2)求外部分离剂 L3 的最小流量。

(3)对上述流股进行最小外部 MSA 的质量交换网络综合。

6-7　一具有杂质的用水系统网络，水流股数据如下表 6-18 所示。

表 6-18　含杂质水系统数据一览表

单元过程	杂质负荷 M /(kg/h)	入口浓度 z /(mg/kg)	出口浓度 y /(mg/kg)	流率 G /(m³/h)
1	2	0	100	30
2	3	25	100	50
3	5	50	200	40

(1)确定水夹点，并用组合曲线法确定最小新鲜水用量和最小废水排放量目标。

(2)用累计负荷区间表格法确定最小新鲜水用量和最小废水排放量。

(3)用水源-水阱图设计水系统集成网络。

参 考 文 献

[1] 陈禹六,李清,张锋. 经营过程重构 BPR 与系统集成[M]. 北京:清华大学出版社,2001.

[2] 姚平经. 全过程系统能量优化综合[M]. 大连:大连理工大学出版社,1995.

[3] 都健. 化工过程分析与综合[M]. 大连:大连理工大学出版社,2009.

[4] 姚平经. 过程系统工程[M]. 上海:华东理工大学出版社,2009.

[5] 鄢烈祥. 化工过程分析与综合[M]. 北京:化学工业出版社,2010.

[6] 修乃云. 全局系统能量集成方法研究[D]. 大连:大连理工大学,2000.

[7] 俞红梅,姚平经,袁一. 大规模复杂过程系统能量综合方法[J]. 高校化学工程学报,1998,12(4):368-374.

[8] 都健. 化工过程分析与综合[M]. 北京:化学工业出版社,2017.

[9] 熊杰明,李江保. 化工流程模拟 Aspen Plus 实例教程[M]. 2 版. 北京:化学工业出版社,2016.

[10] El-Halwagi M M,Manousiouthakis V. Synthesis of mass exchange networks[J]. Aiche Journal,1989,35(8):1233-1244.

[11] Seider W D,Seader J D,Lewin D R. Product and process design:synthesis,analysis and evolution[J]. John Wiley & Sons,2003.

[12] 陈玉林,鄢烈祥,史斌.工业用水网络集成优化系统的设计与应用[J].武汉理工大学学报:信息与管理工程版,2008,30(6):920-923.

[13] 王辉,鄢烈祥,陈玉林,等.基于水源-水阱匹配关系约束的用水网络优化方法[J].化工进展,2009,28(7):1147-1150.

[14] El-Halwagi M M,Gabriel F,Harell D. Rigorous graphical targeting for resource conservation via material recycle/reuse networks[J]. Ind. Eng. Chem. Res. ,2003,42(19),4319-4328.